普通高等教育BIM应用技术系列教材

建筑信息模型BIM概论

主　编　刘照球
参　编　张　吉　黄　鹤

机械工业出版社

本书是为了反映近年来建筑行业信息处理技术的快速发展而编写的。全书系统地阐述了建筑信息模型 BIM 的基础知识和基本应用，从其发展历程、概念与内涵、支持标准、建模技术、信息集成、协同工作、可视化、应用价值等不同角度全面介绍了这种新型信息处理技术。本书共 6 章，包含 BIM 基础和 BIM 数据转换应用两方面内容，编写过程中以 BIM 的基本概念和支持技术为核心，并紧密结合工程教育与实践应用的指导方针，使读者能系统了解 BIM 的本质和应用范围，把握其发展方向，从而进行学习和应用规划。

为方便教学，本书配有电子课件，凡选用本书作为授课教材的教师均可登录 www.cmpedu.com，以教师身份免费注册下载，或加入机工社职教建筑 QQ 群 221010660。编辑咨询电话：010-88379934。

本书可以作为普通高等院校土木工程、工程管理等专业的教材，也可以作为行业中对 BIM 感兴趣的从业人员的初学读本。

图书在版编目（CIP）数据

建筑信息模型 BIM 概论/刘照球主编．—北京：机械工业出版社，2017.4（2025.1 重印）
普通高等教育 BIM 应用技术系列教材
ISBN 978-7-111-56095-1

Ⅰ.①建… Ⅱ.①刘… Ⅲ.①建筑设计-计算机辅助设计-应用软件-高等学校-教材 Ⅳ.①TU201.4

中国版本图书馆 CIP 数据核字（2017）第 032242 号

机械工业出版社（北京市百万庄大街 22 号 邮政编码 100037）
策划编辑：刘思海　　责任编辑：曹丹丹
责任校对：刘志文　佟瑞鑫　封面设计：鞠　杨
责任印制：常天培
固安县铭成印刷有限公司印刷
2025 年 1 月第 1 版第 9 次印刷
184mm×260mm · 14 印张 · 332 千字
标准书号：ISBN 978-7-111-56095-1
定价：56.00 元

电话服务		网络服务	
客服电话：	010-88361066	机 工 官 网：	www.cmpbook.com
	010-88379833	机 工 官 博：	weibo.com/cmp1952
	010-68326294	金 书 网：	www.golden-book.com
封底无防伪标均为盗版		机工教育服务网：	www.cmpedu.com

Preface

前言

大约从2008年开始，BIM在中国的应用开始呈现火热趋势，相关的研究和应用成果也逐年递增。目前，中国市面上与BIM相关的书籍众多，这些书籍对推动BIM在中国的普及和发展起到了非常重要的作用。在英文BIM书籍中，要首推BIM理念之父、美国乔治亚理工学院Chuck Eastman教授主编的、于2011年出版的《BIM Handbook（Second Edition）》，它是在全球范围内影响较大的一本书籍，但阅读此书需要读者具备一定的BIM研究和应用基础。其他比较著名的英文书籍还包括美国南加利福尼亚大学Karen M. Kensek教授主编、于2014年出版的《Building Information Modeling》和《Building Information Modeling：BIM in Current and Future Practice》，以及美国佛罗里达大学Nawari O. Nawari博士等主编、于2015年出版的《Building Information Modeling：Framework for Structural Design》。

当前高校的BIM研究和教学，正处于十分活跃的阶段，许多高校都建立了BIM研究中心，相应的研究成果也进一步推动了BIM的工程应用。由于BIM不同于传统的CAD技术，其涉及的技术层次和应用面广，因此，有效地推动高校BIM教学工作还面临着诸多困难。对于一种新型技术的良性发展来说，最重要的是做牢基础而不是搭建空中楼阁。因此，推动BIM的发展，高校的教育和推广工作显得尤为重要，让高校的学生具备BIM的基础知识，对他们未来继续从事BIM工作大有裨益。

BIM工程应用需要工具或软件的支撑，但当前的应用现状却不容乐观。尽管正在制定国家级的BIM实施规范和分类标准，但由于中国的建筑市场和规模相当庞大，各种应用工具和软件也种类繁杂，还没有形成符合中国实际的、成熟的数据交换格式。而与此同时，国外某些BIM标准和软件表现得却相当优异，占据了较多的市场份额，但也存在数据转换接口开发困难、与中国规范不匹配等问题。因此，只有尽快形成符合中国实际的BIM数据交换格式，为各类应用工具和软件提供开放式的数据转换接口，BIM在中国的应用才能达到新的高度、形成质的飞跃。

BIM的发展日新月异，建筑业从业人员对BIM的认识也各有其见，因此本书的特色是紧密围绕BIM的基础知识和基本应用等核心内容展开，力求全面阐述BIM的本质与内涵，而不是侧重于对某些BIM支持软件的应用指南（这一类书籍在市面上已经很多）。全书共6章，第1~4章是关于BIM基础的，主要介绍了BIM概念、BIM各类标准、参数化建模技术、BIM支持平台与软件、BIM信息集成、协同与可视化，以及BIM价值分析等内容；第5、6章是关于BIM数据转换应用的，主要以支持BIM的软件YJK为范例，介绍实现结构设计模型、结构分析模型之间数据和信息相互转换的应用思路和操作方法。其中，BIM基础部分内容（第1~4章）由盐城工学院刘照球执笔，BIM数据转换应用部分内容（第5、6章）由北京盈建科软件股份有限公司张吉、黄鹤执笔，全书由刘照球统一编排和校阅。

需要特别说明的是，在编写本书的过程中参阅了大量国内外学者的研究成果以及各种网络论坛、博客的文章，主要目的是向读者全面呈现 BIM 的发展历程、概念与内涵、支持标准、建模技术、信息集成、协同工作、可视化、应用价值等，以及为初学者有效地规划和学习。在此对文献作者表示感谢，他们的研究成果使得整本书的框架和内容更加翔实和丰富。本书承蒙“江苏省高校优秀中青年教师和校长境外研修计划”和“盐城工学院教材基金”资助出版，在此一并感谢。

由于编者水平有限，书中内容有误或者是描述和引用不当之处，还请读者不吝指正，编者的公共邮箱为 yuliuting@ sohu. com。

编　者

Contents

目录

前言

第1章

BIM 基本知识

本章主要内容

1. 结合中国建筑业发展概况和信息技术的发展水平，以及信息化发展中存在的问题，阐述了 BIM 发展的背景。

2. 从 BIM 的发展历史阐述了其内涵和特征，并介绍了 BIM 的主要应用领域，其与 CAD 技术的区别，以及对建筑业可持续发展的作用。

1.1 概述

进入 21 世纪以来，随着国家工业化、城镇化的加速发展，特别是近几年来超高层、超大跨度建筑以及特大跨度桥梁等复杂土木工程的相继发展，中国已经成为世界上最大的建筑市场。据统计，十多年来随着建筑行业的高速发展，建筑业总产值从 2004 年的 2.90 万亿元增长到 2014 年的 17.67 万亿元，涨幅达六倍多，如图 1-1 所示。

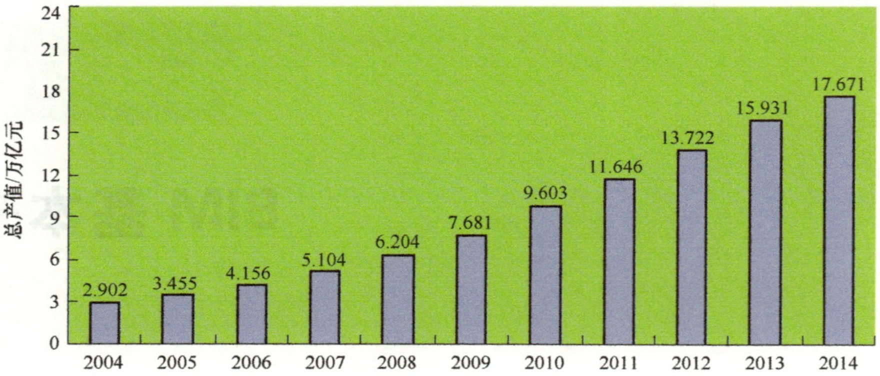

图 1-1　2004～2014 年中国建筑业总产值发展趋势

建筑行业的发展速度与固定资产投资增速密切相关，近十年来中国固定资产投资额与建筑工程市场的规模同步增长，全社会固定资产投资的高速增长也进一步推动了中国建筑业的快速发展。2004～2014 年，建筑业总产值年复合增长率达到 20.01%，中国建筑业继续保持较快的发展速度。建筑行业规模的快速增长也为建筑企业带来良好的发展机遇，企业整体收入和盈利水平快速增长，图 1-2 为国家统计局公布的 2005～2012 年中国建筑业企业总收入发展趋势，图 1-3 为国家统计局公布的 2004～2013 年中国建筑业利润总额发展趋势，利润总额年复合增长率达到 20% 左右。

目前，全球建筑市场总价值约 7.5 万亿美元，占全球 GDP 的 13.4%。预计到 2020 年，其价值将达到 12.7 万亿美元，建筑业将占全球 GDP 的 14.6%。未来十年，全球新兴市场的建筑业规模将扩大一倍，达到 6.7 万亿美元，中国作为其中最大的发展中国家，2015 年建筑业总产值已达到 18.07 万亿元。

从长远来看，未来五十年，中国城市化率将提高到 80% 以上，城市对整个国民经济的贡献率将达到 95% 以上。都市圈、城市群、城市带和中心城市的发展预示了中国城市化进

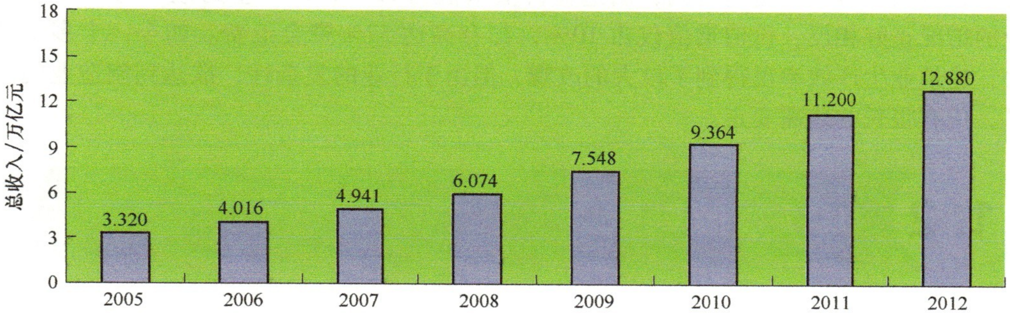

图 1-2　2005～2012 年中国建筑业企业总收入发展趋势

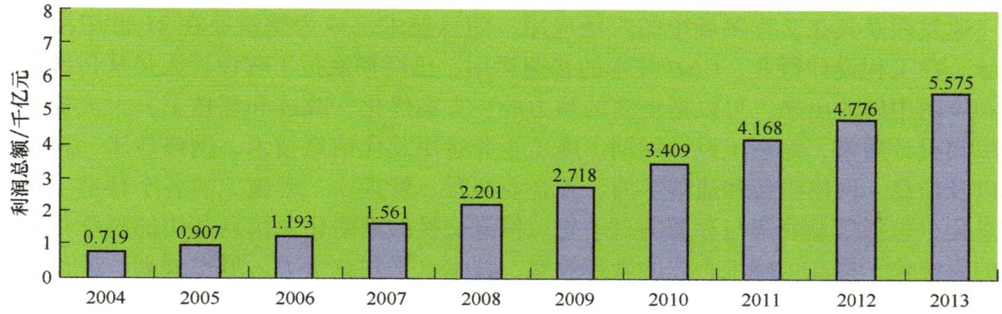

图 1-3　2004～2013 年中国建筑业利润总额发展趋势

程的高速起飞，也预示了建筑业更广阔的市场即将到来。据预测，2015～2020 年，中国建筑业将增长 130%，预期将占全球建筑业总产值的 1/5。

在中国建筑业高速发展的同时，也必须清醒地意识到当前行业内各种生产环节之间协同工作的不完善，信息共享与交流不畅等问题随着生产规模迅猛发展也愈发突出，成为制约行业良性发展的瓶颈。据美国国家标准和技术协会的研究表明：由于缺乏相互协作以及各种“信息隔阂”引起的单向信息流动等问题，美国建筑业每年约有 158 亿美元的损失；在 2008 年全球 4.8 万亿美元的建筑生产总投资中，约 30% 资金被浪费。研究还表明：建筑业约消耗了全球 40% 的原材料、40% 的能量；全球大气污染排放量的 40% 来自于建筑业，土地供应的 20% 用于建设。图 1-4 为 2004 年统计的国际制造业和建筑业投入资金流

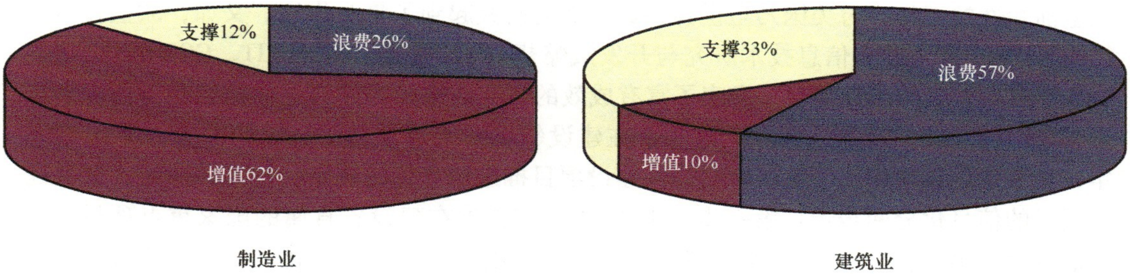

图 1-4　制造业和建筑业投入资金流向比较

向比较，从图中可以清楚地看出，制造业价值增值为 62%，所产生的浪费为 26%；而建筑业的情况正好相反，价值增值仅占 10%，却有高达 57% 资金浪费。如今，十多年已经过去，建筑业生产效率虽得到了较大的改观，但由于行业的复杂性，欲达到制造业同期的水平，仍有很长的路需要走。

1.2 BIM 发展背景

1.2.1 建筑业信息技术的发展

近三十年来，随着人工智能技术、多媒体技术、可视化技术、网络技术等新型信息技术的飞速发展及其在工程领域中的广泛应用，信息技术已成为建筑业在 21 世纪持续发展的命脉。在工程设计行业，CAD 技术的普遍运用，已经彻底把工程设计人员从传统的设计计算和绘图中解放出来，可以把更多的精力放在方案优化、改进和复核上，大大提高了设计效率和设计质量，缩短了设计周期。施工企业运用现代信息技术、网络技术、自动控制技术以及信息、网络设备和通信手段，在企业经营、管理、工程施工的各个环节上都实现了信息化，包括信息收集与存储的自动化、信息交换的网络化、信息利用的科学化和信息管理的系统化，提高了施工企业的管理效率、技术水平和竞争力。城市规划、建设中利用人工智能和 GIS（Geographic Information System）技术，提供城市、区域乃至工程项目建设规划的方案制定和决策支持，计算机辅助工程 CAE（Computer Aided Engineering）技术也得到了不同程度的发展和应用。当前，工程领域计算机应用的范围和深度也在不断发展，建筑工程 CAD 正朝着智能化、集成化和信息化的 BIM 方向发展，异地设计、协同工作，信息共享的模式正受到广泛的重视。计算机的应用已不再局限于辅助设计，而是扩展到了工程项目全生命期的每一个方向和每一个环节。CAD 已经走向 BIM，即在工程项目全生命期的每一个方向和每一个环节中全面应用信息处理技术、虚拟现实 VR（Virtual Reality）技术、可视化技术等与 BIM 相关的支撑技术。

二十多年来，一些发达国家正在加速研究建筑信息技术来提升本国建筑业的可持续发展。例如，美国十分重视信息技术在行业中的应用，美国斯坦福大学早在 1989 年就成立了跨土木工程学科和计算机学科的研究中心 CIFE（Center for Integrated Facility Engineering），多年来，该研究中心得到了充分的科学基金和企业赞助，在建筑业信息化方面做了大量前瞻性的工作，对美国乃至世界在此方面的研究起到了带头作用。又如，欧盟投巨资组织了 ESPRIT（欧洲信息技术研究与开发战略规划），完成了 COMMIT、COMBINE、ATLAS 等多项著名的研究项目，发表了富有成效的研究成果，为建筑业向信息化方面发展打下了牢固的基础。日本是世界上第一个在建设领域系统地推进信息化的国家，早在 1996 年，日本建设省就作出了关于针对公共建设项目推进信息化的决定。按照该决定，公共建设项目的信息化分两步走：第一步，于 2004 年前首先在建设省直属的国家重点项目中实现信息化；第二步，于 2010 年前在全部公共建设项目中实现信息化。目前，这些目标已经基本实现。

在实行工程项目的信息化管理方面，美国通过大型软件公司与建筑企业的有机结合，走在了世界的前列。比较典型的例子是 Autodesk 公司研制的 Buzzsaw 平台已经成功地用于近六万五千个工程项目的管理。另外，类似 Buzzsaw 平台的还有 Honeywell 公司的 My Construction 平台、Unisys 公司的 Project Center，在实际工程中也都得到了很好的应用。

在电子政务方面，发达国家和地区大多数已经建成了较为完善的电子政务系统，建筑业的有关企业和个人都可以从因特网上获取必要的信息，办理相关的手续。如英国建立了“建筑网”和“承包商数据库”，使公众可以在网络上查询政府在建筑方面的法规、政策和承包商的信息。一些国家和地区还建立了政府项目的招投标采购系统（日本、中国台湾）、建筑项目设计报批管理系统（新加坡）、公共项目的计算机辅助管理系统（中国香港），达到了有效降低工程成本、提高工程质量、减少腐败行为的效果。

在促进和运用信息化标准方面，一些发达国家相继建立了各种组织和标准。比如国际开放性组织 buildingSMART（早期为 IAI）所制定的 IFC 标准，已经成为各国广泛采纳和推广的建筑工程信息交换标准。美国建筑科学研究协会制定和建立了国家建筑信息模型标准 NBIMS（National BIM Standard）和智能建筑联盟 BSA（Building Smart Alliance）组织，并相继于 2007 年和 2011 年发布 NBIMS 标准初始版和第二版本。2009 年，威斯康星州成为美国第一个要求州内新建大型公共建筑项目使用 BIM 的州政府，其发布的实施规则要求是：州内预算在 500 万美元以上的公共建筑项目都必须从设计开始就应用 BIM 技术。欧盟建立了基于 BIM 标准的 STAND-INN（Standard Innovation）组织，旨在通过运用 BIM 技术推动建筑业的更高效发展，提高整个地区建筑业的国际竞争力。早在 2012 年初，芬兰 20%～30% 的公共项目就采用了 BIM 技术，并在未来几年会达到 50%，公共部门成为 BIM 使用的主要推动力。2011 年 5 月，英国内阁办公室发布了“政府建设效率”的文件，指定政府于 2016 年完全使用三维 BIM 的最低要求。同时，英国由多家设计和施工企业共同成立了标准制定委员会，制定了相应的“AEC（UK）BIM 标准”，并作为推荐性的行业标准。据相关统计，在 2009 年北美洲的工程 BIM 应用率已经达到 49%，欧洲（英国、法国、德国）的使用率也已达到 36%。而在 2012 年，北美洲 71% 的建筑师、工程师、承包商和业主都在应用 BIM，这主要得益于政府的支持、相关规范的出台以及 BIM 应用软件的不断更新。

澳大利亚规定 2016 年 7 月起所有澳大利亚政府的建筑采购要求使用基于开放标准的全三维协同 BIM 进行信息交换。亚洲的日本、韩国和新加坡也正在大力发展本国的建筑信息标准技术。比如，新加坡政府的电子审图系统是 BIM 标准在电子政务中应用的最好实例，从 2010 年开始新加坡所有公共工程全面以 BIM 设计施工，要求在 2015 年所有的公私建筑均以 BIM 送审及建造。韩国政府已成立全国性的 BIM 发展专案计划，并由庆熙大学开发基于 BIM 的 eQBQ（e-Quick Budget Quantity）系统，该国实施 BIM 标准的具体计划是：在 2012～2015 年间全部大型工程项目都采用基于 BIM 的 4D 技术（3D 几何模型附加成本管理），在 2016 年前实现全部公共工程应用 BIM 技术。日本政府鼓励企业和院校积极参与 BIM 标准数据模型扩展工作，其国家建筑协会已经推出了符合本国特色的 BIM 标准手册，用以指导 BIM 在实际工程中的应用。中国香港地区由香港房屋委员会制定 BIM 标准和实施指南，自 2006 年起已在超过 19 个公屋发展项目中的不同阶段（包括由可行性研究阶段到施工阶段）应用了 BIM 技术，计划从 2014～2016 年间将 BIM 应用作为所有房屋项目的设计标准。中国台湾地区主要由台湾营建署参与 BIM 标准的制定和推广，台湾大学土木系成立了“工程资讯模拟与管理研究中心（简称 BIM 研究中心）”，用以促进 BIM 相关技术应用的经验交流、成果分享、产学研合作等。

中国大陆 BIM 标准的制定是从 2012 年年初开始的，提出了分专业、分阶段、分项目的 P-BIM 概念，将 BIM 标准的制定分为三个层次，并由标准承担单位中国建筑科学研究院牵头筹资千万元成立了“中国 BIM 发展联盟”，旨在全面推广 BIM 技术在中国的应用。为了推动中国建筑业信息化的发展，住房和城乡建设部在《2011-2015 年建筑业信息化发展纲要》中明确提出，在“十二五”期间基本实现建筑企业信息系统的普及应用，加快建筑信息模型（BIM）等新技术在工程中的应用。

1.2.2 信息化发展存在的问题

信息技术的运用势必会成为改造和提升传统建筑业向技术密集型和知识密集型方向发展的突破口，并带来行业的振兴和创新，提高建筑企业的综合竞争力。中国在二十多年前就开始建筑行业的信息化改造，到目前为止，已经有很多建筑企业开发了自己的信息管理系统，其中部分管理先进的企业已经初步实现了企业信息化的建设。然而，与国外发达国家和其他行业相比，中国建筑业信息化发展还处于中下等水平。除了在管理体制、基础设施、资金投入和技术人才等方面的问题以外，直接影响信息化应用效果和发展水平的几个主要方面如下：

1. 工程生命期不同阶段的信息断层

在设计企业中，虽然已实现了软件设计和计算机出图，但是行业中各主体间（如业主、设计、施工、运营维护）的信息交流还是基于纸介质，所生成的数据文档在建筑和结构等各专业之间以及其后的施工、监理、物业管理中很少甚至未能得到利用。这种方式导致工程生命期不同阶段的信息断层，造成许多基础工作在各个生产环节中出现重复，降低了生产效率，使成本费用上升。

2. 建设过程中信息分布离散

工程项目的参与者涉及多个专业，包括勘测、规划设计、施工、造价、管理等专业，众多参与专业各自独立，而且各专业使用的软件并不完全相同。随着建设规模日益扩大、技术复杂程度不断增加，工程建设的分工越来越细，一项大型工程可能会涉及几十个专业和工种。这种分散的操作模式和按专业需求进行的松散组合，使工程项目实施过程中产生的信息来自众多参与方，形成了多个工程数据源。目前，建筑领域各专业之间的数据信息交换和共享是很不理想的，从而不能满足现代建筑信息化的发展，阻碍了行业生产效率的提高。

3. 应用软件中的信息孤岛

工程项目的生命期很长，一项工程从规划开始到最后报废，均属于生命期范围内，这个过程一般持续几十年甚至上百年。在这个过程中免不了会出现业主更替、软件更新、规范变化等情况，而目前行业应用软件只是涉及工程生命期某个阶段的、某个专业的局部应用。在工程项目实施的各个阶段，甚至在一个工程阶段的不同环节，计算机的应用系统都是相互孤立的。这就难以实现项目初期建立的建筑信息数据随着生命期的发展能达到全面的交换和共享，从而导致严重的信息孤岛现象。

4. 交流过程中的信息损失

当前的设计方法主要是使用抽象的二维图形和表格来表达设计方案和设计结果，这种二维图形、表格中包含了许多约定的符号和标记，用于表示特定的设计含义和专业术语。虽然这些符号和标记为专业技术人员所熟知，但仅仅依赖这些二维图表仍然难以全面描述设计对象的工程信息，更难以表述设计对象之间复杂的关系。同时这些抽象的二维图表所代表的工程意义也难以被计算机语言识别，给计算机自动化处理带来了很大的困难。在工程项目不同阶段传输和交流时，非常容易导致信息歧义、失真和错误，会不可避免地产生信息交流损失，如图 1-5 所示。

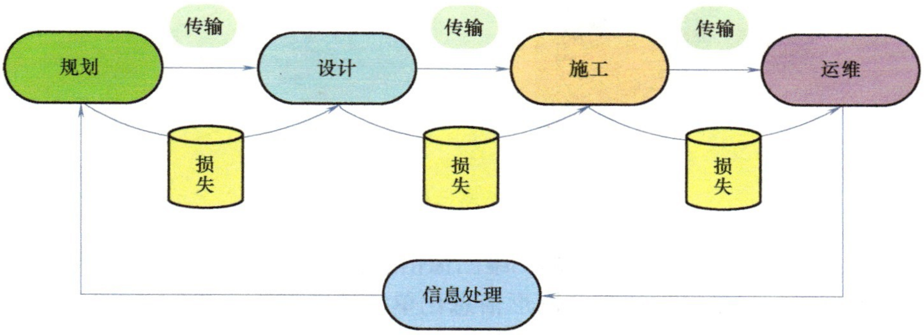

图 1-5　交流过程中的信息损失

5. 缺少统一的信息交换标准，信息集成平台落后

目前，建筑领域的应用软件和系统基本上都是一些孤立和封闭的系统，在开发时并没有遵循统一的数据定义和描述规范，而以其系统自定义的数据格式来描述和保存系统处理结果。虽然目前也有部分集成化软件能在企业内部不同专业间实现数据的交流和传递，但设计过程中可能出现的各专业间协调问题仍然无法解决。由于缺乏统一的信息交换标准和集成的协同工作平台，信息很难被直接再利用，需要消耗大量的人力和时间来进行数据转换，造成了很长的集成周期和较高的集成成本。

此外，中国建筑业在规划、设计阶段广泛应用的是二维 CAD 技术，部分虽然应用三维 CAD 技术，但现有应用系统的开发都是基于几何数据模型，主要通过图形信息交换格式进行数据交流。这种几何信息集成即使得以实现，所能传递和共享的也只是工程的几何数据，相关的勘探、结构、材料以及施工等工程信息仍然无法直接交流，也无法实现设计、施工、管理等过程的一体化。而且各阶段应用系统基本上还是基于静态的二维图形环境或文本操作平台，设计结果和信息表达主要是二维图形与表格，缺乏集成化的工程信息管理平台。

1.2.3 BIM 发展背景

在过去的三十多年中，计算机辅助设计 CAD 技术的普及和推广使得建筑师、结构工程师们得以摆脱手工绘图走向电子绘图，但是 CAD 毕竟只是一种二维的图形格式，并没有从根本上脱离手工绘图的思路。另外，基于二维图形信息格式容易导致交换过程中产生大量非图形信息的丢失（见图 1-6），这对提高建筑业的生产效率、减少资源浪费、开展协同工作等方面是很大的障碍。在相当长的一段时期里，建筑工程软件之间的信息交换是杂乱无章的，一个软件必须输出多种数据格式，也就是建立与多种软件之间的接口，而其中任何一个软件的变动，都需要重新编写接口。这种工作量和效率使得很多软件公司都设想能够通过一种共同的模型，来实现各软件之间的信息交换。

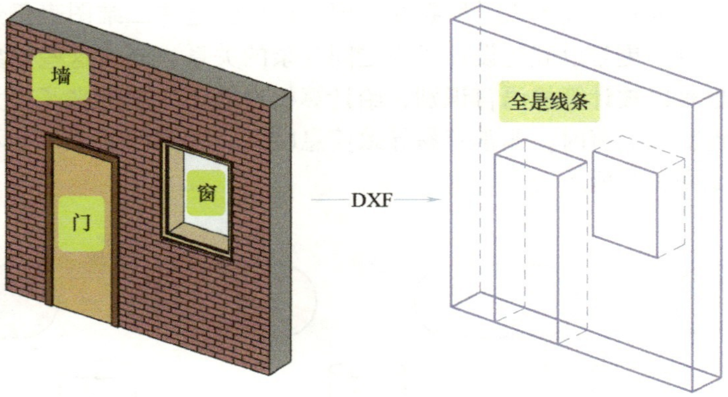

图 1-6　基于二维图形格式交换的缺陷

随着信息技术的不断发展，单纯的二维图像信息已经不能满足人们的需要，人们在进行建筑信息处理的过程中发现许多非图形信息比单纯的图形信息更重要。虽然随着 AutoCAD 版本的不断更新，DWG 格式已经开始承载更多的超出传统绘图纸的功能，但是，这种对 DWG 格式的小范围的修缮还远远不够。

1995 年 9 月，在北美建立了国际互协作组织 IAI（International Alliance for Interoperability），其最初目的是研讨实现行业中不同专业应用软件协同工作的可能性。由于 IAI 的名称令人难以理解，在 2005 年挪威举行的 IAI 执行委员会会议上，IAI 被正式更名为 buildingSMART，致力于在全球范围内推广和应用 BIM 技术及其相关标准。目前 buildingSMART 已经从最初局限于北美和欧洲的区域性组织发展到如今遍布全球 26 个国家的开放性国际组织。buildingSMART 组织的目标是提供一种稳定发展的、贯穿工程生命期的数据信息交换和互协作模型，如图 1-7 所示，图中箭头方向为从规划阶段到运维管理等阶段的各种数据信息的发展，其最终宗旨是在建筑全生命期范围内改善信息交流、提高生产力、缩短交付时间、降低成本以及提高产品质量，如图 1-8 所示。

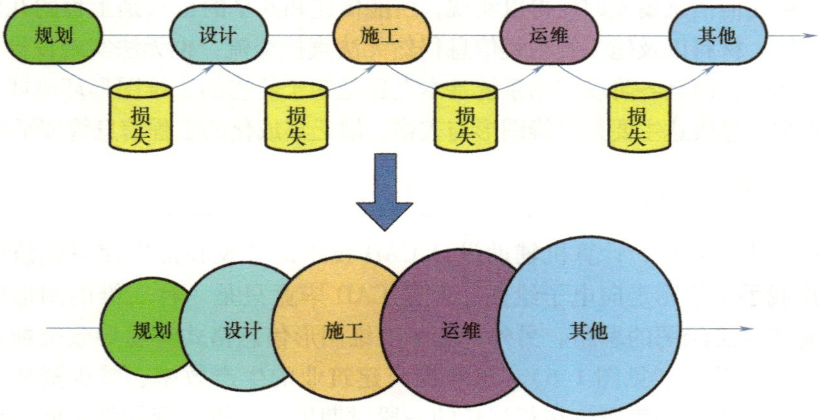

图 1-7　buildingSMART 的目标

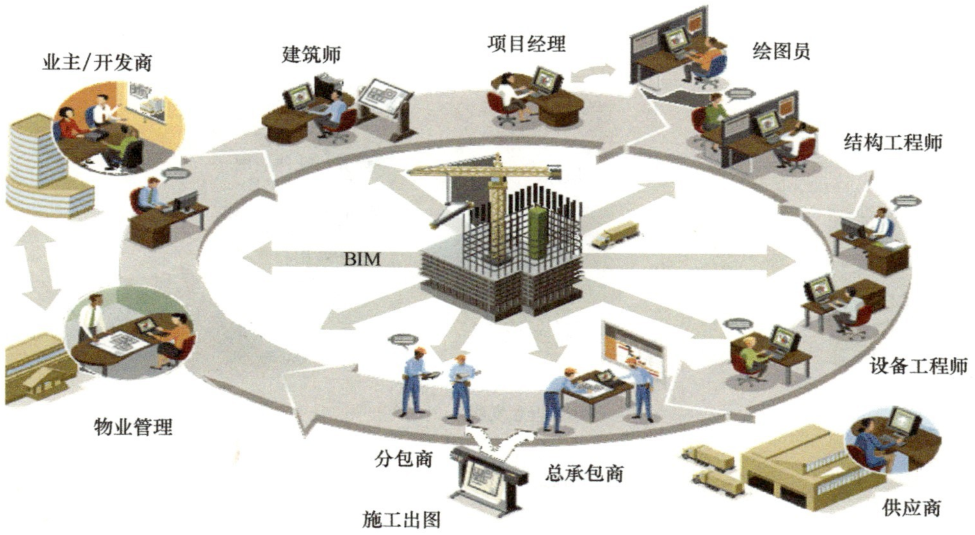

图 1-8　buildingSMART 数据共享环形图

自 2002 年以来，随着 IFC（Industry Foundation Classes）标准的不断发展和完善，国际建筑业兴起了以围绕 BIM（Building Information Modeling）为核心的建筑信息化的研究。在工程生命期的几个主要阶段，比如规划、设计、施工、运维管理等，BIM 对于改善数据信息集成方法、加快决策速度、降低项目成本和提高产品质量等方面起到了非常重要的作用。同时，BIM 可以促进各种有效信息在工程项目的不同阶段、不同专业间实现数据信息的交换和共享，从而提高建筑业的生产效率，促进整个行业信息化的发展。

1.3　BIM 概念和内涵

1.3.1　BIM 概念

建筑信息模型 BIM 的相关理念，早在 20 世纪 70 年代就由美国乔治亚理工学院查克·伊斯特曼（Chuck Eastman）博士提出：“建筑信息模型集成了所有的几何模型信息、功能要求和单元性能，将一个建筑项目整个生命期内的所有信息集成到一个单独的建筑模型中，而且还包括施工进度、建造过程、维护管理等过程信息”。如图 1-9 所示，该图诠释了 BIM 理念从 20 世纪 70 年代到 2010 年代的发展演变过程。

1975 年，查克·伊斯特曼博士提出了 BDS（Building Description Systems）用于产品设计阶段的早期协调。1977 年，GLIDE（Graphical Language for Interactive Design）被提出用于改进 BDS 系统。随着计算机信息技术的发展，在 1989 年，一种更先进的系统 BPM（Building Product Model）问世，BPM 系统第一次以产品库的形式来定义工程的信息，这对建筑信息模型的发展是一个质的飞跃。1995 年，一种基于 BPM 概念的 GBM（Generic Building Model）系统问世，BPM 第一次提出了涵盖工程生命期的信息模型理念。2000 年，

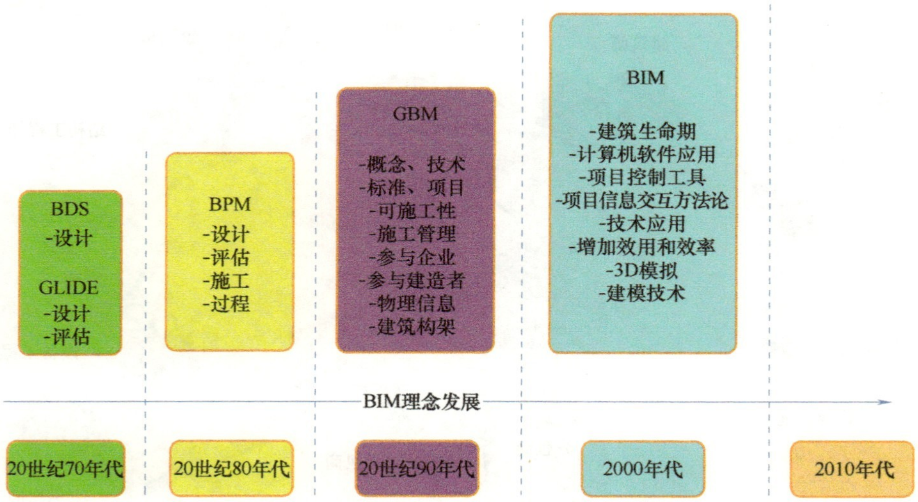

图 1-9　BIM 理念发展和演变过程

基于 BPM 的 BIM 理念被提出，随后的 2002 年，由美国 Autodesk 公司第一次使用 BIM 这个称呼来表达上述理念。2006 年，buildingSMART 将 BIM 定义为用于管理和提升工程品质的一种新的方法体系，并采用开放式的 IFC 标准定义数据模型。表 1-1 罗列了 BIM 发展演变过程中不同阶段产品模型的适用范围。

表 1-1　1975-2013 年 BIM 发展演变分析

发展演变	施工阶段			功能描述
	施工前	施工	施工后	
BDS	√			设计
GLIDE	√	√		设计、评估
BPM	√	√		设计、评估、施工过程
GBM	√	√		设计、评估、施工过程
BIM	√	√	√	设计、评估、施工过程、建筑生命期、性能和技术

“建筑信息模型”是对 BIM 英文的直译，可能会引起初学者的误解，认为其仅与建筑设计阶段的建模有关。其实 BIM 的内涵是用一个数据库作为存放工程几何、非几何数据的唯一知识库，使得工程的规划、设计、施工、管理各个阶段的相关人员都能从中获取他们所需的数据，并且是连续、即时、可靠、一致的数据，且从工程诞生之日开始，为其整个生命期提供可信赖的信息共享的知识资源。因此，BIM 可以理解为涵盖工程生命期中不同阶段的数字模型以及针对这些模型的信息集成和协同处理的过程，称呼为“建筑信息模型处理过程”更为贴切。可以从以下四个角度来诠释 BIM。

（1）一种多维数据信息模型　这是最容易理解的角度，把 BIM 作为工程数据的智能数字表达，由 BIM 工具建立和整合工程生命期所有数据信息。在将 BIM 理解为多维数据信息模型时，表达工程信息的模型有不同的形式，这包括：整个工程和某个单元形状的

3D 几何模型，由时间和几何维度组合而成的 4D 模型，表达工程价值（在某一时间点或全生命期）的 5D 成本模型，成本模型与其他维度所形成的 6D、7D 直至 nD 模型。

（2）一种协同工作过程 覆盖工程全生命期过程，使用开放的数据模型标准（比如 IFC）保证不同阶段不同专业间的协同工作。比如，设计阶段的数据模型可以随时随地快速地传递到下游的施工阶段进行有效的协同，施工阶段的数据模型又可以无缝传递到运营维护阶段进行智能动态地维护和物业管理。通过整体协同工作提高工作效率和产品的质量，最终节约成本和资源，提升工程建设的精细化管理水平。

（3）一种信息模型集成工具 不同专业不同阶段的子模型，通过集成技术形成统一模型，实现信息的交换和共享。工程建设行业精细化管理很难实现的根本原因在于海量的工程数据以及不同阶段不同专业数据信息的脱节和孤立，BIM 集成技术可以让相关专业快速准确地获取所需的数据信息，大大减少由于信息交流不畅所带来的效率低下、重复工作不断的问题。

（4）一种可视化设计和分析技术 具有强大的可视化展示及分析功能，可以清晰分析设计和施工过程中可能产生的问题，比如规范协调检查、碰撞分析、施工过程预监测等。以 BIM 的三维可视化为例，利用 BIM 的 3D 技术可以进行设计阶段的碰撞检查、规范协调，从而优化工程设计，减少在施工阶段可能存在的错误损失和返工的可能性。施工阶段可以利用碰撞优化后的 3D 方案增加时间维度进行 4D 施工模拟，提高施工质量，同时直观化地提高与业主沟通的能力。

1.3.2 BIM 主要特征

由于 BIM 是一种智能化的实体建筑模型，可以连接建筑生命期不同阶段的数据、过程和资源，可被建筑项目各参与方普遍使用，帮助项目团队提升决策的效率与正确性。因此，国内一些 BIM 学者总结其具有完备性、关联性和一致性三个主要特征。

1. 完备性

BIM 的完备性是指除了包含工程对象 3D 几何信息和拓扑关系的描述外，更重要的是包含了完整的工程信息描述。例如，包括设计信息（结构类型、建筑材料、工程性能等）、施工信息（施工工序、进度、成本、质量以及人力、机械、材料资源等）、维护信息（工程安全性能、材料耐久性能等）以及关联信息（对象之间的工程逻辑关系等）。另一方面，BIM 将作为一个完备的单一的工程数据集，不同用户可从这个单一的数据集中获取所需的数据和工程信息。

2. 关联性

BIM 的关联性是指各个对象之间是可识别且相互关联的，如果模型中的某个对象发生变化，与之关联的所有对象都会随之更新。系统能够对模型的信息进行分析和统计，并生成相应的图形和文档。此外，BIM 能够根据用户指定的方式进行显示，例如在二维视图中生成各种施工图，如平面图、剖面图、详图等，且 BIM 模型可以展示为不同的三维视图，以及生成三维效果图。

3. 一致性

BIM 的一致性是指在工程生命期的不同阶段模型信息是一致的，同一信息无须重复输入。而且，这些信息模型能够自动演化，模型对象在不同阶段可以简单地进行修改和扩展，而无须重新创建，从而减少了信息不一致的错误。例如，在方案设计阶段，道路的表示形式是单一中心线；在初步设计阶段，道路用完整的中心线、路缘、路肩和道路红线表示；在施工图设计阶段，道路需要用完整、详细的道路图纸和模型表示。因此，在设计过程中，这些道路信息无须重新输入或多次输入，对中心线对象可以简单地进行修改和扩展，以包含下一阶段的设计信息，并与当前阶段的设计要求保持细节一致。

1.3.3 BIM 应用领域

1. 可行性研究与规划

BIM 对于可行性研究阶段建设项目在技术和经济上可行性论证提供了帮助，提高了论证结果的准确性和可靠性。在可行性研究阶段，业主需要确定出建设项目方案在满足类型、质量、功能等要求下是否具有技术与经济可行性。但是，如果想得到可靠性高的论证结果，需要花费大量的时间、金钱与精力。BIM 可以为业主提供概要模型（macro or schematic model）对建设项目方案进行分析、模拟，从而为整个项目的建设降低成本、缩短工期并提高质量。

城市规划从大范围层次来讲是对一定时期内整个城市或城市某个区域的经济和社会发展、土地利用、空间布局的计划和管理，从小的层次来讲是对建设过程中某个具体项目的综合部署、具体安排和实施管理。城市规划领域目前是以 CAD 和 GIS 作为主要支撑平台的，三维仿真系统是目前城市规划领域应用最多的管理平台。未来城市规划的主要发展方向是规划管理数据多平台共享、办公系统三维或多维化、内部 OA 系统与办公系统集成等。但是目前传统的三维仿真系统并没有做到模型信息的集成化，三维模型的信息往往是通过外接数据库实现更新、查找、统计等功能，并且没有实现模型信息的多维度应用。

BIM 对促进未来更智能化的“数字化城市”发展具有极大的价值，将 BIM 引入到城市规划三维平台中，将可以完全实现目前三维仿真系统无法实现的多维度的应用，特别是城市规划方案的性能分析。这可以解决传统城市规划编制和管理方法无法量化的问题，诸如舒适度、空气流动性、噪声云图等指标，这对于城市规划无疑是一件很有意义的事情。BIM 的性能分析通过与传统规划方案的设计、评审结合起来，将会对城市规划多指标量化、编制科学化和城市规划可持续发展产生积极的影响。另外，将 BIM 引入到城市规划的地上、地下一体化三维管理系统中也是研究城市空间三维可视化的关键技术，为城市规划地上空间和地下空间的关系以及地质信息管理与社会化服务系统的建立提供原型，为城市规划、建设和管理提供三维可视化平台。此系统可服务于城市建设、城市地质工作，对促进“数字化城市”的进步、提高城市规划管理层次、推动城市地质科学的发展也具有重要的战略意义。

建设项目规划阶段的主要内容包括：①根据所在地区发展的长远规划，提出项目建议书，选定建设地点；②在勘察、试验、调查研究和技术经济论证的基础上编制可行性研究报告；③根据咨询评估情况，对建设项目进行决策。项目规划的重要内容是对可行性研究报告的评估和编制，往往要进行多学科的论证，涉及许多专业学科，所以较大项目的可行性研究组，需要配有工业经济、技术经济、工艺、土建、财会、系统工程以及程序设计等方面的专家。将 BIM 引入到项目的规划阶段，形成统一的规划阶段的项目初始数据模型，可以为下一环节的项目设计提供基础数据。同时，利用 BIM 的各种专业分析软件，分析和统计规划项目的各项性能指标，实现规划从定性到定量的转变，充分利用 BIM 的参数化设计优势，结合现有的 CIS 技术、CAD 技术和可视化技术，科学辅助项目的策划、研究、设计、审批和规划管理。

2. 设计

对于传统 CAD 时代存在于建设项目设计阶段的 2D 图纸冗繁、错误率高、变更频繁、协作沟通困难等缺点，BIM 所带来的优势是巨大的，具体优势如下所示：

（1）保证概念设计阶段决策正确　在概念设计阶段，设计人员需要对拟建项目的选址、方位、外形、结构形式、耗能与可持续发展问题、施工与运营概算等问题做出决策，BIM 技术可以对各种不同的方案进行模拟与分析且为集合更多的参与方投入该阶段提供了平台，使做出的分析决策早期得到反馈，保证了决策的正确性与可操作性。

（2）更加快捷与准确地绘制 3D 模型　不同于 CAD 技术下 3D 模型需要由多个 2D 平面图共同创建，BIM 软件可以直接在 3D 平台上绘制 3D 模型，并且所需的任何平面视图都可以由该 3D 模型生成，准确性更高且直观快捷，为业主、施工方、预制方、设备供应方等项目参与人的沟通协调提供了平台。

（3）多个系统的设计协作进行、提高设计质量　对于传统建设项目设计模式，各专业包括建筑、结构、暖通、机械、电气、通信、消防等设计之间的矛盾冲突极易出现且难以解决，而 BIM 整体参数模型可以对建设项目的各系统进行空间协调、消除碰撞冲突，大大缩短了设计时间且减少了设计错误与漏洞。同时，结合运用与 BIM 建模工具具有相关性的分析软件，可以就拟建项目的结构合理性、空气流通性、光照、温度控制、隔音隔热、供水、废水处理等多个方面进行分析，并基于分析结果不断完善 BIM 模型。

（4）对于设计变更可以灵活应对　BIM 整体参数模型自动更新的法则可以让项目参与方灵活应对设计变更，减少例如施工人员与设计人员所持图纸不一致的情况。对于施工平面图的一个细节变动，比如 Revit 软件将自动在立面图、截面图、3D 界面、图纸信息列表、工期、预算等所有相关联的地方做出更新修改。

（5）提高可施工性　设计图纸的实际可施工性（constructability）是建设项目经常遇到的问题。由于专业化程度的提高及绝大多数建设工程所采用的设计与施工分别承发包模式的局限性，设计与施工人员之间的交流甚少，加之很多设计人员缺乏施工经验，极易导致施工人员难以甚至无法按照设计图纸进行施工。BIM 可以通过提供 3D 平台加强设计与施工人员的交流，让有经验的施工管理人员参与到设计阶段、早期植入可施工性理念，更深入地推广新的工程项目管理模式，如集成化项目交付 IPD（Integrated Project Delivery）模式，以解决可施工性的问题。

（6）为精确化预算提供便利　在设计的任何阶段，BIM 技术都可以按照定额计价模式根据当前 BIM 模型的工程量给出工程的总概算。随着初步设计的深化，项目各个方面如建设规模、结构性质、设备类型等均会发生变动与修改，BIM 模型平台导出的工程概算可以在签订招投标合同之前给项目各参与方提供决策参考，也为最终的设计概算提供了基础。

（7）有利于低能耗与可持续发展设计　在设计初期，利用与 BIM 模型具有互用性的能耗分析软件就可以为设计注入低能耗与可持续发展的理念，这是传统的 2D 技术所不能实现的。传统的 2D 技术只能在设计完成之后利用独立的能耗分析工具介入，这就大大减少了修改设计以满足低能耗需求的可能性。除此之外，各类与 BIM 模型具有互用性的其他软件都在提高建设项目整体质量上发挥了重要作用。

3. 施工

对于传统 CAD 时代存在于建设项目施工阶段的 2D 图纸可施工性低、施工质量不能保证、工期进度拖延、工作效率低等缺点，BIM 所带来的优势如下所示：

（1）施工前改正设计错误与漏洞　在传统 CAD 时代，各系统间的冲突碰撞极难在 2D 图纸上识别，往往直到施工进行了一定阶段才被发觉，然后不得已返工或重新设计。而 BIM 模型将各系统的设计整合在了一起，系统间的冲突一目了然，所以可以在施工前改正解决，这样加快了施工进度、减少了浪费、甚至很大程度上减少了各专业人员间起纠纷不和谐的情况。

（2）4D 施工模拟、优化施工方案　BIM 技术将与 BIM 模型具有互用性的 4D 软件、项目施工进度计划与 BIM 模型连接起来，以动态的三维模式模拟整个施工过程与施工现场，能及时发现潜在问题和优化施工方案（包括场地、人员、设备、空间冲突、安全问题等）。同时，4D 施工模拟还包含了如起重机、脚手架、大型设备等的进出场时间，为节约成本、优化整体进度安排提供了帮助。

（3）BIM 模型是预制加工工业化的基石　细节化的构件模型（shop model）可以由 BIM 设计模型生成，用来指导预制生产与施工。由于构件是以 3D 的形式被创建的，这就便于数控机械化自动生产。当前，这种自动化的生产模式已经成功地运用在钢结构加工与制造、金属板制造等方面，从而可以生产预制构件、玻璃制品等。这种模式方便供应商根据设计模型对所需构件进行细节化的设计与制造，准确性高且缩减了造价与工期；同时，消除了利用 2D 图纸施工时由于周围构件与环境的不确定性导致构件无法安装甚至重新制造的尴尬境地。

（4）使精益化施工成为可能　由于 BIM 参数模型提供的信息中包含了每一项工作所需的资源，包括人员、材料、设备等，所以其为总承包商与各分包商之间的协作提供了基石，最大化地保证资源准时制管理（just-in-time）、削减不必要的库存管理工作、减少无用的等待时间、提高生产效率。

4. 运维管理

BIM 参数模型可以为业主提供建设项目中所有系统的信息，在施工阶段作出的修改将全部同步更新到 BIM 参数模型中形成最终的 BIM 竣工模型（as-built model），该竣工模型作为各种设备管理的数据库为系统的运营维护提供依据。此外，BIM 可同步提供有关建筑使用情况或性能、入住人员与容量、建筑已用时间以及建筑财务方面的信息。同时，BIM 可提供数字更新记录，并改善搬迁规划与管理。BIM 还促进了标准建筑模型对商业场地条件（例如零售业场地，这些场地需要在许多不同地点建造相似的建筑）的适应。有关建筑的物理信息（例如完工情况、承租人或部门分配、家具和设备库存）和关于可出租面积、租赁收入或部门成本分配的重要财务数据都更加易于管理和使用。稳定访问这些类型的信息可以提高建筑运营过程中的收益与成本管理水平。

目前，工程设计中创建的数字化模型数据库的核心部分主要是实体和构件的基本数据，很少涉及技术、经济、管理及其他方面。随着信息化技术在建筑行业的深入和发展，将会有越来越多的软件如概预算软件、进度计划软件、采购软件、工程管理软件等利用信息模型中的基础数据，在各自的工作环节中产生出相应的工程数据，并将这些数据整合到最初的模型中，对工程信息模型进行补充和完善。在项目实施的整个过程中，自始至终只有唯一的工程信息模型，且包含完整的工程数据信息。通过这个唯一的工程信息模型，可以提高运维阶段工程的使用性能和继续积累抵御各种自然灾害的数据信息，实现真正的工程生命期内的管理和成本控制。另外，在建筑智能物业管理方面，综合运用信息技术、网络技术和自动化技术，建立基于 BIM 标准的建筑物业管理信息模型，可以实现物业管理阶段与设计阶段、施工阶段的信息交换与共享。通过建立的楼宇自动化系统集成平台，可对建筑设备进行监控和集成管理，实现具有集成性、交互性和动态性的智能化物业管理。

1.3.4 BIM 与 CAD 的关系

BIM 技术对建筑业技术革新的作用和意义已在全球范围内得到了业界的广泛认可。BIM 技术的发展、普及和应用已成为继 CAD 技术之后建筑业的又一次革命。CAD 技术发展到今天，其在工程设计、施工与运行维护的各阶段，以及每一阶段的各专业中仍将被继续应用。

纵观三十多年来建筑业信息化的改革，首先是实现从手工绘图到 CAD 绘图的第一次革命，这在二十多年前已经完成。进入新世纪以来，正在实现从 CAD 几何模型到 BIM 集成模型的转变过程。由于 BIM 模型中涵盖了建筑全生命期的所有信息，能够实现各阶段、各专业之间的信息集成和共享，因而 BIM 被认为是建筑业信息化发展中继 CAD 之后的第二次革命，预示着工程建设逐渐从以二维设计与施工为主跨入以三维全生命期设计和数字化施工的新时代，如图 1-10 所示。

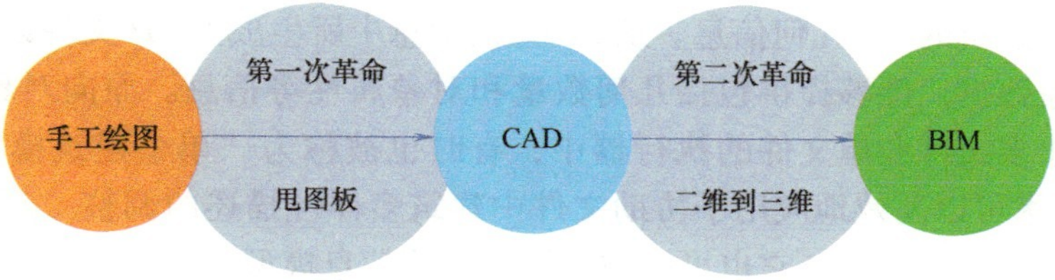

图 1-10　建筑业信息化发展过程

图 1-11 分别表达了三种不同的技术在不同的发展程度（横轴）上所达到的总体有效性（纵轴）。一种是传统的 CAD 技术，一种是升级的面向对象的 CAD 技术，一种是参数化的建筑模型技术（BIM）。图中水平虚线所表达的最小效应值可以恰当地定义为建筑信息模型 BIM 技术所显示的最基本特征。图中 BIM 起始端附近的下方（虚线的下方）是现有的、传统的 CAD 技术，在传统 CAD 线上方，显示的是建筑信息模型 BIM 有效性逐渐增长的程度。三种不同颜色的实线分别代表了在给定发展程度下，使用三种不同的技术所达到的有效性。

1. CAD 技术

图 1-11 中虚线下方代表的是基于 CAD 技术的应用软件，也可看为在行业中被广泛应用多年的、基于几何信息的二维 CAD 技术。尽管这种技术在绘图方面极具能力，然而对于实现较高程度的有效性，它的应用能力有限。随着较高水平的行政和管理费用的提出，导致来自 CAD 技术文档的信息质量严重依赖于使用者的专业和使用者输入数据的可靠性。

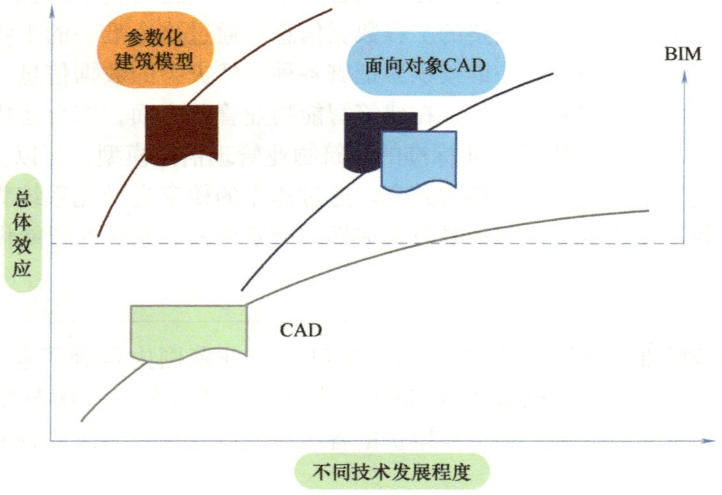

图 1-11　三种技术及其总体有效性

更高水平的应用，包括规划设计和合作者产品发展等方面，在建筑信息模型阶段能够实现有效性。但是对于 CAD 技术来说，要实现这种有效性，需要付出的代价是异常高昂的，也就是说，运用传统的 CAD 技术是不可能达到这种较高程度的。

2. 面向对象的 CAD 技术

图 1-11 中面向对象 CAD 技术的应用软件是在传统的 CAD 技术环境下增加对建筑构件的模拟，着重于建筑的 3D 几何信息。从 3D 几何信息中所生成的 2D 文件以及从建筑构件中所提取的对象数据，能够提供包括几何数量和对象属性等信息。面向对象 CAD 技术已经被应用于基于多文件和单文件的执行器中，有时也被称为“单个建筑模型”或“虚拟模型”。这种技术可以高效地应用于协助文件中建筑多样性描述的调整，而且由于在对象结构中包含丰富的建筑数据，它也可以被扩展到建筑信息模型。

当前，面向对象 CAD 技术在设计和文档软件中已经被很好地建立，行业中除了建筑信息模型技术以外的所有执行器都是基于这种技术。面向对象 CAD 技术支持应用程度的多样性变化，由于它是建立在 CAD 技术的基础上，可以不需要任何改变而被方便地执行。然而，由于这种技术的有效性要视使用者专业和可靠性而定，它不能够确保实现最大程度利益的建筑信息模型所必需的高质量的、可靠的、完整的、全面集成的信息，也就是说，基于这种技术所建立的模型仅是表面模型而不是实体模型。

3. 参数化的建筑模型技术

图 1-11 中的参数化建筑模型技术采用一个关系数据库和一个行为模型来动态捕捉和表现所需的建筑信息，如 3D 视图、2D 图纸或表格，所有建筑信息都是基于同一个数据库的管理。由于使用参数化技术的建筑模型具有其在真实世界的行为和属性，因此参数化模型“知道”所有构件的特征以及它们之间相互作用的规则，因此对模型操作时它会保持构件在真实世界的相互关系。例如，在参数化建筑模型中，如果屋顶倾角改变了，与其连接的墙会自动追踪屋顶线。由于所有操作都是在同一个数据库上进行的，因此所有建筑的表现形式都直接与数据库关联，无论视图（平面图、立面图、剖面图等）还是表格（构件

类别、门窗表、预算报表等），都维持与模型的各种视图相联系。例如，当以图形编辑修改一个构件时，其修改的数据直接反馈到模型数据库中，而与模型数据库相关联的表格中对应的数据则会自动更新；同理，如果构件是在表格中编辑修改的，那么图形视图则自动更新。参数化建筑模型的另外一个重要特征是在管理建筑构件之间的联系时可保持最初设计意图的智能性。例如，在一个面向对象的 CAD 系统中，门“懂得”它只能存在于墙里，如果墙删除，门也自动删除。这虽然也是智能，但它只是对物体属性智能的延伸，这种智能无法与参数化建筑模型的智能化相比。又例如，设计者采用参数化建筑模型技术可以指定门在墙中并且指定门与窗的距离，当修改设计时，系统自动保留这种门、墙、窗的联系。因此，参数化建筑模型的本质是用计算机以构件在真实世界的行为和属性来建模，用它来实现建筑信息模型的方法最能体现信息集成技术的优势。

综上所述，CAD 技术是最早得到应用的，但其后期效益问题已成为其继续发展的障碍，面向对象 CAD 技术介于 CAD 技术和参数化建筑模型技术中间，而参数化建筑模型技术则一直保持高效益。从 CAD 技术转向面向对象 CAD 技术可能是一种增量变化或者演变，而转移到参数化建筑模型技术则可以称得上是信息技术运用的革命。根据以上分析，总结 BIM 和 CAD 的主要区别如下：

1）BIM 具有参数化建模特征，以工程的基本单元（如梁、柱、墙、板等）为对象，并通过参数的形式进行表达，既包括几何信息又包括非几何信息，诸如材料、造价、设备信息等；CAD 不具备这种功能，仅能表达基本单元的几何信息，而这些几何信息仅是通过点、线、面等几何元素来表达。简单一句话来概括：BIM 的建模方式是“组装”，CAD 更多的是“绘制”。

2）BIM 具有关联性特征，参数化的建模方式使得模型中对象具备关联的属性，比如某个对象（建筑构件）信息发生变化，其他与之相关联对象的信息可以自动进行更新，从而保证模型的一致性和完整性；但是，CAD 不具备这种功能，需要逐一对关联的部位进行修改。

3）BIM 涵盖工程整个生命期数据信息，使不同阶段不同专业间信息的共享高度统一；CAD 只能针对不同阶段不同专业分别建立模型，各个模型之间的联系只能靠人工进行。

4）CAD 可以建立 3D 模型，但一个单独的 3D 模型并不能够称之为 BIM，而 BIM 也不一定非要以 3D 形式表达，可以是 4D、5D、6D，甚至 nD。

5）BIM 不代表某个软件，往往是多个软件协同工作的结果，所以才要有集成技术框架来支持 BIM；CAD 技术可以用某个软件来代表，例如 AutoCAD。

由于 CAD 技术的深入人心，当前使用 BIM 技术的工程或多或少会夹杂着 CAD 技术，也就是说 BIM 技术还处于强劲的发展阶段。美国 NBIMS 标准提供了一套衡量应用 BIM 到什么程度的工具，称之为 BIM 成熟度模型（BIM Capability Maturity Model）。此模型可以通过 11 个指标来判断一个 BIM 产品或 BIM 应用达到了什么样的程度，这 11 个指标包括：数据丰富性、生命期、变更管理、角色或专业、业务流程、及时性/响应、提交方法、图形信息、空间能力、信息精确度、协作性/支持 IFC 程度。

表 1-2 总结了美国佐治亚州萨凡纳的一家建筑与规划公司 Lott&Barber 利用 BIM 技术和传统 CAD 技术进行设计实践的效率对比。该公司从 2004 年便开始使用 Autodesk 公司的 Revit Architecture 软件，为了量化所获得的生产力提升，设计人员在两个相似规模与范围

的设计中分别使用 Revit Architecture 与传统 CAD 工具，然后将设计流程中不同阶段所花费的时间进行了比较。从表 1-2 中可以看出，使用 Revit Architecture 软件在所有主要的设计流程阶段都获得了极大的生产力提升。

表 1-2　某项工程 BIM 技术与 CAD 技术设计效率对比

阶段任务	CAD 技术/h	BIM 技术/h	节约小时数	节约百分比
示意图设计	190	90	100	53%
设计开发	436	220	216	50%
施工文档制作	1023	815	208	20%
检查与协调	175	16	159	91%
合计	1824	1141	686	—

1.3.5 BIM 对建筑业的意义

工程项目从立项开始，历经规划、设计、施工、竣工验收到交付使用，是一个漫长的过程。在这个过程中，不确定性的因素有很多。在项目建造初期，设计与施工等领域的从业人员面临的主要问题有两个：一是信息共享，二是协同工作。工程设计、施工与运行维护中信息交换不及时、不准确的问题会导致大量的人力和物力的浪费。2007 年美国的麦克格劳·希尔公司（McGraw Hill，2015 年已更名为 Dodge Data & Analytics）发布了一个关于工程行业信息互用问题的研究报告，据该报告的统计资料显示，数据互用性不足会使工程项目平均成本增加 3.1%。具体表现为：由于各专业软件厂家之间缺乏共同的数据标准，无法有效地进行工程信息共享，一些软件无法得到上游数据，使得信息脱节、重复工作量巨大。

BIM 的主要作用是使工程项目数据信息在规划、设计、施工和运营维护全过程中充分共享和无损传递，为各参与方的协同工作提供坚实的基础，并为建筑物从概念到拆除的全生命期中各参与方的决策提供可靠依据，如图 1-12 所示为 BIM 的目标。表 1-3 列出了在工程全生命期过程中，BIM 方法在过程、信息流、软件应用几个方面与传统方法的对比分

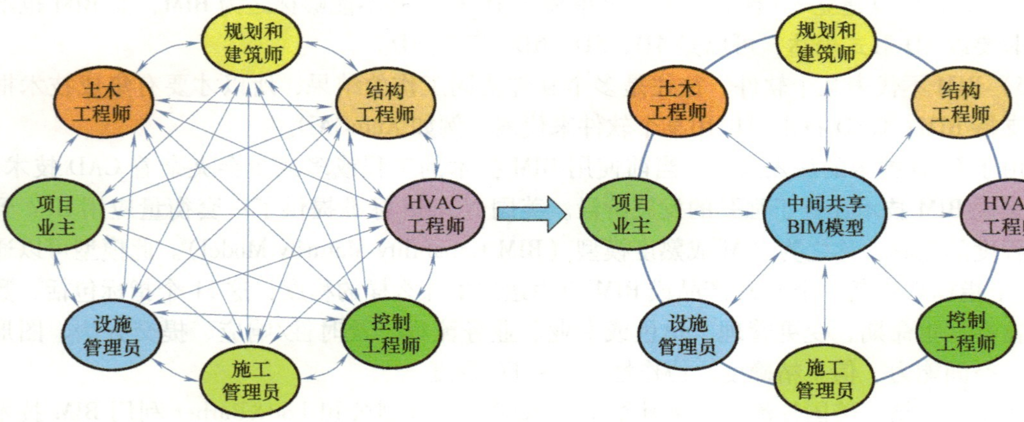

图 1-12　BIM 目标

析，分析的角度包括项目团队组织、信息共享、设计和建造质量、决策支持、团队协作。

表 1-3　BIM 方法与传统方法对比

	传统方法	BIM 方法	备　注
项目团队组织	有详细设计后，施工项目经理和技术咨询才参与到项目中来，也就是先设计后施工	在概念设计阶段，业主就将相关方引入项目组织，能够全面、快速地跟踪工程进展	BIM 方法支持尽早地跨专业的协作以及经验交流
信息共享	以纸张（图纸、报表、技术说明等）和没有协作能力的电子文件为主，传递方式为邮递、传真	基于 IFC 标准的产品建模方法，拥有一个核心项目数据库	BIM 方法使数据重新录入概率最小化，提高数据的准确性和质量。随着模型质量和正确性的提高，使项目组能够在早期进行更多的方案比选以及帮助引入全生命期分析方法，从而得出最佳方案
设计和建造质量	根据标准规范的要求、个人经验进行设计，尽管有计算机辅助，但也有大量的手工劳动。在设计过程中，存在大量简单的重复性劳动	动态的工程分析和大量的仿真软件，能够自动产生工程文档	BIM 方法能够提高设计的精确性，将项目组从琐碎的工作（例如工程制图）中解脱出来，投入到更有价值的工作（例如详细设计）中
决策支持	项目组通过经验、图纸、反复演算，得到决策依据	在 BIM 方法中，决策依据更加丰富，这包括虚拟现实环境、全生命期的性能参数、多角度的动画支持等	BIM 方法使项目组在项目早期能够开发多种方案进行比较，为决策者提供更有价值的全生命期性能参数
团队协作	以桌面会议的形式，用静态的图纸进行协作	以动态的产品模型和可视化效果作为会议的资料	BIM 方法能够加速设计协同，快速地制定出解决方案

BIM 对于促进工程项目早期信息共享具有重要意义。建筑设计在项目初期过程中所生成的信息存储到建筑信息模型中有助于及时发现可能存在的问题，并在设计阶段进行解决，有利于后期的概预算、施工计划、能耗分析等共享。

如图 1-13 所示，该图对早期信息共享的意义进行了说明，图中的纵坐标代表成本、影响与效果，横坐标为工程生命期的各个过程（规划、初步设计、详细设计、施工文件编制、施工、运营）。在图 1-13 中，线 1 表明随着项目从规划、设计，到施工文件编制、施工，直至运营阶段，管理者对于项目造价和性能的影响力越来越小；线 2 表明随着项目从规划、设计，到施工文件编制、施工，直至运营阶段，由于设计的变更所带来的附加成本会越来越高；虚线 3 表明在项目各个生命期，由传统方法设计所需要的投入分配，显示了在施工文件编制和施工阶段中需要大量成本投入；线 4 表明在项目各个阶段，基于 BIM 的设计方法所需要的投入分配，大量的信息是在设计阶段进行搜集和汇总的。结合线 1 和线 2 来看，这种信息综合时间的前移可以使管理者更有能力影响项目的过程（线 1），并且降低了由于变更所增加的成本（线 2）（特别是针对由于信息不一致性而造成的损失）。

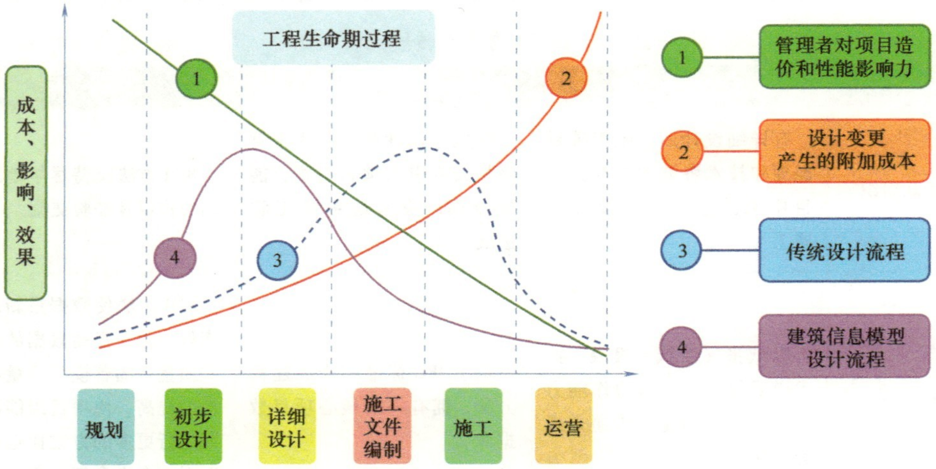

图 1-13 BIM 早期信息共享和传统方式经济效益分析

综合上述分析，BIM 对一项工程的实施所带来的价值优势是巨大的（具体的价值分析详见第 4 章）。表现为以下几点：

（1）缩短项目工期　利用 BIM 技术，可以通过加强团队合作、改善传统的项目管理模式、实现场外预制、缩短订货至交货之间的空白时间等方式大大缩短工期。

（2）更加可靠与准确的项目预算　基于 BIM 模型的工料计算相比基于 2D 图纸的预算更加准确且节省了大量时间。

（3）提高生产效率、节约成本　由于利用 BIM 技术可大大加强各参与方的协作与信息交流的有效性，使决策的做出可以在短时间内完成，减少了复工与返工的次数，且便于新型生产方式的兴起，例如场外预制、BIM 参数模型作为施工文件等，显著地提高了生产效率、节约了成本。

（4）高性能的项目结果　BIM 技术所输出的可视化效果可以为业主校核是否满足要求提供平台，且利用 BIM 技术可实现耗能与可持续发展设计与分析，为提高建筑物、构筑物等性能提供了技术手段。

（5）有助于项目的创新性与先进性　BIM 技术可以实现对传统项目管理模式的优化，比如在集成化项目交付 IPD 模式下各参与方早期参与设计、群策群力的模式有利于吸取先进技术与经验，实现项目的创新性与先进性。

（6）方便设备管理与维护　利用 BIM 竣工模型作为设备管理与维护的数据库。

BIM 在中国建筑业要顺利发展，必须将 BIM 和国内的行业特色相结合。同时，引入 BIM 也会给国内建筑业带来一次巨大的变革，积极推动行业的可持续发展，社会效益巨大，其主要作用如下：

（1）有助于改变传统的设计生产方式　通过 BIM 信息交换和共享，改变基于 2D 的专业设计协作方式，改变依靠抽象的符号和文字表达的蓝图进行项目建设的管理方式。

（2）促进建筑业管理模式的改变　BIM 支持设计与施工一体化，有效减少工程项目建设过程中“错、缺、漏、碰”现象的发生，从而可以减少工程全生命期内的浪费，带来巨大的经济和社会效益。

（3）实现可持续发展目标　BIM 支持对建筑安全、舒适、经济、美观，以及节能、节水、节地、节材、环境保护等多方面的分析和模拟，特别是通过信息共享可将设计模型信息传递给施工管理方，减少重复劳动，提高整个建筑业的信息共享水平。

（4）促进全行业竞争力的提升　一般工程项目都有数十个参与方，大型项目的参与方可以达到上百个甚至更多，提升竞争力的一个技术关键是提高各参与方之间的信息共享水平。因此，充分利用 BIM 信息交换和共享技术，可以提高工程设计效率和质量，减少资源消耗和浪费，从而能够达到同期制造业的生产力水平。

思　考　题

1-1　结合所学知识阐述当前建筑业信息化发展所存在的问题。

1-2　什么是 BIM？如何理解 BIM 的概念和特征？

1-3　简述 BIM 的发展历程。

1-4　BIM 与传统的 CAD 和传统的 3D 模型有什么区别？

1-5　请查阅网络或文献列举 BIM 的主要应用领域。

1-6　结合所学知识阐述 BIM 对建筑业可持续发展的意义。

参考文献

[1] 中华人民共和国国家统计局. 2015 年度建筑行业数据库统计报告 [R/OL]. [2016-04-15]. http://data. stats. gov. cn/workspace/index? m = hgnd.

[2] H Edward Goldberg. BIM and the building information model (AEC in focus column) [J]. Cadalyst, 2007, 21 (1): 56-58.

[3] Aryani Ahmad Latiffi, Juliana Brahim, Mohamad Syazli Fathi. The development of building information modeling definition [J]. Applied mechanics and materials, 2014, 567: 625-630.

[4] Chuck Eastman, Paul Teicholz, Rafael Sacks, et al. BIM Handbook [M]. Hoboken: John Wiley & Sons Inc, 2011: 5-29.

[5] Karen M. Kensek. Building information modeling [M]. London: Routledge Taylor & Francis Group, 2014: 48-86.

[6] B. Succor. Building information modeling framework: a research and delivery foundation for industry stakeholders [J]. Automation in construction, 2009, 18: 357-375.

[7] Richard See. Building information models and model views [J]. Journal of building information modeling (JBIM), 2007, Fall: 20-25.

[8] BuildingSMART. Open BIM and standards [EB/OL]. [2015-06-24]. http://www. buildingsmart. org/.

[9] 中国 BIM 门户. 建筑工业化大数据云平台 [EB/OL]. [2016-04-20] http://www. chinabim. com/JYMeeting/bigdata/BigData. html.

[10] Aryani Ahmad Latiffi, Juliana Brahim, Mohamad Syazli Fathi. The development of building information modeling (BIM) definition [J]. Applied mechanics and materials, 2014, 567: 625-630.

[11] 何关培. BIM 总论 [M]. 北京：中国建筑工业出版社，2011：30-53.

[12] McGraw Hill. The business value of BIM in North America [R]. New York: McGraw-Hill Construction, 2012: 1-24.

[13] Tamera L. McCuen, Patrick C. Suermann, Matthew J. Krogulecki. Evaluating award-winning BIM projects using the national building information model standard capability maturity model [J]. Journal of management in engineering, 2012, 27 (2): 224-230.
[14] 李云贵，邱奎宁，王永义. 我国 BIM 技术研究与应用 [J]. 铁路技术创新，2014 (2): 36-41.
[15] 毕振波，王慧琴，潘文彦，等. 云计算模式下 BIM 的应用研究 [J]. 建筑技术，2013，44 (10): 917-920.
[16] 吴吉明. 建筑信息模型系统 (BIM) 的本土化策略研究 [D]. 北京：清华大学，2011: 33-53.
[17] 屈青山，张新艳. 基于协同工作的建筑设计系统研究与实践 [J]. 建筑与结构设计，2007 (6): 6-8.
[18] AIA. Integrated project delivery: a guide (version 1) [R] [S. l.]: AIA National/AIA California Council, 2007: 20-31.
[19] 李云贵. BIM 技术与中国城市建设数字化 [J]. 中国建设信息，2010 (10): 40-42.
[20] 中国建筑业协会工程建设质量管理分会. 施工企业 BIM 应用研究 (一) [M]. 北京：中国建筑工业出版社，2013: 5-35.
[21] 刘照球，李云贵，刘慧鹏，等. 复杂结构模型的信息集成和协同计算 [J]. 工业建筑，2012，42 (10): 175-179.
[22] Tomas Pazlar, Ziga Turk. Interoperability in practice: geometric data exchange using the IFC standard [J]. Journal of information technology in construction (ITcon), 2008, 13: 362-380.
[23] 曾旭东，赵昂. 基于 BIM 技术的建筑节能设计应用研究 [J]. 重庆建筑大学学报，2006，28 (2): 33-35.
[24] 赵昂. BIM 技术在计算机辅助建筑设计中的应用初探 [D]. 重庆：重庆大学，2006: 2-14.
[25] Russell Manning, John I. Messner. Case studies in BIM implementation for programming of healthcare facilities [J]. Journal of information technology in construction (ITcon), 2008, 13: 446-457.
[26] Atul Khanzode, Martin Fischer, Dean Reed. Benefits and lessons learned of implementing building virtual design and construction (VDC) technologies for coordination of mechanical, electrical, and plumbing (MEP) systems on a large healthcare project [J]. Journal of information technology in construction (ITcon), 2008, 13: 324-342.
[27] Israel Kaner, Rafael Sacks, Wayne Kassion, et al. Case studies of BIM adoption for precast concrete design by mid-sized structural engineering firms [J]. Journal of Information Technology in Construction (ITcon), 2008, 13: 303-323.
[28] Kihong Ku, Spiro N. Pollalis, Martin A. Fisher, et al. 3D model-based collaboration in design development and construction of complex shaped building [J]. Journal of information technology in construction (ITcon), 2008, 13: 458-485.
[29] Robert Leicht, John Messner. Moving toward an "intelligent" shop modeling process [J]. Journal of information technology in construction (ITcon), 2008, 13: 286-302.
[30] Tamer E. EI-Diraby, Igor Rasic. Framework for managing life-cycle cost of smart infrastructure system [J]. Journal of computing in civil engineering, 2004, 18 (2): 115-119.
[31] P. Fazio, H. S. He, A. Hammad, et al. IFC-based framework for evaluating total performance of building envelopes [J]. Journal of architectural engineering, 2007, 13 (1): 44-53.
[32] 张建平，郭杰，王盛卫，等. 基于 IFC 标准和建筑设备集成的智能物业管理系统 [J]. 清华大学学报（自然科学版），2008，48 (6): 940-942.
[33] 何清华，钱丽丽，段运峰. BIM 在国内外应用的现状及障碍研究 [J]. 工程管理学报，2012，26 (1): 12-16.

[34] 刘献伟，高洪刚，王续胜. 施工领域 BIM 应用价值和实施思路 [J]. 施工技术，2012，41 (22)：84-86.
[35] Jim Steel，Robin Drogemuller，Bianca Toth. Model interoperability in building information modelling [J]. Software and systems modeling，2012，11 (1)：99-109.
[36] 张建平，李丁，林佳瑞. BIM 在工程施工中的应用 [J]. 施工技术，2012，41 (16)：10-17.
[37] R. Volk，J. Stengel，F. Schultmann. Building information modeling (BIM) for existing buildings：literature review and future needs [J]. Automation in construction，2014，38：109-127.
[38] Reijo Miettinen，Sami Paavola. Beyond the BIM utopia：approaches to the development and implementation of building information modeling [J]. Automation in construction，2014，43：84-91.
[39] Vishal Singh，Jan Holmstrom. Needs and technology adoption：observation from BIM experience [J]. Engineering，construction and architectural management，2015，22 (2)：128-150.

第2章

BIM标准、参数化建模与支持平台

本章主要内容

1. BIM 标准方面，主要介绍 NBIMS、IFC、IDM、IFD、P-BIM、CIS/2、XML 的概念和发展历程，其中重点阐述了 IFC 标准的概念和特征。

2. 从技术的演变、基于实体的参数化建模、参数化建模层次等角度阐述了面向对象参数化建模技术的发展，并对建筑物的参数化建模、参数化建模特征等知识进行介绍。

3. 从工具、平台和环境三个角度阐述主要 BIM 支持平台，并对当前支持 BIM 的系列软件进行介绍，这些软件包括设计类、施工类、建模类、分析类、可视化类、造价类等。

2.1 概述

BIM 的核心思想是实现工程生命期信息集成与互协作，是引导建筑业可持续发展的一种新的生产方式，其实质是全面改变现有的设计手段和设计思维模式。一种新技术的出现，必须要有支持其发展的配套标准或平台，BIM 也不例外。BIM 模型是涵盖工程生命期的数据信息集成库，而工程的实际生命期一般持续几十年甚至上百年，这一过程中要实现完整的 BIM 模型，就需要一种行之有效的数据表达标准，用于集成工程生命期内不同阶段所产生的子信息模型。有了统一的数据表达和传输标准，不同应用系统之间就有了共同的语言，信息交流和共享才成为可能。目前，与 BIM 相关的标准有很多种，有的是国际性开放标准，有的是国家标准，还有的是行业或地区标准，比较常见的有 NBIMS、IFC、IDM、IFD、P-BIM、CIS/2、XML 等。就当前的发展来说，IFC 标准是 BIM 模型信息交换比较成熟的格式。

在信息化时代，数字化技术已经广泛地渗透到建筑业的各个领域，其中在设计领域的应用已经从最早的计算机辅助演变到模拟人工智能、基于算法的参数化设计阶段。纵观人类技术史的演变，总是以提高生产效率为最终目的，即以相对少的时间、物质和人力投入，去创造更多的成果。每一次技术的革新在和社会需求产生碰撞后，都能带来一次效率的飞跃。参数化建模技术在设计中的应用不但能解决很多以前无法实现的设计想法，而且还能提高已有设计体系的效率。参数化建模是一种智能的设计手段，是采用专业知识并配合一定的规则来确定几何参数和约束的一套方法，这一点是和 BIM 理念相得益彰的。当然，不用参数化建模也可以实现 BIM，但从系统实现的复杂性、操作的易用性、处理速度的可行性、软硬件技术的支持性等几个角度综合考虑，就目前的技术水平和能力来看，参数化建模是 BIM 得以真正成为生产力的不可或缺的基础。

有了参数化建模技术，BIM 模型的智能表达得以实现；有了交换标准，BIM 涵盖工程生命期不同阶段的信息集成和共享得以实现。除了标准和参数化建模之外，BIM 还需要一套行之有效的支持平台，因此，平台也是 BIM 发展的关键技术。BIM 应用环境需要一套平台来管理模型中具有不同用途的信息，以便有能力在不同的子模型中管理相关联的资料。平台和环境最终需要由执行特定任务的 BIM 工具来实现，BIM 工具根据其用途来分有很多种，既有用于设计的软件，也有用于分析的软件，还有用于显示的软件，这些 BIM 工具通过平台机制发挥它们各自的作用。

2.2 BIM 标准

2.2.1 NBIMS

2007 年由美国建筑科学研究院发布 NBIMS 标准最初版本，简称 NBIMS-US™ V1，2011 年 1 月发布第二版本，简称 NBIMS-US™ V2。此外，第三版本 NBIMS-US™ V3 已于 2015 年 7 月 22 日发布。其主要目的是：通过开放和互通的信息交换技术来提高建筑业的生产效率，减少生产过程中的信息交换损失，提高品质并降低生产成本。NBIMS-US™ V1 仅出版了第一部分，主要包括导论、序言、信息交换概念、信息交换内容、开发过程、附录等内容。NBIMS-US™ V2 在第一版本的基础上增加了第二部分，主要包括：项目委员会管理规则、参考标准、IFC2×3、可扩展标记性语言 XML、建筑环境分类策略 OmniClass™、术语和定义、最佳实践标准等。如图 2-1 所示，该图展示了 NBIMS 标准涵盖的范围。

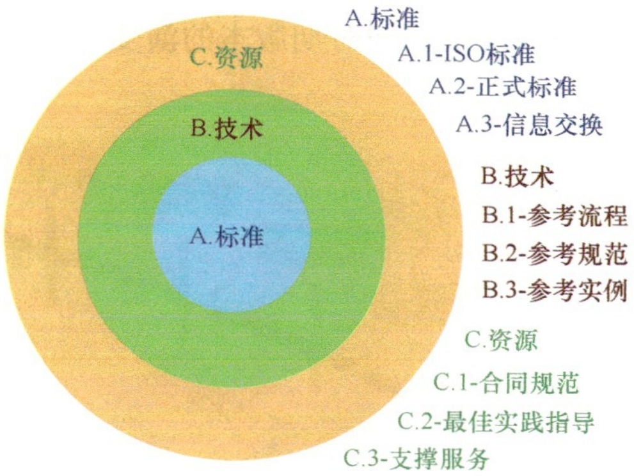

图 2-1　NBIMS 标准涵盖范围

NBIMS 是 buildingSMART 联盟的一个项目委员会，起初是作为设备信息协会（Facility Information Council，简称 FIC）行使职能。2008 年 FIC 废止后，NBIMS 被重新许可为 buildingSMART 联盟的项目委员会，以巩固其使命和流线型服务宗旨。1992～2008 年，FIC 的使命是：为 AEC（Architecture，Engineering，Construction）及 FM（Facility Management）行业培育通用和开放的标准，以及一种集成的涵盖生命期的信息模型，以改善工程整个生命期过程中的使用性能。尽管 FIC 已于 2008 年废止，但其使命由 NBIMS 一直延续至今。NBIMS 在继承传统使命的基础上，一直致力于提供开放型的国家标准（openBIM）或应用规程，以推广 BIM 技术在建筑业应用的广度和深度。

2.2.2 IFC

BIM 的核心之一是数据共享与交换，实现数据共享与交换就需要统一的数据表达标准，因此标准的建立是解决信息交换与共享问题的关键。为此，buildingSMART 的前身，早期的国际互协作工作组织 IAI 发布了 IFC，由于其采用 STEP（Standard for the Exchange of Product model data）标准数据表达规范，被称为其中的一个类，因此中文直译为“工业基础类”，但目前更习惯于称之为“IFC 标准”。

IFC 作为一个实现 BIM 的有效工具，是 buildingSMART 为建筑业发布的工程数据表达标准。利用 IFC 标准，可以实现工程项目各参与方之间的信息交流与共享，实现不同应用软件系统之间的数据交换。同时，由于 IFC 标准能够将工程中各阶段产生的数据和信息集成到一个完整且统一的信息模型中，因此也有助于实现信息的综合利用。

IFC 标准的目标是为建筑业提供一个不依赖于任何具体系统的、适合于描述贯穿整个工程项目生命期内产品数据的中间数据标准，应用于工程生命期中各个阶段内以及各阶段之间的信息交换和共享。在 IFC 标准出现之前，建筑业不同领域应用系统之间的数据交换是杂乱无章的，每个系统为了能够和其他系统交换数据，均需要开发专门的数据转换接口，以支持不同的数据格式，系统的升级和维护工作量非常大。由于 IFC 提供了一个统一的共享建筑信息模型，每个软件只要有一个标准的数据接口输入和输出信息，就能够和其他软件交换数据，从而大大降低了系统的升级和维护成本。

1997 年 IAI 推出 IFC 1.0 版本，在此后的近二十年间，IFC 标准一直持续不断地发展和完善，至 2015 年 7 月推出 IFC4 Add1 版本为止，共已发布大小十几次的扩展和更新版本，如图 2-2 所示，为 IFC 标准不同时期版本的演变。

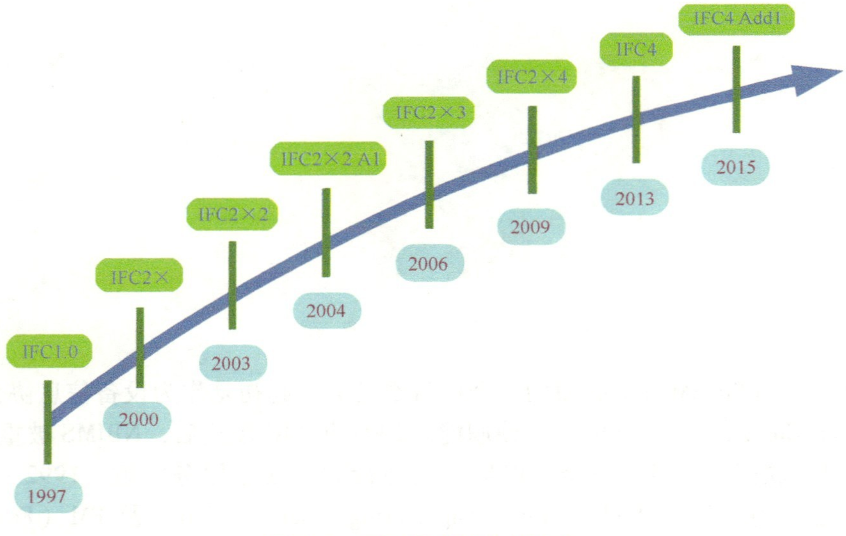

图 2-2　IFC 标准版本的演变

IFC 标准采用与 BIM 软件平台无关的开放数据格式，它是一个基于面向对象（object-oriented）思想的数据模型，采用 EXPRESS 语言描述建筑工程信息。EXPRESS 是一种产品数据标准化表达语言，其定义在 ISO 10303-21 中。IFC 标准由 buildingSMART 制定并维护，是当前建筑业最受广泛认可的国际性公共产品数据标准格式。IFC 标准已被接收成为 ISO 标准（ISO/PAS 16739），许多国家也开始致力于基于 IFC 标准的 BIM 实施规范的制定。虽然各大 BIM 软件商如 Autodesk、Bentley、Graphisoft、Tekla 等均宣布了各自旗下软件产品对 IFC 标准的支持，但实现真正基于 IFC 标准的数据共享和交换还有很长一段路要走。

IFC Schema 是 IFC 标准数据模型的基本模式和大纲，它为工程实施过程所有信息的描述和定义提供规范的表达方式。在 IFC Schema 中，信息既能够表示抽象的概念，如空间、组织、关系、过程等，也可以用于描述真实的物体。IFC Schema 自下而上分为四个层次，分别为资源层、核心层、互协作层和领域层，如图 2-3 所示。

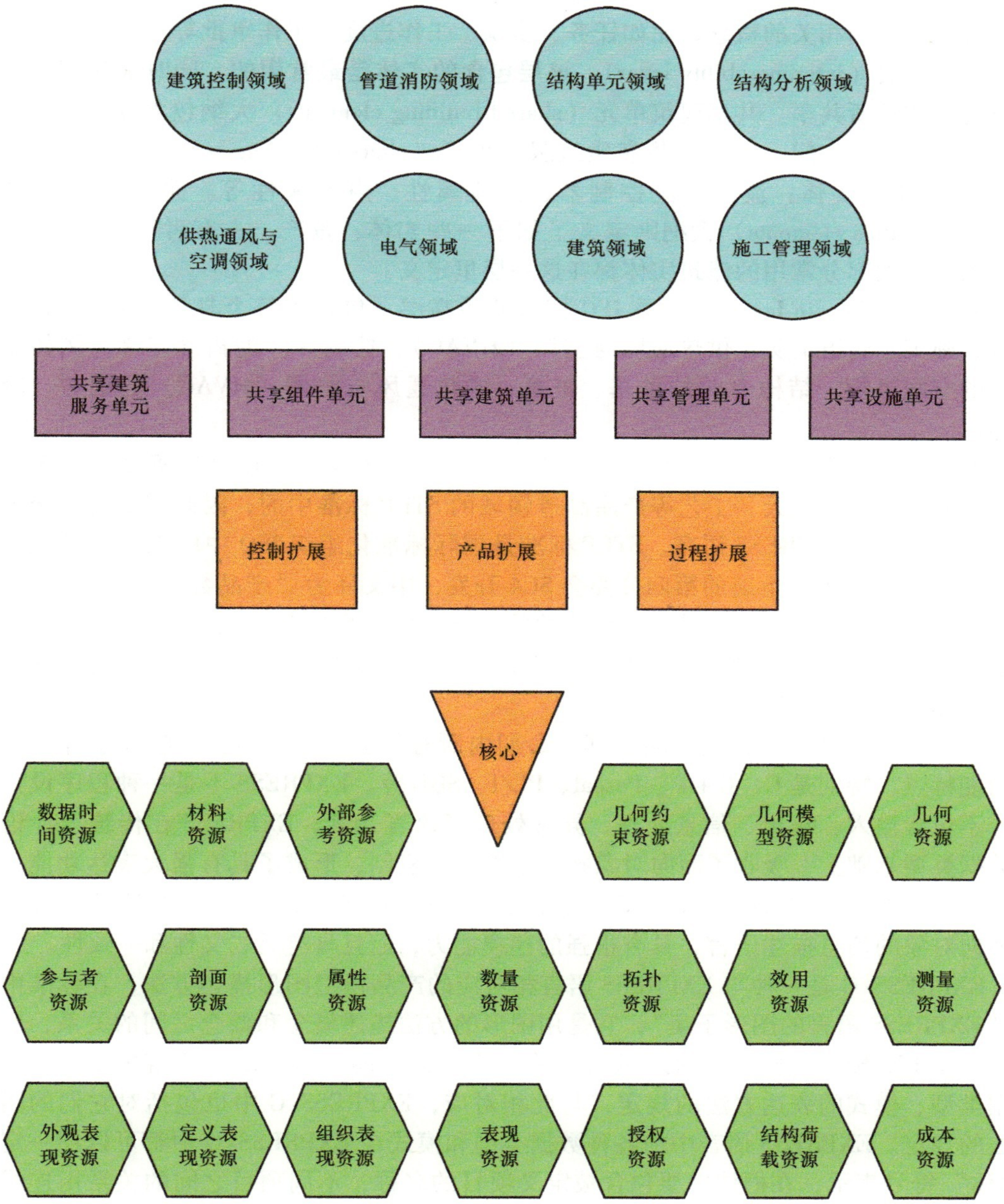

图 2-3　IFC 大纲基本结构

资源层（resource layer）：该层包含用来描述基本属性的实体，比如几何、材料、数量、测量、日期、时间、成本等通用的内容，其作用就是用来作为其上层实体属性定义的基础资源，这些资源定义有许多是直接来自 STEP 标准的。

核心层（core layer）：核心层由核心（kernel）和核心扩展（core extensions）组成。该层包含的实体主要描述非行业性的或者行业性不明显的抽象概念，用来定义更高层次的实体。比如 Kernel 大纲定义了如下一些核心概念：参与者、组、流程、产品、关系等，这些都被用于模型中更高层次实体的定义。产品扩展（product extension）大纲定义了抽象的建筑组件比如空间、场地、建筑、建筑单元、注释等。另外两个扩展大纲则定义了过程和控制相关的概念，比如任务、步骤、工作进度、工作审批等。

互协作层（interoperability layer）：该层包含的实体是最常用的，同时被建筑施工与运营管理软件所共享。共享建筑单元（shared building elements）大纲包含以下实体的定义：梁、柱、墙、门、窗等。共享建筑服务单元（shared building services elements）大纲定义了以下实体：流段、流控制器、流体属性、声音属性等。而共享设施单元（shared facilities elements）大纲则定义了如下一些实体：资产、占有者、家具类型等。总的来说，大部分常用的建筑实体都在这一层里定义。

领域层（domain layer）：它是 IFC 模型的最高层，包含了每个具体领域［如建筑、结构、施工、管道消防、供热通风与空调（HVAC）、控制等］的概念定义，例如建筑专业的空间组织，结构专业的条基、桩基，供热通风与空调（HVAC）的锅炉、冷却器等。

由于 IFC 标准采用 EXPRESS 语言来描述建筑产品数据，而 EXPRESS 语言是定义在机械、制造、航空航天、工艺等产品制造领域的 STEP 标准中的，因此需要简单介绍一下 STEP 标准和 EXPRESS 语言。STEP 标准是国际标准化组织 ISO 中的工业自动化与集成技术委员会 TC184 下属的第四分委会 SC4 开发，中文译为“产品数据交换标准”，简称为“STEP 标准”，是一个计算机可读的关于产品数据的描述和交换标准，它提供了一种独立于任何一个 CAX 系统的中性机制来描述经历整个产品生命期的产品数据。STEP 标准国际编号为 ISO 10303。

EXPRESS 作为一个描述产品在其生命期内所有数据的模式语言，吸收了许多语言的功能特点，特别是 C、C++、Pascal、PL/I、SQL 等。EXPRESS 不是一种程序设计语言，不包含输入、输出、信息处理、异常处理等语言元素，EXPRESS 在传统设计语言的数据类型基础上，吸收了面向对象技术中继承等机制，形成了具有强大表达功能，又易于产品数据描述的数据类型。IFC 之所以选择 EXPRESS 语言，是因为这种语言是一种面向对象的信息描述语言，具有很强的建模能力，而且具有无二义性和一致性。

EXPRESS-G 是一种与 EXPRESS 语言相对应的产品模型图形描述方法，在标准中称为“EXPRESS 语言的图形子集”，它是用图形的方法描述概念和概念之间的关系，所以对理解用 EXPRESS 语言写出的数据模型有非常大的帮助。EXPRESS 语言中包括对各种数据类型、模式的表达方法的规定，与此相对应，EXPRESS-G 中也包括对它们的图形画法的规定。EXPRESS 语言中的各种数据类型和模式在 EXPRESS-G 中都可以用一定的“框体”符号表示，在框体中要包含被定义项目的名称，不同项目之间的关系用连线表示，不同的线型表示不同的关系。

2.2.3 IDM

buildingSMART 于 2006 年发布了信息传输手册 IDM（Information Delivery Manual）的概念，即提出一种通过过程建模，识别某一特定交换流程中信息需求的方法。IDM 目的在于针对任意特定的工作流程（标准的或自定义的）识别数据交换需求，并基于数据描述标准（譬如 EXPRESS）描述交换需求，用于辅助实现特定业务流程中各参与方之间的高质量、高效率的信息交换和共享。事实上 IDM 定义了工程全生命期中某个特定任务所需要的信息标准。IDM 具有与数据标准无关的特性，可以支持商业需求，支撑软件设计，支持过程建立，同时改善建筑交流过程，保证当需要某些信息时，这些信息是存在的和可用的，并且保证了信息的质量。

图 2-4 展示了 IFC 与 IDM 的关系，其中图 2-4a 表示 IFC 标准将整个工程生命期的所有数据都包含在内，以支持所有的信息交换需求。然而在实际应用中并不是总要交换整个信息模型，事实上也无法实现所有信息的完全交换，所需要的仅仅是其中的一部分或者称之为一个子集。比如，结构设计时仅需要提供建筑模型中涉及结构部分的几何信息，忽略了其建筑做法等在内的建筑设计时所特有的其他属性信息，但同时又将附加结构构件的材料信息、结构体系所承担的荷载信息和结构边界信息等结构设计阶段所需要的属性信息。因而，如图 2-4b 所示不同目标所确立的需要交换的信息只是整体信息的一个子集，这个子集可能跨领域，也可能跨阶段，甚至是既跨领域又跨阶段。

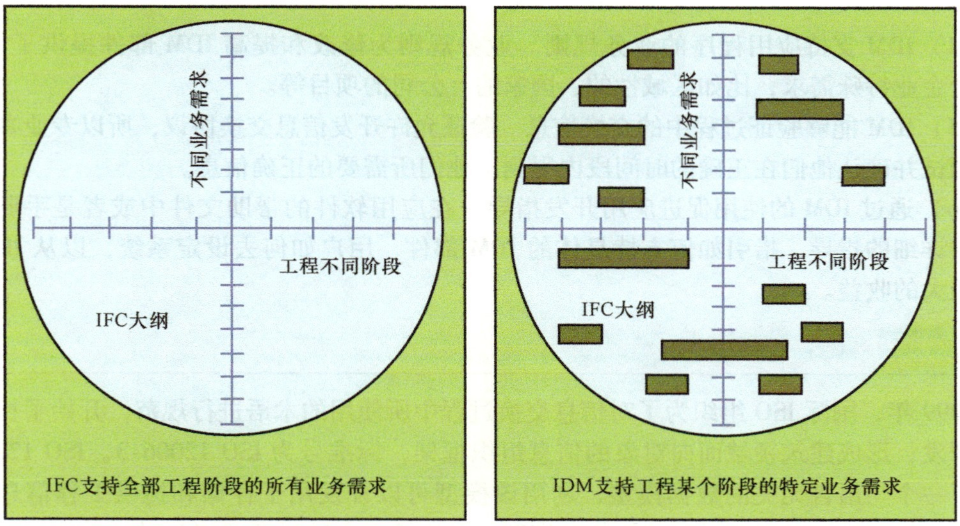

a) b)

图 2-4 IFC 和 IDM 的关系

应用方需要基于应用目标，对 IFC 的交换需求进行一个归纳和定义，提出基于 IFC 的交换需求模型。而这样的某个特定的交换需求模型实际上是 IFC 大纲的子集，该子集包括了特定流程中所需的所有数据，同时剔除了无关的数据，从而降低信息的大小和复杂度，减少信息解析和传输负担，提高信息交换质量和效率。

编制 IFC 标准的目的是为支持项目各阶段、各参与方的所有业务需求，其需求实际上是项目成员之间信息交换或分享的总和，但工程建设项目涉及不同的项目阶段、不同的项目参与方，其信息交换也是针对具体项目中的某个阶段或者流程而言，这个交换信息的内容就是由 IDM 所定义。

IDM 项目的意图是通过 IFC 模型的能力和 IFC 字典的扩展属性定义支持信息交换。使用基于 IFC 的信息模型形成智能建筑，IDM 项目通过行业智能信息进一步提升智能建筑，并通过提供工程过程与 IFC 模型之间的连接实现这个目标。通过 IDM，支持相关过程之间的信息交换的 IFC 模型部分可以详细说明。每一个 IDM 部件详细说明完整定义的信息交换需求，这些 IDM 部件支持日常专业的工作。也就是说，IDM 部件是一个完整的数据结构，在没有完整 IFC 模型的情况下可以独立工作。每一个 IDM 部件在 IFC 模型服务器的支持下，可以同所有其他的 IDM 部件协同工作，支持这个工程生命期。IDM 可以提供各种层次的规范，从完整的国际标准，到某一具体项目的规范。总的来说，IDM 的主要作用如下：

（1）IDM 提供关键过程的详细映射，这些过程贯穿工程整个生命期　通过这些过程映射标示出参考过程，在重新安排工程特定的过程模型时，这些参考过程可以组装起来，而且每个过程中有关信息交换所支持的内容是一致的。

（2）IDM 提供面向最终用户的工程信息需求描述　这允许项目中的专业参与者理解所需的信息，并且不必知道如何阅读复杂的 IFC 数据结构。

（3）IDM 包含 IFC 中功能思想的详细技术描述　这些可以用来定义软件功能，软件功能可以被软件解决方案提供者重用、重配置，以达到对新的 IDM 需求的快速支持。

（4）IDM 支持应用程序的业务规则　业务规则为修改和提高 IDM 部件提供了能力，以迎合企业特殊需求，比如区域性的、国家的、公司的项目等。

（5）IDM 能够验证过程中的交换信息　验证允许开发信息交换协议，所以专业参与者能够测试并确认他们在正确的时间段内得到了他们所需要的正确信息。

（6）通过 IDM 的使用促进应用开发指导　在应用软件的帮助文件中或者是手册、书中提供详细的指导，指引如何支持具体的 IDM 部件，用户如何去设定系统，以从 IDM 中获得最大的收益。

2.2.4 IFD

1999 年，国际 ISO 组织为了对信息交换过程中所使用的术语进行规范，开始了相应标准的开发，形成建筑领域面向对象的信息组织框架，标准号为 ISO 12006-3。ISO 12006-3 定义了一个与语言无关的数据模型，利用该模型可以开发用于存储和提供工程信息的字典，并提供了将信息与分类系统、信息模型、对象模型和过程模型相关联的机制。在此基础上，于 2005 年 6 月，在荷兰鹿特丹成立了 IFD 编制组织，标志着 IFD 库建立的工作正式开展。IFD 英文全称为“International Framework for Dictionaries”，中文通常翻译为“国际字库框架”，它为多语言术语字典的形成提供了一种机制。IFD 是面向工程领域，基于 ISO 12006-3 标准建立的术语库，具有开放性、国际化和多语言的特点，可作为对 IFC 标准的补充和扩展。

基于属性集的信息描述与关联机制具有易冲突、不易识别的缺点，其根源是属性集采用字符串（通过 name 属性）作为标识。字符串是语义信息的表达，在描述同一概念时具有不确定性。例如，同一概念既可由英文也可由中文表达，而且即使使用同一种语言表达，各地方的习惯用法也不尽相同，此外还存在全称、简称、俗语等多种表达方式。当由计算机处理属性集信息时，首先要通过属性集的名称识别属性集，正是由于上述属性集名称不确定性的问题存在，会导致出现即使有属性集，但计算机仍然无法正确处理的困境，进而影响计算机的自动化处理，造成数据的丢失或冲突。

面对市场全球化的今天，建设项目各参与方来自不同地区、不同国家、不同语言体系，以及不同文化背景的情况已经司空见惯。IFD 官方资料中有一个例子：在普通的语言字典中，挪威语的“dor”译为英语的“door”，是“门”的意思，它作为非技术的语言交流没有任何问题，但实际上挪威语的“dor”是“门框”的意思，对应的英语词汇是“door set”，而英语的“door”则是“门扇”的意思，其对应的挪威语词汇则是“dorblad”。这就是说，当某个词汇作为自然语言交流时，它并没有问题，但在进行建设项目全生命期中的信息交换时则可能会出现问题：即需要的信息是“A”，通过交换所得到的信息却可能变成了“B”。

IFD 库则在国际标准框架下对工程术语、属性集进行标准化定义和描述。IFD 将同一概念（概念可细分为对象、活动、属性和单位）与一个 GUID（全局唯一标识，Global Unique Identifier）关联，存储在全局服务器中，提供给项目各参与方访问，而这个概念可以使用多种语言或多种方式进行描述，如图 2-5 所示。不同国家、不同地区、不同语言体系的名称和描述都与 GUID 进行一一对应，从而保证了每个项目参与方通过信息交换所得到的信息，与该项目参与方所想要的信息一致。

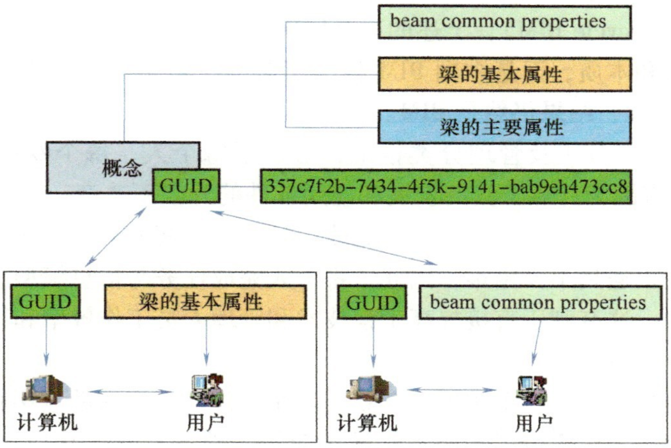

图 2-5　IFD 中全局唯一标识 GUID 概念

IFC、IDM、IFD 构成了工程全生命期中信息交换与共享的三个基本支撑，是实现 BIM 价值最大化的三大支柱，其关系如图 2-6 所示。

2.2.5　P-BIM

中国 BIM 标准主要体现在国家标准《建筑工程信息模型应用统一标准》的编制上。

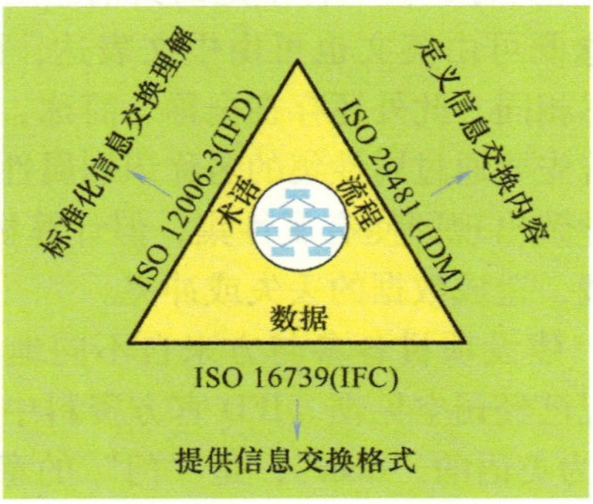

图 2-6 IFC、IDM、IFD 三者的关系

2012 年 3 月，由中国建筑科学研究院、中国建筑股份有限公司等多家单位在北京发起成立了“中国 BIM 发展联盟”。联盟致力于我国 BIM 技术、标准和软件研发，为中国 BIM 技术应用提供支撑平台。联盟成立之初筹集了千万资金，围绕 BIM 标准编制，发布了《中国 BIM 标准研究项目申请指南》，设立了多项 P-BIM 标准研究课题。

中国 BIM 标准的研究重点主要有三个方面：一是信息共享能力，这是 BIM 的核心；二是协同工作能力，这是 BIM 的应用过程；三是专业任务能力，这是 BIM 的目标。项目的框架是研究工程的全生命期，并把它分成几个阶段，每个阶段有对应的几个任务。从全生命期来讲有五个阶段，分别是规划、设计、施工、运营、拆除。在研究过程中引用了 P-BIM概念，将 BIM 分为三个层次，分别为专业 BIM（professional BIM）、阶段 BIM（phase BIM，包括工程规划、勘察与设计、施工、运维阶段）和项目 BIM（project BIM）或全生命期 BIM（lifecycle BIM），上述的三个层次的 BIM 均简称为 P-BIM。P-BIM 并不是要改变 BIM 的内涵和本质，而是中国 BIM 标准编制的技术路线和工作方法，是表达通过“P”实现 BIM 的过程，结果仍然是 BIM。

中国建筑业的专业分工及管理分类很细，形成了每个人、每个专业承担的任务的方式，几十年来并没有因为计算工具的发展和应用软件的升级而改变。中国政府特有的建筑工程管理方式也不会因为一时迎合 BIM 而更改。既然单一模型不可能实现，多模型在以往我国的 BIM 实践中也遇到不少困难，因此，将个人完成任务与信息模型技术结合，设立更多 BIM 子信息模型，这有利于直接提高工程技术和管理人员工作效率和质量，吸引更多人认识 BIM，从而使用 BIM。

在 P-BIM 研究中，涉及一个重要环节就是应用软件，只有借助应用软件，BIM 才能应用到实际工程中。专业 BIM 应用软件是 BIM 的应用基础，专业 BIM 应用软件可按 BIM 要求全新打造，也可在原有专业应用软件基础上进行功能提升。我国工程建设各阶段的应用软件基础良好，已拥有一批具有较高市场覆盖率的专业应用软件，其已有的专业功能、标准和规范集成功能、系统架构、市场格局，以及操作习惯等都可以维持不变，只需要在现有基础上进行 BIM 能力与专业功能提升和改造，即可成为（初级）专业 BIM 应用软件。通过改造原有专业软件实现 BIM 应用，是充分利用我国已有资源，延续专业从业人员应用习惯，快速实现 BIM 应用的可行之路。

专业 BIM 应用软件、阶段 BIM 集成系统和项目全生命期 BIM 联通系统之间既相互独立又紧密相连。一方面，众多专业 BIM 应用软件开发可以相互独立进行，并不一定要依附于各阶段 BIM 集成系统和项目全生命期 BIM 管理系统；另一方面，通过 BIM 标准实现专业 BIM 应用软件、阶段 BIM 集成系统和项目全生命期 BIM 连通系统的信息互联和互通。专业 BIM 应用软件通过基于 BIM 标准的数据接口，即可融入各阶段 BIM 集成系统和项目全生命期 BIM 连通系统，成为 BIM 应用软件大家族中的一员。各阶段 BIM 集成系统和项目全生命期 BIM 管理系统的开发也可不涉及专业 BIM 功能，需要的是基于 BIM 标准的专业 BIM 数据的集成和管理功能，其重点是基于 BIM 的信息互用能力、协同工作能力和工作流程的优化。

目前，国家标准《建筑工程信息模型应用统一标准（征求意见稿）》已于 2014 年 11 月由住房和城乡建设部批准。该标准共分七章和二个附录，主要技术内容是：总则、术语、基本规定、模型体系、数据互用、模型应用、企业实施指引。标准里规定的典型 P-BIM 分述如下：

（1）规划、勘察与设计、施工、运维阶段　包括项目策划与规划立项阶段、工程勘察设计阶段、专项设计评审、工程施工阶段、工程监理与验收阶段、工程运维管理阶段的 P-BIM 应用。

（2）数据标准、存储与集成系统　包括 BIM 基础编码标准、BIM 产品库开发技术，以及 BIM 存储标准。

（3）工程项目全生命期 BIM 应用　包括工程全生命期 BIM 集成技术、P-BIM 数据成熟度评价、P-BIM 数据交付与验收。

2.2.6 其他标准

1. CIS/2

CIS/2（CIMsteel Integration Standards Release 2）是面向钢结构设计、分析和施工的开放式标准，由美国和英国的钢结构研究院共同开发。CIS/2 广泛应用于北美和欧洲的钢结构领域中，世界上一些著名的钢结构工程软件都已支持 CIS/2 格式的输出文件。CIS/2 标准为门类繁多的软件制定了可统一交换的文本格式，是各类钢结构分析与设计软件结果处理的共享标准。

同读者所了解的 IFC 一样，CIS/2 同样是一种数据结构或一种数据标准，只不过 IFC 主要是为了整个工程生命期的设计、施工、运维和管理的信息交换，而 CIS/2 主要是为了钢结构设计、分析和施工的数据交换。两种数据模型都可以表现工程数据的几何外形、关系、过程、材料、施工信息以及其他的属性，都使用 EXPRESS 语言定义，并且基于用户的需要可以被扩展。CIS/2 数据模型实体在基本的几何定义方面，有很多是与 IFC 数据模型相应实体是一一对应的，比如坐标体系、笛卡儿点定义等几何信息。

2. XML

前面已经提到两种在世界范围内公开的和被国际 ISO 组织承认的数据交换标准 IFC 和 CIS/2，然而还有一些别的方法可以用来交换数据，其中一个重要方法就是利用 XML 语言。XML（eXtensible Markup Language）中文翻译为“可扩展标记语言”，是一种计算机语言，在不用人工干预的情形下，允许软件程序交换信息。通过这种方法，建筑师可以集中精力设计美观、环保的建筑，这些建筑采用智能技术用最低成本来满足客户的需要。XML

允许定义一些用户感兴趣的数据结构，这个结构就叫作模式（schema）。不同的 XML 模式支持在各种应用软件之间进行各种不同的数据交换，一些特定的 XML 模式在进行少量的和某些特定的数据交换中非常有优势。这样在一些小的项目或者特定的项目中需要数据交换的时候，我们只需要定义这些领域所需要的 XML 模式，就可以利用这些特殊用途的 XML 来实现数据的记录和交换。

以下是工程领域常使用的几种 XML 模式的介绍，这些不同的 XML 模式都定义了它们自己的实体属性（entity attribute）和关系（relations），用来实现所需要的数据交换。

（1）IFCXML　IFCXML 和 IFC 一样，都是由 buildingSMART 联盟开发和支持的，是 IFC 模式映射到 XML 文件的一个子集。目前，它支持以下的数据操作：材料记载、工程量清单、添加用户设计的工程量等。

（2）gbXML　gbXML（green building XML）是为了传递围护结构信息（比如墙体）来为初期的能量分析以及空间和设备模拟开发而形成的模式。需要说明的是空间（space）的概念在进行能量分析时是非常重要的，所以在基于 BIM 的软件中要准确地定义好建筑的各个空间组成。一般基于 BIM 的能量分析软件都会支持 gbXML。

gbXML 详细描述单体建筑或建筑群，便于能量和资源分析。这些分析结果用于鉴定建筑的环保特性或操作成本、产生的污染、能量消耗和健康问题。gbXML 允许三维 CAD 程序与建筑分析程序的数据集成。

开发 gbXML 的目的是为了方便存储在 CAD 建筑信息模型中的信息能够互相转换，这样能使当今建筑设计模型与很多工程分析工具和模型之间实现集成和协作。目前，众多领先的 CAD 厂商，例如 Autodesk、Graphisoft、Bentley 都已经采纳和支持 gbXML。通过在几个主要工程模型工具中开发输入和输出接口，gbXML 已经成为事实上的工业标准格式。通过 gbXML 的应用，建筑信息与工程模型之间的转换得到很大的改善，减少了浪费时间的重复设计工作，同时减轻了节能建筑和相关设备的设计资源消耗，使建筑设计团队真正协作起来，实现建筑信息模型的潜在价值。

（3）aecXML　aecXML（architecture，engineering，construction XML）是由 Bentley 公司最先于 1999 年 8 月发布的，是一种基于 IFC 标准的用于从 BIM 中获取数据信息的中性机制。aecXML 主要侧重于以下几个方面应用：首先，它可以用来表示资源，比如合同和项目文件（投标请求、报价请求、资料请求、明细表、附录、变更要求、购买需求等）、材料、产品和设备；其次，它可以用来描述元数据，比如组织的、专业的和参与者；此外，它还可以表示工程活动，比如提案、工程项目、设计、估价、计划书等方面的信息。

2.3 BIM 参数化建模

2.3.1 参数化建模概念

传统 CAD 使用可见的、基于坐标的几何图形来创建图元，编辑这些“低能图形”非常困难，极易出错。随着计算机技术的发展，出现了一种参数化建模技术，它使用参数

（特性数值）来确定图元的行为并定义模型组件之间的关系。例如，“孔的直径是 10 毫米”或“孔的中心位于两个边的中央”，这意味着设计标准或意图可以在建模过程中加以捕捉，模型编辑工作变得更加简单，而且还可以保留原始的设计意图。这种革命性的特性为数字化设计模型概念赢得了信任，在航空航天和机械设计领域，参数化建模技术走在了最前沿。

遗憾的是，早期的参数化建模技术并没有应用到建筑设计领域中。建筑设计领域通常依赖两种基本技术来传递变更：基于历史信息的，它可以回放每次做出设计变更时的设计步骤；基于变化的，利用一次变更同时解决所有依附条件。使用这些变更引擎来处理一个很小的建筑项目也会很缓慢，导致效率低下。此外，参数化建模工具通常还需要用户加入大量的约束（即关系），以便变更后可以重新计算结果。这种“完全约束”的建模适用于航空航天和机械设计领域，因为产品（利用一块原材料进行制造）必须进行精确定义。与此相反的是，建筑通常是一组预先制造好的构配件，这些构配件间具有较少的约束，虽然这种约束对于建筑设计师而言至关重要。

随着信息技术的发展，大多数支持参数化的建模工具逐渐应用于建筑设计，比如，面向 BIM 的 Revit 软件等。借助一流的参数化建模技术，BIM 软件可以协调任何位置出现的变更，包括正在准备打印的工程图纸，比如三维视图、工程图集、日程以及正面、剖面和平面。这种方法可以扩展到建筑应用软件中，因为它不需要从整个建筑模型着手，而总是从用户接触的几个可见元素着手，然后使用有选择性的变更更新，最大程度上减少需要更新的元素数量。

建筑设计的本质在于可被嵌入建筑模型的关系，创建和控制这些关系基本上就是设计准则。参数化技术使设计师可以直接访问这些关系，并借助计算机以自然、直观的方式来思考建筑，就像电子表格是用来思考数值的工具或者文字处理软件是用来思考文字的工具一样。可以用四个简单的特征来判断参数化建模技术：①软件是否自动实现协调和管理变更？②“提取”或“生成”等术语是否用来描述工程图的创建？③如果移动一个剖面主键，剖面视图是否会即时更新？④BIM 解决方案是否依赖于“智能”对象？

一个有效的参数化建模工具可以在构配件级别管理对象数据，但更重要的是支持一个模型中所有构配件、视图和注释之间的关系信息。比如，可以使楼梯井的一个门与楼梯踏步保持特定距离，以确保出口间隙；可以使得一个门与一个墙壁保持特定距离，以确保装饰间隙或安装间隙。整个模型包含翔实的数据信息，而不仅仅是对象本身。

为何参数化建模对于 BIM 那么重要？BIM 是一种方法体系，可靠的建筑信息是 BIM 及其数字化设计流程的基本特性。BIM 解决方案使用参数化建模，提供的建筑信息在协调性、可靠性、质量和一致性方面均胜过面向对象 CAD 软件。在使用一个 CAD 或一个面向对象 CAD 解决方案时，信息的图形化展示（即工程图或效果图）可能与专门构建的参数化建模工具的输出相似，但是它们却不具备协调性、一致性和可靠性。

参数化建模技术融合了设计模型（几何图形和数据）和行为模型（变更管理），整个建筑模型和全套设计文档存储在一个综合数据库中，其中所有内容都是参数化的并且所有内容都是相互关联的。常常可以通过与电子表格进行类比来描述参数化建模，电子表格中某处所作变更可以自动更新到任何地方，参数化建模具有相同特性，可以自动协调模型中所有视图的信息，没人会手动更新电子表格，同样用户不必手动修改参数化建模工具中的文档或日程。双向关联性和即时、全面的变更传递可以实现高质量、一致、可靠的模型输出，这是 BIM 的关键所在，有助于促进面向设计、分析和建档的数字化流程。

参数化建模可以捕捉真正的设计本质，即设计师的意图。除了可以使用户更好地利用软件创建建筑模型外，简化的参数化编辑功能支持用户更彻底地检查设计，从而实现更出色的建筑设计。参数化建模还支持设计优化，允许设计师利用一个模型并发地开发和研究多个设计备选方案，在进行可视化、量化和假设分析时，可以在模型中开启或关闭设计选项，还可以跟踪设计版本中的所有关系，以便不费力地将变更传递到整个模型以及模型中所有的设计版本中。

一款可以自始至终协调变更和保持一致性的 BIM 解决方案可以使用户将精力放在设计品质上，而不是变更管理工作上，这种内建的变更管理能力对于不连贯的建筑流程而言至关重要。数字建模不是一个新概念，BIM 正在重新使用数字建模信息，以提高业务流程的效率，但仅仅因为一个工具可以生产数字模型并不意味着它就适合于 BIM，BIM 解决方案使用参数化建模生成可靠的数字建筑信息，并应用到这些业务流程中。

2.3.2 面向对象参数化建模

面向对象参数化建模最早起源于 20 世纪 80 年代的制造行业，它并不采用固定的几何形状和属性去描述对象，而是通过定义几何、非几何属性和特征的一些参数和规则来描述对象。由于参数和对象能够同时关联其他对象，因此，参数化建模允许对象能够根据用户操作或更改的内容自动更新与之相关联对象的数据和信息。通常的参数化技术可以对具有复杂几何形体的对象进行建模，这在之前是不可能的也是不切实际的。在其他行业，许多公司会使用参数化建模技术去发展他们自己的对象表达方式，去反映他们的共同企业理念和最佳实践。在建筑设计中，BIM 软件公司已经给用户预定义了一系列基本建筑对象类库，用户可以在此基础上进行增加、修改或扩展。一个对象类（object class）允许创建任意数量的对象实体（instances），这些对象实体取决于目前参数和与之相关联的其他对象的关系，且具有形式上的不同。一个对象（object）因内容的改变而随之自动更新的动作称之为行为（behavior）。按照与其他对象的相互作用，结合既定的体系，对象类预先定义什么是墙、楼板或屋顶。软件公司应允许用户自定义参数化对象，既包括新定义的也包括对现有对象类的扩展，并且要结合对象库（object libraries）自定义特征，建立一套公司自己的最佳实践。分析、成本估计和其他应用的交流都需要对象属性（object attributes），这些属性必须由公司或用户事先定义。

建筑 BIM 设计让使用者可以混合使用 3D 建模与 2D 绘制剖面，允许用户自行决定 3D 细部等级，也能同时产生完整的 2D 图纸，然而通过 2D 绘制的对象却无法列在材料清单、分析，或其他基于 BIM 的应用中。加工制造层次的 BIM 设计应用，每个对象可以在 3D 模型中得到完整的表达，在不同的 BIM 应用实践中，3D 建模的等级是一个主要变数。

目前 BIM 设计应用包括执行特定服务的工具，但它们也提供一个平台用于管理一个模型中不同用途的数据，从而在 BIM 环境（BIM environment）中，融合成为可以管理不同模型中的数据。任何 BIM 应用可以满足一个或多个这些类型的服务，但在工具层面，会因一些因素而有所变化，例如：预定义基本对象的复杂程度、用户自定义新对象的容易度、更新对象的方法、使用的容易性、可被应用的表面类型、图纸生成的能力、处理涵盖大量数据对象的能力。在平台层面，也会因一些因素而有所变化，比如：管理大型或极其详细工程的能力，与其他 BIM 工具软件的界面、使用多个工具界面的一致性和可扩展性，可用的外部数据库和所带有的可管理数据、支持协作的能力。

面向对象的参数化建模提供了一个非常强大的方法去建立和编辑几何形状。如果没有参数化建模，模型输出和设计将会变得非常繁琐和容易出错。设计一座由成千上万个构件组成的建筑物，如果没有一个高效率的自动设计和编辑平台将是很难完成的。

1. 面向对象参数化建模技术的演变

当代的建模工具是五十几年来对计算机用于 3D 互动设计研究与开发的产物，最终演变为面向对象的参数化建模方式。要了解当前 BIM 设计应用的现有功能，回顾其演化历史是其中的方法之一，下面简述其发展历史。

自 20 世纪 60 年代以来，3D 几何建模已经成为一个重要的研究领域，3D 表达方式的发展有许多潜在的用途，包括电影、建筑和工程设计、游戏等。在 20 世纪 60 年代后期首次开发可观看的多面体形成的组合物，造就了第一部计算机动画片 Tron（1987 年）。这些初期的多面体一般使用有限的一组参数化及可拉伸的形状构成一张图片，设计时需要具备容易编辑和修改复杂形状的能力。1973 年往此目标迈进了重要的一步，由三个研究团队分别开发了可以创建和编辑任意 3D 实体和体积封闭形状的能力：剑桥大学的 Ian Braid、斯坦福大学的 Bruce Baumgart，以及罗切斯特大学的 Ari Requicha 和 Herb Voelcker，这就是大家所熟知的实体建模（solid modeling），这些努力产生了实体 3D 建模设计工具的第一代。

起初，开发了两种类型的实体建模，并且在应用市场上互相竞争，其中边界表示方法（Boundary representation，B-rep）是用一组封闭的、有方向性的边界表面表示形状。一个形状是指一组有界限的表面，且满足一组已定义体积封闭的标准，如连通性、方向性、表面连续性等。计算机计算功能的发展使得人们可以创造出可变动尺寸的形状，包括参数化箱体、圆锥体、球体、金字塔，以及类似的形状，如图 2-7a 所示。此外，也提供了复杂扫描体：由剖面及围绕扫描轴线定义的拉伸体，其中扫描轴线可以是直线或绕轴旋转，如图 2-7b所示。

a)

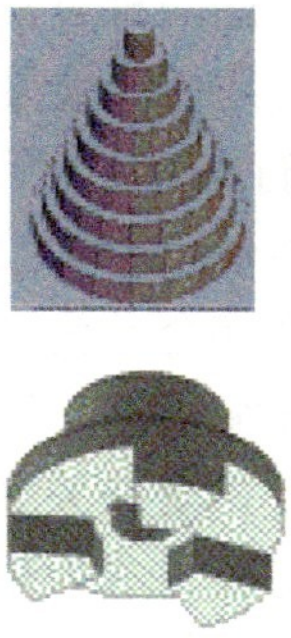

b)

图 2-7 B-rep 规则体和扫描体

每个操作都要创建一个有具体尺寸且结构完整的 B-rep 形状，对这些形状进行编辑操作使它们与另外一个形状产生关联，当然也可能会重叠。在成对或多个多面体形状上，重叠的形状可以用空间的加法、相交和减法的操作来组合，这样的操作称为布尔（Boolean）运算。这些操作允许用户以互动模式建立相当复杂的形状，编辑操作必须输出结构完整的 B-rep 形状，也允许将运算串联在一起操作。形状的创建与编辑系统是由结合原始形状及布尔运算所提供的，而布尔运算产生出来的表面组合能保证由用户自定义的立体形状是封闭的。

另一种方法是构造实体几何（Constructive Solid Geometry，CSG），它使用一组能定义原始多面体的函数来表示形状，类似 B-rep，这些函数是代数运算式所形成的组合，也使用布尔运算，如图 2-8 所示。然而，CSG 依赖不同方法去评估代数运算式定义的最终形状，例如它可能会在显示的时候被画出来，但并没有生成一组有界限的曲面。CSG 和 B-rep的主要区别是：CSG 储存代数式公式来定义一个形状，而 B-rep 则将定义的结果储存为一组操作和对象参数。两者的区别是很明显的，CSG 中的元素可以根据要求被任意编辑和重新生成，所有的位置和形状参数可以通过 CSG 运算式中的形状参数来编辑，这种使用文字串（text strings）描述形状的方法是很简洁的。但在那个时代，计算机得花几秒钟来计算形状。另一方面，B-rep 在直接交流、海量属性的计算、立体绘制和动画，以及检查空间冲突方面是很强的。

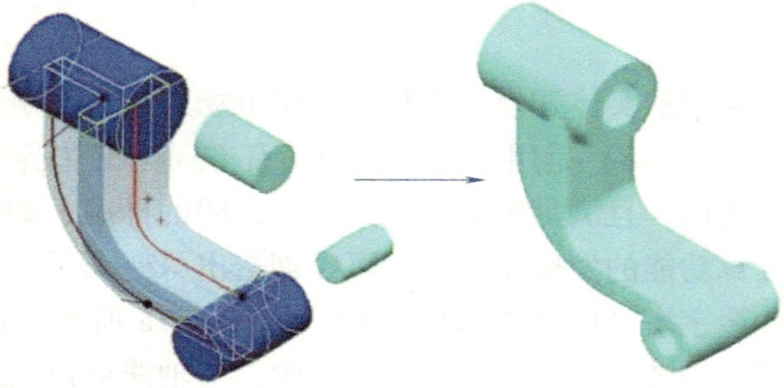

图 2-8　CSG 构造实体

最初，上述两种方法在使用性能上相互竞争，但应用者很快就发现如果将两种方法组合在一起，使用效果会更好。允许在 CSG 树状结构（有时又称为未评估形状 unevaluated shape）内进行编辑；使用 B-rep 显示和互动，以编辑形状，形状的组成可以被制作成更复杂的形状，B-rep 被称之为评估的形状（evaluated shape）。目前所有的参数化建模工具和所有建筑模型都合并为两种表现方式，用类似 CSG 的方法来编辑，用 B-rep 来进行可视化、测量、冲突检测，以及其他非编辑工作。第一代工具支持 3D 小面（faceted）和圆柱体对象建模，并支持关联属性，允许对象可组成为工程组件，如引擎、加工厂或建筑物，这种合并的建模方式为现代参数化建模奠定了基础。

将材料与形状的其他属性做关联的价值很快地就被早期的系统所认同，这些可以用来做结构分析或决定体积、重量和材料清单。但具有材料的对象会带来一些问题，例如一种材料制成的形状与另一种材料制成的形状通过布尔运算进行组合时，适当的解读会是什么呢？虽然减法具有清晰直观的含义，但具有不同材料形状的交集与连集却并不是这样。

概念上有个问题，因为这两种对象均被视为具有同样的地位，都是独立的对象。这些难题引入了一个认知，那就是布尔运算的主要应用会将特征（features）导入到最初的形状，例如预制件与浮雕柱或混凝土倒角的接头（一些为添加的对象，另一些为减去的对象）。一个对象具有由主要对象组合的特征时，就会相对地被置放到主要对象中，之后这种特征可以被命名、引用和编辑。主要对象材料的变动会应用到体积上的变化，基于特征的设计是参数化建模的主要附属领域，也是现代参数化设计工具发展的另一项重要进步。例如填充墙中的门、窗开洞即为墙特征中最为明显的例子。

20 世纪 70 年代末到 20 世纪 80 年代初，首次产生了以 3D 实体建模为基础的建筑建模。CAD 系统中如 RUCAPS（已演变为 Sonata）、TriCad、Calma、GDS，以及卡内基梅隆大学和密歇根大学以研究为主的系统，开发了它们的基本功能。这项工作是由机械、航空航天、建筑和电器产品设计团队承担，同时分享产品建模、集成分析与模拟的概念和技术。

实体建模的 CAD 系统功能强大，往往超出了当时计算机可运算的能力，一些建筑生产问题，比如图纸和报告生成等功能都发展得不完善。另外，对多数设计师来说，用 3D 对象来做设计，在概念上是不同的，他们较胜任使用 2D 系统。实体建模系统也很昂贵，在当时来说每套至少 3.5 万美元。制造业和航空航天业觉察到其巨大的潜在利益，包括集成分析能力、降低错误和走向工厂自动化，他们和 CAD 公司合作解决该种技术的早期缺点，并致力开发新功能。建筑行业未能觉察到这些好处，相反地，建筑业采用建筑绘图编辑器，如 AutoCAD、Microstation 及 MiniCAD，强化当时的工作方法，并支持传统 2D 设计和施工文档的数字化生成。

从 CAD 进化到参数化建模的另一个阶段，就是多个形状可以分享参数。例如墙的界限由毗邻它的楼板、墙和天花板来定义，对象连接方式部分决定了它们在任何层面上的形状。如果移动了此面单墙，则那些毗邻的对象也应该同时得到更新，也就是变动会依据它们的连接性来传递。其他情况下，几何形状不是以相关对象的形状来定义的，而是全域性的。网格（grids）是一个例子，它长期被用来定义结构的平面框架，网格相交点提供尺寸参数用于设置和定位形状的位置。移动其中一个格线，其相对于关联网格点所定义的形状必须被更新，全域参数和方程式也可以在本地坐标中使用。

最初，楼梯或墙的创建功能被建立于对象生成函数中，例如楼梯的参数即被定义在该函数中：楼梯位置、踏步级高、踏步级深、踏步宽度等参数，进而形成楼梯。这些类型的功能允许在 Architectural Desktop 软件中布置楼梯，或在 AutoCAD 3D 软件中发展组装操作，但这并不是完全的参数化建模。

在 3D 建模的后来发展中，定义形状的参数可以自动进行再评估，并且可以重新生成形状。首先由用户随意控制指令，然后软件会标识出哪些已经被修改，仅有改变的部分会被重新生成。这是因为一个改变可以传递给其他与之相关联的对象，用于复杂互动组装的发展需要使用求解器（resolver）来分析其变更并选择最有效的更新顺序，支持这种自动更新的能力是当前 BIM 和参数化建模中最为有成就的。

通常在参数化建模系统内，一个对象实体（instance）的内部结构的定义是一个直接的图表，其节点是最具有参数操作的对象类别，此操作可创建或修改对象实体，连线则表示节点与节点之间的关系。有些系统可提供参数图用于可视化编辑，在当今的参数化对象建模系统中，内部可标记哪里被编辑过，并只重新生成受其影响的部分模型图，使需要更新的内容降到最低。

可嵌入在参数化图形中的规则变化范围决定了系统的总体形状。参数化对象族（families）是使用和距离、角度、规则有关的参数来定义，例如“连接到、与平行、彼此距离”，大多数允许“若-则”（if-then）条件式状况。对象类的定义是一件复杂的工作，不同环境下的内嵌会表现出不同的内容。在测试结果或某些状况下，“若-则”条件可以将一个设计特征代替为另一个。这些条件会被用于结构的细部设计，例如依据承受荷载的构件间的连接，可以选择理想的连接类型。

一些 BIM 设计工具支持复杂曲线和曲面的参数关系，例如 Splines 和 NURBS（Nonuniform B-Splines），这些工具允许定义和控制复杂曲线的形状，类似于其他的几何类型。市场上几种主要的 BIM 设计工具并不具备这些功能，可能是因为其使用性能或可靠性的原因。参数化对象的定义也为绘图中的尺寸标准提供指导，例如在一道墙内，依据从墙端到窗户中心的偏移量来设置窗户，那么在后来的绘图中，默认的尺寸标准会以此方式完成。

总之，所有的 BIM 设计工具都具有重要的但功能不同的参数化建模技术，但是其中的一些功能却不被支持，包括：①参数化关系的普遍性，在理想情况下，应支持完整的三角函数和代数能力；②支持条件式，建立可以连接不同特征到一个对象实体的规则；③提供对象之间的关联，并能自由连接，例如墙的底部可以是楼板、坡道或楼梯；④利用全域或外部参数来控制或选择对象的配置；⑤扩充现有参数化对象类别的能力，使现有的对象类别具备可以解决原先未提供的新结构和行为能力。

面向对象参数化建模提供了创建和编辑几何的强大方法，没有它，模型生成与设计将会非常繁琐且容易出错，就如同实体建模刚开始发展后带给机械工程设计师的失望是一样的。没有一个有效的系统允许自动化设计编辑，去设计一栋包含成千上万构件组成的建筑是不切实际的。如图 2-9 所示为使用 Bentley 软件生成的三维幕墙图，它是一个参数化组装的范例，主要的几何属性是由参数化所定义和控制，该模型依赖几个由控制点的中心线所形成的结构来进行定义，构件的不同层次分散布置在中心线周围，采用全域改变幕墙的整体形状并进行细分。参数化模型设计允许在一定范围内的变化，此范围由定义该参数化模型的用户来定义，它可即时生成不同的替代模型。

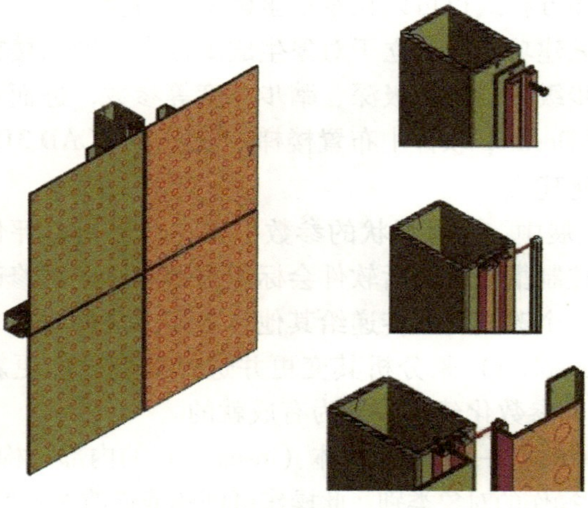

图 2-9　三维幕墙参数化组装

2. 基于实体的参数化建模

现阶段的 BIM 设计工具，包括 Autodesk Revit 的 Architecture 和 Structure、Bentley Architecture 及其相关的产品、Graphisoft ArchiCAD、Gehry Technology 的 Digital ProjectTM、Nemetschek Vectorworks 等，以及建造阶段的 BIM 工具，包括 Tekla Structures、SDS/2、Structureworks 等，都可以生成基于实体的参数化模型。这些参数化模型的基本理念是：把对象形状因素和其他属性在装配或者局部装配的等级分类上进行定义和控制。一些参数依赖于用户定义的值，另外一些依赖于一些固定的值，形状可以是 2D 的，也可以是 3D 的。

在参数化设计中，与传统设计一个建筑构件不同，设计师去定义一个由关系和规则组成控制参数的模型族（model families）或者构件类（element class），而建筑构件可以从模型族中生成，但是会根据具体关系和规则的设定不同生成不同模样的构件。定义这样的实体一般用到的参数比如“距离”“角度”等，还有规则比如“平行于”“相接于”等。这些关系允许每个构件类别的实体依据自身的参数设定和相关对象的内容状况而定（例如墙是一面可被连接的构件），另外规则可被定义为该设计所必须满足的需求，例如包裹钢筋的墙或混凝土的最小厚度，允许设计师修改，同时检查规则并且更新细部，使设计元素符合规则要求，并在不能满足规则时软件会警告用户。

在传统的 3D CAD 建模中，一个构件的每个几何面都必须由用户手动编辑。但在参数化建模中，形状和几何组成会在周围环境发生改变时，或在用户的高阶控制下自动进行调整，也就是说它会根据用来定义自己的规则来编辑自己。以墙为例，其形状和关系如图 2-10所示，箭头表示与毗邻构件的关系。图 2-10 定义了一面墙群组或类别，因为此类别有能力在不同位置和不同参数中产生许多属于这个类别的实体。墙群组可能会因为可支持的几何、其内部的成分结构，以及墙如何连接到其他建筑物的部分而大不相同。这些由墙类设计师依据如何设置墙的参数、分配参数、与此墙相关的构件实体来决定。在一些 BIM 设计应用中会包含不同的墙类别，以便应付更多的区别，但不要试图将一种类型的墙转换为另一种，因为这是无法完成的。

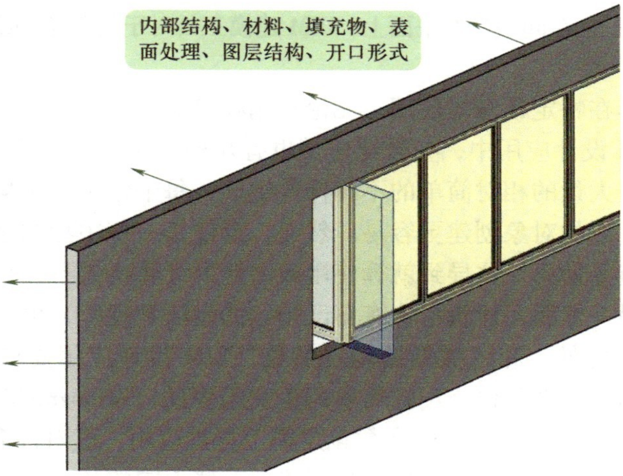

图 2-10　墙群组结构（箭头代表与其他构件的连接关系）

对于大多数的墙来说，墙的厚度完全是由两面墙身控制，根据名义上的厚度或施工类型的偏移量来定义。偏移量源自于一个排序好的图层序列，此序列依次显示核心、隔热、覆盖、室内装饰材料和其他墙关系的重要属性。有些系统支持斜墙，在剖面上提供一个垂直侧面。墙的立面形状通常取决于一个或多个楼板平面，其顶面可以有明确的高度，或是和一组特定的相邻平面相关的。墙体两端取决于墙的相交，有固定的端点（独立式）或与其他墙、柱有关联。如果墙的面层超出了楼板高程是为了利用墙的表面处理来覆盖地基的话，就需要特别的处理。墙上的控制线有起点和终点，所以墙本身也有，墙与所有毗邻的构件实体，以及多个由它分割的空间有关联。

墙施工如螺栓配置，可以分配给墙中的一个或多个墙的面层（多个面层是指提供吸音或隔热层）。门窗开口都有放置点，其放置点由沿墙靠近窗的一侧端点或到开口中心点的长度来定义。建造和开口都位于墙的坐标系统内，因为它们会以一个单元体来移动。一面墙会因为平面配置更改而以移动、增长或收缩的方式来调整其两端，门窗也会同时跟着移动和更新。任何时候一个或多个界定墙的曲面有所变化时，墙会自动更新并保留其原本配置的意图。当墙身长度更改时，工程中应该会自动更新，但有时也可能不会自动更新。

墙壁是无处不在又复杂的实体，参数化墙定义的完善，必须解决一系列特殊形状，其中可能包括：①门、窗位置必须不重叠，或超出墙边界，或在阻挡开口的三方墙面交汇处，如果出现这些状况软件会显示警告；②墙控制线可以是直线也可以是曲线，允许墙在平面上有各种形状；③一面墙可能与地板、天花板、其他墙壁、楼梯、坡道、柱、梁，及其他建筑构件相交，上述任何一个建筑构件都是由多个曲面组成，这导致更复杂的墙壁形状；④由混合类型施工组成的墙面，其装饰材料也会在墙的不同分段内发生变化。

如上所述，即使是一面普通的墙，也必须妥善进行定义。参数化建筑构件类别为了定义和属性的延伸集，有超过 100 种的低阶规则是很常见的。这些状况也说明了为何建筑或建筑物设计是 BIM 对象类别和建模者们之间合作的产物。建模者们定义了 BIM 元素行为与建筑及建筑物使用者，他们在建筑语义规范下进行设计。同时，还解释了为什么用户可能会遇到不寻常墙配置所带来的问题，因为这些并不包含在内建的规则中。例如图 2-11 所示，高侧窗墙和置放于此的一排窗户，在此情况下，墙必须放在非水平楼板面上，此外，修剪高侧窗墙末端的墙面与被削减的墙不是在同一基本平面上，BIM 建模工具对于处理这种组合状况会有困难。

3. 参数化建模层次

参数化建模工具在特定领域的使用，无论是用在 BIM 还是用在其他行业，都有许多细部上的差异。在 BIM 设计应用中，参数化建模也有几种不同类型，以便处理不同的建筑体系。建筑物一般是由大量的相对简单的不同构件组成，每个建筑体系均具有典型的建筑规则和关系，因此比一般的对象创建更容易。然而，即使是一栋中型的建筑物，也会包含大量的构件和连接节点等信息，这导致就算使用最高阶的计算机进行设计和计算，也会产生效率低下等问题。另一方面，建筑行业有自己特定的做法和规范，可以很容易进行改编用以定义对象的行为。此外，和机械领域相反的是，BIM 设计应用要求使用建筑常规来制图，往往不支持绘图，或者是仅使用较简单的正交绘图法（orthographic drawing）。以上这些差异导致在 BIM 中，只有极少数的参数化建模工具被应用，这对许多制造业来说仅是对不同方法的选择而已。正如前面的历史背景所述，一些不同的技术组合起来，提供给现代的参数化建模系统，主要有以下三种层次：

1）最简单的系统是定义复杂的形状，或者是构建参数定义，通常称为参数化实体建模（solid modeling）。提供给用户的编辑功能包括参数更改、配置和再生。AutoCAD 就是此类型 CAD 平台的典型范例，许多 BIM 工具也是借用 AutoCAD 平台开发的。

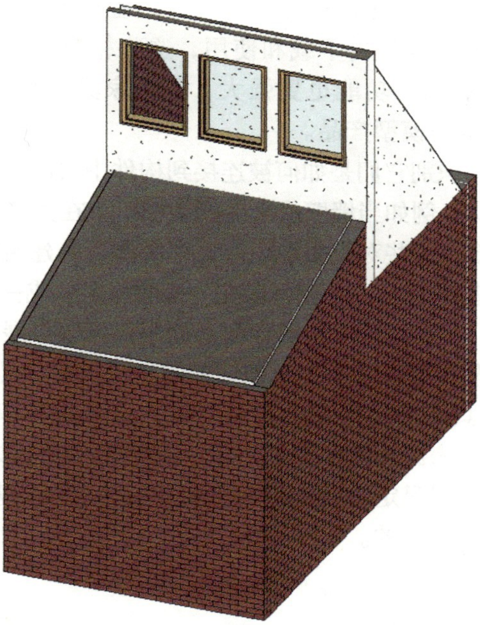

图 2-11　具有天窗的简单墙体示例

2）有些许改进型的系统，支持当任何形状的参数更改时，以组装模型作为固定顺序进行自动更新，可以称为参数化组装，典型的范例是 Architectural Desktop。

3）主要改进型系统，允许定义一种形状的参数，并通过规则与另一种形状的参数进行连接。由于形状的连接可以用不同的方式也用于系统必须自动决定更新的顺序，这种就被称为是完整的参数化建模或参数化对象建模。

2.3.3　建筑物的参数化建模

在制造行业，参数化建模已被用于模型的设计、制造、定义规则等。例如波音公司在设计波音 777 客机时，首先对飞机机舱内部样貌、制造、组装等规则进行定义。通过几百个气流的模拟，依据空气动力学的原理微调飞机的外部形状（称为计算流体动力学），与这些模拟的连接，使得设计者可以有许多替代形状和参数化的调整。为了消除 6000 多个更改的请求，他们预先虚拟地组装整架飞机，并减少了 90% 的空间上的重复工作。据估计，波音公司为了 777 类型的飞机，投资超过 10 亿美元购买并设置他们的参数化建模系统。

类似的方式也用于 John Deere 公司与比利时的 LMS 公司合作，他们研讨如何建造想要的拖拉机时，许多型号是根据 John Deere 公司为制造而设计的规则来开发的。使用参数化建模，公司常会研讨他们的对象群组（object families）是如何进行设计和制造的，是如何通过改变参数的功能、生产，使得标准与组装上产生关联的。在这些例子中，公司根据过去的经验在设计、生产、组装、维修上分析什么是可行的，什么是不可行的，并置入了企业知识。这是资料查取、再利用和拓展企业专门知识的一种方法，也是大型航空航天、制造、电子等行业的标准做法。

1. 参数化设计

概念上，BIM 工具就是不同类型的对象参数化建模系统，它们有自己预先定义的对象类别群组，每个对象内部可能都具有不同行为的应用程序。除了供应商所提供的对象群组，一些网站也提供其他对象类别的下载和使用，这些相当于以前为 2D 绘图系统所提供的草案图库，然而它们更有用，功能也更强大，包括家具、水电设备、混凝土预制构件等，有一般性对象也有特定的模型产品。

BIM 的参数化对象能够识别它们是如何被连接到构件中去的，以及当环境和其他对象改变时，如何去自动调整本身。例如当墙壁或天花板变动时，在大多数应用工具中与其相关联的建筑对象都可以自动更新，这些对象类别还定义了哪些可与建筑对象相关联的特征。连接是预制结构中 BIM 应用的基本特点，是否可以在一道墙面上形成一个连接，这是在预制混凝土结构中经常遇到的问题。由于这种可能的存在，让用户可以扩展现存的基本对象类别或建立新的类别，去解决 BIM 软件开发者原先未预估到的问题，这一点是非常重要的。

表 2-1 列出了 BIM 工具支持预定义的参数对象。这些表单仅列出了 BIM 应用中内部所具有的对象，而非从其他来源获得的外部对象。有些软件公司试图尽可能大范围去扩展所需的基本对象，但也有公司只定义具有特定参数化行为的内部基本对象，这些对象往往与特定市场的其他对象是有关联的。

表 2-1　一些常见的 BIM 工具中预定义对象

BIM 工具	Tekla v16.1	Design Data SDS/2	Revit MEP v9.1（对象）	AutoCAD MEP（对象/图块）	Bentley Mechanical and Electrical v8.1
基本对象	**部分** 梁 折梁 轮廓 板 **焊接** 焊缝 一般焊接 多边形焊接 **荷载** 线荷载 面荷载 点荷载 **螺栓** 阵列螺栓 圆环螺栓 螺栓清单 **加固** 钢筋绞线 钢筋网 单个钢筋 群钢筋 钢筋接头	网格线 成员 材料 连接 **螺栓** 开孔 焊接 荷载 弯矩	空调终端 通信装置 电缆槽 电缆槽接头 管道接头 风管配件 风管附件 风管接头 电气装置 电气设备 电气固定装置 火灾报警装置 弯曲风管 弯曲管道 HVAC 区域 照明装置 照明固定设备 机械设备 护士呼叫装置 管线配件 管线接头 管道固定装置 空间	电缆槽 电缆槽配件 导管 导管配件 装置 风管 风管客制配件 风管配件 风管弯曲 工程空间 吊架 多视图零件板 管线 管线客制配件 管线配件 管道线 示意图线 管线弯曲 管道配件 电线 空间	**机械** 风管 管线 接头 阀门 散热器/风口 阻尼器 过滤器 消音器 **电气** 电缆槽 配电分配 -照明 -火灾报警 -紧急情况 照明/通信 -信息技术 -安全 -公共地址 -照明保护 -视频 -EIB 空间/工程区域

（续）

BIM 工具	Tekla v16. 1	Design Data SDS/2	Revit MEP v9. 1（对象）	AutoCAD MEP（对象/图块）	Bentley Mechanical and Electrical v8. 1
功能	碰撞检测 4D 模拟 工作分包协调 数量统计 支持自动化制作 多种结构分析工具界面	动连接设计 可直立性检查 数量统计 支持自动化制作 多种结构分析工具	同步化进度表 风管和管线尺寸/压力计算 HVAC/电气系统设计 导管/电缆槽建模 gbXML 界面 Autodesk Ecotect 分析软件 GBS 基于网络分析和 IES	同步化进度表 制作界面 基于空间要求自动调整风管尺寸 电气线路管理 干涉检查 散热器尺寸和数量 管道尺寸	能量分析数据交换工具（EDSL/TAS、Ecotect、GBS 等） 供电和线路分支 自动布线和标记 电路负荷、长度、数量的网上设计与检查 自动固定安排 第三方照明分析工具的双向连接（DIALux、Relux）

每一个 BIM 设计应用软件都包含以往用于修改主要建筑物外形的对象，它们包括墙和楼板开口、接头，屋顶的天窗和天窗的开口，梁、柱和其他结构构件的连接。那些与其他构件互动的对象，如墙体、梁、楼板和柱等，最大的区别是它们具有复杂的行为，并且是 BIM 设计工具的核心。其他则是不需要有参数化行为的对象，如卫生间的固定家具、具有固定尺寸的门窗产品，以及其他不随内容改变的对象。上述第二类对象，有时又称为建筑对象模型，可由外部图库提供并被轻松地创建，因为它们不大量依赖其他对象的动态参数。第三类对象是定制化的自定义商业产品，包括幕墙系统、复杂吊顶系统、橱柜、栏杆，以及其他建筑金属制品，这类对象是简单或复杂参数化对象，定义它们的行为时，需要如同 BIM 设计工具中的基本对象一样注意其设定。

建筑建模工具与其他行业的功能差异是，需要明白地表示被建筑构件所封闭的空间。有环境条件的建筑空间是建筑的主要功能，形状、体积、表面、环境品质、照明，以及与室内空间的属性是设计中用以显示和评估的关键点。

传统的建筑 CAD 系统不能具体地表示建筑空间，对象是以绘图系统按接近的方式绘制，如以用户定义的多边形带有相关的空间名称来表示。从 2007 年开始，归功于美国总务管理处（General Service Administration，GSA）的要求，BIM 设计工具能自动生成与更新空间体积。当前大多数 BIM 软件呈现的建筑空间，都可以自动生成和更新由楼板与墙体相交所定义的多边形表示。多边形之后被提升到天花板的平均高度，或可能被修剪到倾斜的天花板曲面。较旧的方法中会有人工绘图的缺点：用户必须管理墙边界和空间之间的一致性，使得更改乏味且容易出错。但新的定义也并不完美，它仅适用于垂直墙壁和平坦的地面，会忽略墙面的角度变化，往往不能反映非水平的天花板。

建筑师开始操作的建筑元素（或建筑构件）往往是根据其名称而衍生的大概形状，但是工程师和建造师必须处理与元素（构件）名称大概形状有些差异的制造形状和配置，并且必须带有制作等级的信息。此外，形状会因预拉力（曲面和收缩）和重力使其偏转，或因热胀冷缩而改变。当建筑模型广泛地被用于直接制作时，此参数化模型的形状生成和编辑方面都会需要 BIM 设计工具的额外功能。

由于细部的更改可自动关联更新，因此参数化建模生产效率较高。在建筑设计和生产上，若无参数化功能使得自动更新变得可行，3D 建模就不会具有较高的生产力。然而潜在的影响是，每个 BIM 工具执行参数建模的程度、提供的参数对象群组的设置、设定的规则和结果导致设计行为会有所不同。

2. 建造中的参数化建模

当有些 BIM 设计软件允许用户以 2D 剖面图方式指派图层绘制墙剖面时，有些 BIM 设计软件则采用集状方式配置参数对象，例如在一道普通墙面层内的墙骨架。这样的方式允许生成骨架的细部，也可以生成木材的断面清单表格，减少浪费并加快木材或金属骨框架结构的组立。在大型结构中，类似的框架和结构布局选项是制作时必要的操作。在这些情况下，对象为组成系统中的一部分，系统为结构、电气、管道，以及类似由参数规则决定的元件的构成形式。元件通常具有一定特征，例如被定制化设计并制作的接头。在更复杂的情况下，每个系统的每一部分是由它们内部构成的部分所组成的，如混凝土中的钢筋或大跨度钢结构的复杂桁架等。

一组独特的 BIM 设计工具被开发出来，用以建立更精细的制作级别模型，这些工具已经根据不同类型的专业被内置为不同的对象群组（详见表 2-1）。这些对象群组与不同的特定用途有关，例如追踪和订购材料、厂房管理系统、自动化制作软件。这种套装软件早期是为了钢结构制造而开发的，例如 Design Data 的 SDS/2、Tekla Structures、AceCad Stru-Cad。起初这些软件都是简单的 3D 配置系统，带有连接用的预先定义的参数对象群组，用以提供连接及编辑操作，例如为钢筋接头焊件裁切后加螺帽。后来这些功能被加强，可根据承载及构件尺寸，支持自动化接头的设计。随着相关的切割及钻孔机械的发展，这些系统已成为自动化钢结构制作一体化的一部分。在预制混凝土、钢筋混凝土、金属通风管、管道，以及其他建筑系统上，也有同样的方式运用与开发。

在制作模型时，对于细部制作，为改善其参数对象，制作者有一些明确的理由：比如减少劳动力作业、实现特定的视觉外观、减少混合不同类型的工作人员和尽量减少材料的类型或大小等。在标准设计指南中，通常是用一种大多数人可以接受的方法，在某些情况下可使用标准细部处理的做法，来实现各种不同的目标。在其他情况下，这些细部做法则需要修改。一家公司对制造某特定对象的最佳做法或标准界面，可能还需要进一步定制化。在未来的几十年里，设计指南将会用一组参数模型与规则来辅助这种方式。

目前，广泛被使用的几种施工 CAD 系统并不是通用的基于对象参数化建模的 BIM 设计工具，而是传统的 B-rep 建模器。这些建模器可能具有基于 CSG 的建造树状结构和附带的对象类别库，对于多用途而言，这些都是较好的产品。AutoCAD Architecture 是一个常见的平台，适合属于建造层次的建模工具，像 CADPIPE 和 CADDUCT 都是这些工具的实例。Bentley 和 Vectorworks 的有些产品也属于此种类型，它们具有对象类别的固有属性。在这些比较传统的 CAD 系统平台中，用户可以选择尺寸和参数化调整尺寸，以及放置 3D 对象和其相关属性。这些对象个体和属性可以被导出，用于物料清单、工作订单和制作，以及为其他应用系统所用。当有一套固定的对象类别能使用固定的规则来组成时，这些系统将会变得很有用。相关的应用包括：管道、通风管、电缆槽系统等。Autodesk 在收购 Revit 前，以此方式发展 Architectural Desktop，并逐步扩充其用于建模的对象类别，以涵盖在建筑中最常见的对象（构件），这些系统可以通过 ARX 或 MDL 程序设计语言界面添加新的对象类别。

这些较早的系统和 BIM 之间的关键区别是，在不需要进行程序设计层级软件开发下，BIM 相比较 3D CAD 可以让用户定义更复杂的对象群组结构及其之间的关系。在 BIM 中，附加到柱和楼板的幕墙系统，可以由具备该专业知识与技能的设计师从头开始定义。但在 3D CAD 中，必须要对主要应用程序的扩充功能进行开发。

2.3.4 参数化特征

1. 关联式结构

当设计师在一栋建筑物的参数化模型中放置了一面墙时，可与墙关联的包括其曲面边界、其底座平面、其终端紧邻的、与其任何对接的墙和控制其高度的楼板曲面，这些都是参数化结构中，用于管理更新的所有关系。当设计师在墙上置放窗户或门时，也是在定义窗户（或门）与墙的另外一种关联的关系。同样在管路布线时，定义接头是否为螺纹连接、对接焊接或有无凸缘和螺栓是很重要的。数学中的关系（connection）称为拓扑（topology），拓扑和几何不同，相对于几何来说，对于建筑模型的表示形式至关重要，它是嵌入参数化建模的一种基础定义。

其他种类的关系对参数化配置也是基本的。由混凝土包裹的钢筋是混凝土的一部分，骨架是墙的一部分，家具包含在一个空间对象中。聚合（aggregation）是一种广义的关系，用于取得对象并在所有 BIM 设计系统中，能以自动或手动的方式进行管理。聚合常被用于将空间组合成为部门，将零件组合成为构件，将单件组合成为单件订单，将多个单件组合成为组立顺序。规则可以与聚合有所关联，例如构件的属性如何从零件属性中导入而来。

关联具有三个重要信息：什么可以被连接或是聚合物的一部分；某些关联具有一个或多个特征（例如一个关联修改与它连接的零件）；关联的属性。关系是 BIM 模型规则中很重要的一部分，可以决定零件之间定义的规则类型。作为设计的对象也很重要，通常需要规范或详细说明。没有一个 BIM 设计工具会清楚地定义允许和不允许的关系，它们可能被嵌入在文档中，以特定的方式被定义，因此用户必须自己厘清。在建筑设计 BIM 应用中关系很少被定义为明确的元素，但在建造 BIM 应用中，它们是被明确定义的元素。据调查所知，在 BIM 应用中仍尚未支持对拓扑关系的详细研究。

2. 属性

以对象为基础的参数化模型解决了几何学和拓扑学上的问题，但它们若要被其他装置解读、分析、估价和采购的话，还需要带有各式各样的特性（attribute）。

属性（property）会在建筑物生命期的不同阶段起到作用。例如，设计属性强调空间和区域的概念，空间包括居住、活动，以及用于能耗分析的设备性能；区域（空间的聚合）由处理温控和载荷的属性来定义。建筑中不同的系统要素都有自己特有的属性，用于定义结构的、热的、力学的、电气的、管道的性能等。此外，属性也包含用于采购的材料的品质与规格。例如，在制造阶段，对材料的规格要求可能细致到包括螺栓、焊缝等连接的规格。在工程的竣工阶段，属性还包含建筑运营与维护所需的信息和资料。

BIM 提供了在工程生命期中管理和集成这些属性的环境。然而，用以创建和管理它们的工具近些年才开始被发展和集成到 BIM 环境中。属性很少被单一使用，一个照明应用程序需要材料颜色、反射系数、镜面反射指数，以及可能的纹理和凸凹的贴图。准确的能源分析中，一道墙需要一组不同的属性，因此属性被适当地组织成群组，并与某些功能相关联。不同对象与材料的属性集是构成 BIM 集成环境的一部分。由于产品供应商不一定总是提供属性集，需要用户或用户所在公司结合以往经验自行设定，或从一些事先定义的材料库中获取。支持一般性的模拟和分析工具的属性集，尚未形成使用标准，仍完全由用户自行设定。

即使是看似简单的属性，其应用也可能是复杂的。例如空间名称，它们被应用于空间规划评估、性能分析，以及偶尔应用于早期的成本评估、能源负荷分配和时间表使用等。空间名称因建筑的特定类型而不同，一些组织已尝试发展空间名称标准，以便加速自动化。比如对于美国一栋法院的建筑，美国总务管理处 GSA 有三套不同的空间名称分类：一套用于建筑类型空间验证，一套用于计算租约，一套用于美国的法院建筑设计指南。

BIM 平台目前极少为多数对象提供预设属性，但提供扩充属性设定的能力。用户或应用工具必须为每个相关对象添加属性，以便用于模拟、成本估计和分析，并且也必须对它们用于各项任务的适合性进行管理。因不同应用程序对相同功能所需要的属性和单位可能稍有不同，就会使管理属性集变得有问题，如能源和照明。一组应用程序至少有三种不同的方式去管理属性：①在对象库中预先定义它们，因此当对象个体被创建时，它们也随之被添加到设计模型中；②用户在需要时，从储存的属性库中添加到应用程序中；③当属性从一个程式库被导出到一个分析或模拟的应用程序时，根据索引或编码自动分配属性。

对于生产工作涉及的一套标准的施工类型，第一种方法是好的，但自定义对象需要仔细的用户定义。每种对象都携带可扩充的属性集用于所有相关的应用程序，但实际上可能只有很少的部分会用在指定的工程项目中。附加的属性定义可能会降低应用程序的效率，并增加项目模型的尺度。第二种方法允许用户选择一组类似的对象或属性集，当导出到一组应用程序中时，整个过程较为耗时。在每次执行应用程序时，模拟工具的反复运算可能需要附加的属性，例如在选择能耗效率较好的窗或墙类型时。第三种方法保持设计应用程序的简便，但需要开发可以理解的材料标识系统，让所有导出翻译器关联到每一个对象的属性集中。第三种方法是大众期盼的属性处理的长期解决方案，这种方法需要开发所需的全域对象分类和名称标识。目前必须开发多种对象标签，每一个对象标签对应一个应用程序。

支持不同类型应用程序的对象属性集和适当的对象分类库的发展，在北美施工规范协会（Construction Specification Institute of North America）和其他国家规范组织的考量下，已经成为一个广泛的议题。代表特定商业建筑产品的对象和属性的建筑构件模型资料库，是隐藏在 BIM 环境中管理对象属性背后的一个重要部分。

3. 图纸生成

即使面向对象的建筑模型具有建筑的完整几何配置和系统，对象具有属性和潜在的规则，并且可以包含比图纸更多的信息，但在未来的一段时间内，仍将需要图纸从中提取报告及模型的特定视图。现在的合同流程和工作方式即使有一定的更改，也仍将以图纸为主，无论是电子的还是纸质的。如果 BIM 不能实现二维图纸和文档的输出功能，用户就得耗费大量时间从模型的横剖面中人工编辑以产生每套图纸，那么 BIM 的应用价值将会显著降低。

在建筑信息模型中，对象（构件）个体如形状、属性和在模型中的位置等信息只能被表示一次。根据建筑对象（构件）个体的排列，所有图纸、报表和资料集都可以被提取。由于这种非重复的建筑表现方法，如果是从同一版本的建筑模型中取得，则所有的图纸、报告和分析资料集都会保持一致，此种功能可以解决重大的错误来源。在正常的 2D 建筑图中，任何更改或编辑都必须由设计师手动转换到多个绘图视图中，可能会出现未正确更新所有绘图的潜在人为错误。在预制混凝土施工中，这种 2D 做法已经被证实由于错误所造成的额外支出约占建设成本的 1% 左右（在中国这个数值可能更大）。

建筑绘图使用的并不是正交投影图，而是建筑平面、剖面、立面，以及用在不同系统中的纸张上，这些系统一般用复杂的图例集以图形方式记录设计信息。这包括对某些实体对象的符号描绘，平面图上除了线条粗细和批注说明之外，一般用虚线来表示隐藏在剖面线背后的几何构件。在设计的不同阶段，机械、电器、管道系统（MEP）经常以不同的方式呈现，这些不同的转换需要 BIM 设计工具具备图纸信息提取能力，通过嵌入强大的格式和规则来实现。此外，有些公司往往会采用自定义的绘图规则，这些规则需要添加到程序的内建工具中，诸如此类的问题会影响其在内建工具中如何被定义，以及提取图纸信息时如何设定工具。

内建图纸的定义规则部分取自于对象的定义，对象具有相关联的名称和注释，在某些情况下，如线条的粗细等则是由对象库中所携带的视图属性来定义的。对象的位置也有含义，如果将对象放置于网格的交点或墙端，就代表是尺寸的位置，这是其标注在图纸中的原因。相对于被参数化控制的其他对象，如果某个对象例如以梁为例其长度跨于可变的支撑端上，那么图纸生成的程序将不会自动标注梁的跨度尺寸，除非系统指定要在图纸生成时标注该梁的长度。某些系统储存与对象剖面相关的注释，以达到较佳的配置，虽然这些注释通常需要调整。其他的注释视细节为一个整体，如名称、比例和一般附注，它们都必须与整体细部相关联。图纸集中还包含建设地的位置图，用以显示这栋建筑物在地面上相对于地理空间坐标的放置点。一些 BIM 设计软件具有强大的地理坐标规划能力，但有些则没有这个功能。当前 BIM 设计工具的功能几乎已达到自动化图纸提取功能，但还不能 100% 实现自动化。

大多数建筑物包含成千上万个构件，从主要的构件梁、柱、墙、楼板、地基等到天花板、踢脚板甚至是建筑用钉子等。人们通常会认为某些类型的对象不值得建模，不过它们仍然必须在图面上被描述，才能够被正确地施工。BIM 设计工具提供了由 3D 模型中定义的细节程度（有选择性地关闭某些对象）来提取剖面视图的方法，如果需要的话还可以移动其位置。然后在此剖面图上以人工详细地绘制所需的木块、挤压件、防水条、沥青等，并为绘制该详细剖面图提供相关文字说明。在大多数系统中，细节描述与切断的剖面有关联，当剖面中的 3D 元素更改时，它们会自动更新剖面图，但必须以手动的方式更新手写的文字信息。

基于上述规划，每个平面、剖面和立面分别以 3D 和 2D 组合的形式来生产图面，然后将它们放置于带有正常边框和标题的图纸上。在工程生产过程的所有时期，图纸配置都将存在，并成为整个项目资料的一部分。从详细的 3D 模型中生产图纸，大致经历了以下三个方面的改进，才使这种技术变得容易和高效。

（1）较低级别的　图纸由 3D 模型生成正交剖面部分，然后由用户手动编辑线型格式，并添加尺寸、详细信息、批注等。这些细节是相关的，也就是只要模型中存在该剖面部分，此注释配置会被维持于不同绘图版本中。这类关联能力对于多个设计版本的有效再生图纸是必要的，在此情况下，图纸成为模型生成的详细报告，且其生成可以在外部绘图体系中或 BIM 工具内完成。

（2）改进级别的　设定和使用样板档与投影类型（平面、剖面、立面）的元素相关联，由样板档自动生成元素的标准尺寸和指定线条粗细，并从属性定义生成注释。虽然对对象群组做预先的设定是一件很乏味的事情，但这样可以大幅加快初始绘图设置，并提高生产效率。样板档布局的设定可以被覆盖，并且可以添加自定义批注。编辑模型界面必须要在模型视窗的状态下，此类情况具有报表的管理功能，用以通知用户模型已经被更改，但图纸直到它们被重新生成之前，是不会自动更新来反应更改的。

（3）最高级别的　在模型和图纸之间支持双向编辑，当更改图纸注释时会自动将信息传递到模型中去，同时也在视窗中显示 3D 模型，任何视图的更新可以立即反馈到其他视图中。双向视图编辑和强大的样板生成功能，进一步减少了图纸生成所需的时间和精力。

当前最主要的目标是要尽可能实现图纸的自动化生成，因为多数初始设计的成本取决于自动化的程度。未来要实现建筑生产过程中各相关的参与方顺应 BIM 技术，到那时将不再需要图纸，可以直接以模型档案作业，并渐渐转移到无纸化的工作方式上。

BIM 技术允许设计者在使用 3D 建模的同时，使用 2D 绘图剖面填补缺少的详细信息。BIM 的优势在于除了几何信息交换以外，还可以对非几何信息进行交换，如资料、材料清单、详细成本估计等，而 2D 剖面图中这些非几何信息可能仅是一些文字注释。虽然有争论认为完整的 3D 实体建模是不能保证的，然而 BIM 的发展是最终走向 100% 实体建模。对于应用 BIM 不同层次的各类公司而言，夹杂 BIM 和 2D 的混合技术可能是较好的。初学者可以使用 2D 剖面绘制，并渐渐增加 BIM 的项目应用，高阶用户可以用循序渐进的方式发展新的应用，以便在建模上能得到详细级别的信息。

4. 对象管理和连接

完整的 BIM 模型会变得相当庞大和复杂，数十亿位元组的模型越来越常见，这种情况下，资料协调与管理将成为一个大型资料管理的任务和议题。传统的使用文件管理工程案例的方法会导致以下两种问题。

1）文件会变得很大，并且工程案例必须以某种方式被切割，以允许继续设计下去，且每个文件都很大、速度慢且繁琐。

2）文件更改仍然依靠人工管理，被取代的部分以红色的标记标识在图面上，并用 3D PDF 或其他类似的文档来做注释。传统上，由于对施工阶段的资料进行重大变更会产生庞大的费用，因此是不允许这样做的。BIM 和模型管理应该消除或大量减少此类问题，虽然参数化更新可以解决局部更改的问题，不同模型的协调管理以及它们所衍生的用于调度、分析、报告的资料仍然是一个重要且日益上升的议题。

假设相同的参数模型创建在两种不同的建模环境中，例如 Rhino 和 Bentley，若使用相同的参数控制其几何形体，可以在 Rhino 中进行设计探索，一般而言，Rhino 是操作界面友好但功能有限的设计工具，初步设计可以在 Rhino 中完成，然后在 Bentley Architecture 中更新参数，并允许将更新的信息集成到具有成本和能耗分析功能的 BIM 工具中，其中的电子制表软件（spreadsheet）在几何信息互操作性（geometric interoperability）中会起到重要的作用。

外部参数清单是试算表的另外一种方式，是以非直接的参照方式来交换参数对象，最为熟悉的例子是钢结构。钢结构设计手册现在已有数位形式，带有不同标准的钢结构信息，如 W18X35 或 L4X4 等。这些信息名称可以从钢结构设计指南中提取剖面、断面、重量和主体属性。一些预制混凝土制品、钢筋和一些窗户制造商目录也有类似的信息。如果发送者和接收者都有相同的目录在手，那么他们可能通过参考信息（名称）的方式发送和存取相关信息，交流与存取对应的目录信息并且载入到适当的参数化模型中。

另一项重要的功能是提供外部图库档的连接，现今这种功能的主要用途是连接产品和它们相关的手册，以供设备维护和操作，以及日后关联设施操作和维护。一些 BIM 工具提供此功能，并将它们加强为一个可以提供运营维护阶段支持的工具。

5. 一些常见的问题

用户有很多关于 BIM 以及被认为是 BIM 设计工具的相关问题，下面是对其中一些最具普遍性问题的回答。

（1）对象参数化建模的优点和限制　参数化建模的主要优点是对象的智能化设计行为，自动的低阶编辑是内建的，几乎就像本身的设计助理，然而这种智能的体现，是要付出一定代价的。每种类型的系统对象有其自己的行为和关联性，因此 BIM 设计工具本身是相当复杂的。虽然是用类似的用户界面样式，但每种类型的建筑系统均由具有不同构建和编辑方式的对象来组成，用户通常需要数月才能上手达到能有效利用 BIM 设计工具的水平。

有些用户比较喜欢建模软件，尤其是针对初期概念设计，如 SketchUp、Rhino、FormZ 的 Bonzai 等都是非参数化建模为主的工具。相反地，它们有固定的几何编辑对象方式，而仅仅在使用不同类型表面上有所差异。此种功能可以应用于所有的对象类型，从而使它们在使用上简单得多，也就是说应用在墙和板上的编辑动作将会是一样的。在这些系统中，属性定义了对象类型和其功能取向，用户可在选择对象时添加属性，而不能在对象已建立时新增。假如谨慎操作，并且有匹配的界面，对象可以被导出并用在其他地方，例如太阳能热吸收研究。这种方法与设计者在 3D AutoCAD 中使用相似，但设计者不会采用这种非参数化建模工具去设计，因为对象间不可连接，且在空间上是独立管理的。然而，对于初期概念设计阶段是否可使用此种建模软件是可以讨论的，但其带有单一对象行为的 BIM 技术是不可靠的。

（2）为什么不同参数建模软件不能相互交换模型　经常有用户问到为什么不能直接交换 Revit 和 Bentley Architecture 的模型，或交换 ArchiCAD 和 Digital Project 的模型。从前面所讨论过的概述来看，很明显这种交换性缺乏的原因是由于不同 BIM 软件依赖于它们不同定义的基本对象和行为，比如 Bentley 墙的行为会不同于 Vectorworks 墙或 Tekla 的墙。这些是不同功能涉及 BIM 工具中的规划类型，以及应用于定义特定对象群组规则的结果。此问题只发生在参数化对象中，而非那些固定几何信息。如果接受其现有形式为固定形式，则它们的行为规则会被删除，那么 ArchiCAD 对象可以用于 Digital Project，Bentley 对象可以用于 Revit，则这些交换的问题可以被解决，问题是交换对象的行为却不可以被交换。如果当软件生产商之间达成一种通用建筑对象定义的标准，则其不仅可以交换几何信息也可以交换非几何信息，比如行为。在此之前，对于某些对象交换是被限制或不可行的。当然，这些限制会得到慢慢地改善，因为现实的需求要解决这些问题，同时其他多种问题也会被厘清。相同的问题在制造业中也存在，但目前也尚未得到解决。

（3）施工、制作、建筑 BIM 工具有哪些本质差异　同一 BIM 平台可以支持设计与制作细部吗？因为这些系统的基本技术有很大的共同之处，没有任何技术上的理由说明建筑设计和制作 BIM 工具不能在彼此的领域提供产品。在某种程度上，这种情况发生在 Revit Structure 和 Bentley Structure，它们开发一些制作级别 BIM 设计工具所提供的功能。另一方面，在少数情况下，Tekla 已被用于设计和建造房屋。双方都满足了工程市场或从较小程度来说满足了承包商市场。

（4）机械设计参数化建模系统能改变成 BIM 吗　机械参数化建模工具已经应用于 AEC 市场，基于 CATIA 的 Digital Project 就是一个显著的例子。此外，Structure works 是使用 Solidworks 平台用于预制混凝土细部制作的产品，这些改良建立于目标系统领域需要的对象及行为中。建筑系统为自上而下的设计系统，而制造业参数化工具是自下而上组织的。制造系统的架构为不同零件原本是来自于不同案例，但由于它们已解决跨文件传递、更改的挑战，使得它们往往可以扩充。在其他领域，如管道、幕墙制造和风管设计，将会看到机械参数建模工具和 BIM 设计工具在这些市场的竞争。

2.4 BIM 支持平台

2.4.1 BIM 工具、平台和环境

目前为止，大多数 BIM 产品不仅仅是一种设计工具，还拥有其他应用功能的界面，比如用于透视、能源分析、成本估算等。有些还提供多个用户功能，允许多个用户协调他们的工作。在 BIM 的发展和规划中，可以将其想象成为一种系统架构，BIM 一般涉及多个产品，应用于不同的用途，具体介绍如下：

（1）BIM 工具（tool）　用于特定任务的软件，一般产生具体的结果。例如那些用来生成模型、生产图纸、编写规则、成本估计、冲突和错误检测、能源分析、透视、进度安排和视觉化的工具。工具输出通常是独立的，例如报告、图纸等。然而，在某些情况下，工具输出可以导出到其他软件中，如工程量试算、成本估计、结构的对应信息传到一个相关的详图设计软件中。

（2）BIM 平台（platform）　一种应用模式，通常用于多种用途和协同工作中。它提供了一个主要模型来存放平台上所有的信息，大多数 BIM 平台还会在内部合并其他工具功能，如图纸生成和冲突检测。它们通常与其他多种工具的界面合并，具有不同层次的集成。某些平台有分享用户界面和互动的方式。Digital Project 就是以此方式进行架构的，与它的 structure、imagine and shape、system routing 等工具建置于系统中，称为 Workbenches。

（3）BIM 环境（environment）　利用一个或多个信息渠道的数据管理，集成架构内的工具和平台，它支持架构内格式和信息作业。BIM 环境出现的方式往往不是以一种概念化的方式形成，而是根据实际的内部需求以特定的方式产生。多个 BIM 工具信息集成实现自

动化生成和管理是 BIM 环境最显著的用途，此外，使用多种平台因而有多个数据模型，资料管理和协调则是另一个层次所需，它会解决系统之间与多种平台间的追踪与协调沟通。BIM 环境提供比模型信息本身更广泛的信息形式，例如视频、图像、音频记录、电子邮件，以及许多管理项目的信息形式。BIM 平台未被预期管理如此多样的信息，而 BIM 服务器是以支持 BIM 环境为目标的新产品。此外，BIM 环境包括可供重复使用的对象和图库，同时应用软件的界面也会支持与企业管理及会计系统的连接。

BIM 平台有充分的信息以支持对象建立、编辑和修改的设计操作，它们携带参数和其他重要的规则用来保持建筑模型在空间上的正确性。它可能有多个嵌入工具，用于 3D 建模、数量计算、透视渲染，以及图纸生产。相比较之下，BIM 工具则缺乏正确地更新建筑设计的结构和规则。BIM 平台可以提供分析、为成本或进度追踪和包装数据库、建立规范，以及可能生成透视渲染或动画。BIM 平台还经常被非正式地用作 BIM 环境，依靠一个平台来提供一个组织内的所有服务，并提供该组织内的集成环境，平台供应商通过提供“完整的解决方案”来宣传自己的产品。

2.4.2 主要 BIM 平台概述

在本节内容中，对 BIM 平台的主要功能和作用进行了区分，将 BIM 平台视为同时拥有工具和平台的功能，也考虑其支持 BIM 环境的关系。功能适用于设计导向系统以及制作 BIM 设计工具，这些区别的功能可以给那些希望进行替代系统的初级审查和评估提供参考建议，因而可在工程案例、公司或企业中给决策者提供明智的选择。这些选择会影响生产作业、交换性，并在一定程度上影响设计组织做特定工程案例的能力。

可以从三个层次分析 BIM 平台适应性的重要特征：作为一种工具、作为一个平台，以及作为一个环境。目前，不存在一个万能的产品可以成为所有类型工程案例的理想选择。理想情况下，组织内可能会有数个平台用来支持与特定案例之间的交流。除了用于支持不同应用软件之间的数据沟通，或者是支持与特定制造商或咨询顾问之间的协同工作外，一般来说不太可能需要多个平台。

采用一个 BIM 产品作为应用工具和（或）平台，是一项重要的工作。当决定采用相关的产品时，意味着需要了解该产品所涉及的新技术，需要学习和管理产品应用过程中的一些新技能。当在实践中使用 BIM 产品驾轻就熟时，学习新技术和新技能所带来的挑战就会逐渐随时间而消退。因为 BIM 设计产品的功能日新月异，因此在 AECbytes、Catalyst、其他 AEC CAD 期刊、社群网站（如 Linkedin）阅读和查看最新版本就变得很重要。

在用于提供对象参数化建模的共同框架内，BIM 产品归并了多种不同的功能，一些属于工具级别，一些属于平台级别。区分它们是工具还是平台及相关议题时，也会连带度量它们在 BIM 系统环境层次上的支持性。

1. 作为 BIM 设计工具

我们依据对各种设计工具在其使用性能方面的判断，对这些功能的具体指标进行了大致的排名和介绍。以参数化模型生成和编辑为基础，并假设模型定义和图纸生产为当前建筑建模系统的主要工具级别用途。模型生产和编辑是多层面向的（multifaceted），既包括用户界面、自定义对象，也包括复杂表面的建模。

（1）用户界面　BIM 设计工具相当复杂，且比先前的 CAD 工具拥有更强大的功能。

一些 BIM 设计工具具有直观和易学的用户界面，且具有模组化结构的功能，而有些则比较重视功能性，然而并不是很完整地集成于整个系统中。BIM 设计工具评估的准则包括：是否提供标准惯例；系统上功能表单是否具有一致性；功能表是否具备与目前活动毫无关联的隐藏特征；模组化组织是否具有不同种类的功能表单，能否提供即时提示、操作和输入的说明。尽管用户界面使用问题看起来不大，但复杂的用户界面会导致较长的学习时间和错误的出现，也不能充分发挥工具内部的功能。

（2）图纸生成　生成图纸和图册，并让它们在经由数次更新和改版之后依然得到良好的维护，这并不是一件简单的事情。对图纸生成效率的评估应包括视觉上所体验的图面模型快速的更新和强大的关联性，使得模型更新的同时，图纸的信息也随之自动更新，反之亦然。此外，还包括生成具有较多自动设定格式功能的有效范本。

开发自定义参数对象的容易度是一项复杂的功能，可以从三个不同级别去定义：一是，用于定义参数化对象的草图工具（sketching tool）的易用性，决定了系统的约束或规则集（rule set）的范围，一般约束和规则集应包括距离、角度，比如正交、毗邻表面和线条的相切规则、“若-则”条件和一般代数函数；二是，将自定义参数对象与现有参数类别或群组进行接口的能力，使现有的对象类别行为和分类可以应用于新的自定义对象；三是，支持全域参数对象控制的能力，用 3D 网格或其他控制参数管理对象的位置、尺寸调整和表面性质，其皆为设计所需的能力。

（3）复杂曲面的建模　对于那些目前或计划在未来做这些工作的公司开发支持建立和编辑基于二次曲面、样条曲线（spline）、非均匀性 B 样条曲线（nonuniform B-spline）的复杂曲面模型是很重要的。这些 BIM 工具中的几何建模能力只是基础的，不能在日后的应用中被添加。

其他工具层次的能力有：支持基本工具以外的功能，包括冲突检测、数量计算、追踪问题，以及产品和施工规范的结合。这些适合于不同用途和工作流程，也可以考虑支持其在 Web 上大量使用。

2. 作为 BIM 平台

支持 BIM 的产品基本功能最初为工具，然后当建筑信息模型的用途被认可时开始称为平台。由于建筑物信息潜在用途的增加，因此对 BIM 平台需求的重要性也会增加。大多数 BIM 平台构建于 Microsoft Windows 平台上，具有一系列的界面工具，从其应用的重要性可以粗略排序如下。

（1）文件大小的运算处理能力　这是处理大型工程案例和高阶细节建模的综合能力，涉及无论项目中 3D 参数对象的数目是多少，系统都要保持回应的能力。在工具层次上，这种能力是重要的，但通常情况下，工具的应用范围却是有限的。当参数用于在层次上管理大型工程的剖面、立面或整个建筑外观的部分，设计时的运算能力就变得很重要。从资料管理的角度来看，基本的问题是系统以磁盘为主或以记忆为主的程度层次。因为磁盘读写速度较慢，磁盘为主的系统比较适应于小型规模的工程，但随着工程规模的增大，运算迟缓会导致时间增加。记忆为主的系统通常在较轻的负荷下运行比较快，但是一旦记忆空间耗尽，性能便迅速下降。可扩展性受限于系统配置，Windows XP 的 32 位版本若无特殊设定时，每一个单独处理器只支持 2GB 的内存记忆空间。Windows 和 Snow Leopard 的 64 位元架构没有内存使用的限制，且价廉和普遍。

（2）工具界面　作为一个平台，BIM 软件需要能够提供一系列的信息到其他软件中，比如几何、属性，以及它们之间的关系。其他方面的应用包括结构、能源、照明、成本和其他设计过程中的分析，设计协调的冲突检测和问题追踪，采购和物料追踪，施工的任务和设备调度。工具界面的重要性取决于 BIM 平台的预期用途，其由工作流程的特定模式所定义。

（3）BIM 资料库　每个 BIM 平台具有各种预先定义的资料库可以被使用，这可以减少自定义的需要。一般来说，预先定义的对象越多越有利。关于不同用途对象的良莠，需要有进一步辨别的标准，但目前在对象信息结构的标准化上少有成果。在这里主要指的是选择的规范、分析用途时的规范、产品服务手册、渲染时材料的属性，以及其他类似用途。

（4）平台用户界面的一致性　平台界面根据两种不同的使用情况有不同的标准。一种情况是，在大型公司中由不同部门的专业人员或顾问来操作工具，在此情况下，每个工具有其自身的逻辑，其在工具级别的标准容易被满足；另一种情况是，工具被共用并由多个平台用户共用，此种情况下，为了达到易学易用的效果，工具之间界面的一致性就很重要，这种一致性是一个挑战，因为要支持范围广泛的功能。

（5）可扩展性　可扩展性功能的评估是基于 BIM 平台是否支持 Script（一种程式语言）的。Script 是一种互动式语言（interactive language），可增加功能或自动进行低阶任务，类似于 AutoCAD 的 AutoLISP，它既是一个 Excel 格式的双向界面，又是一个广泛和详细记载应用程式设计的界面（API）。Script 和 Excel 界面通常是给终端用户使用，而 API 则是给软件开发者使用。这些功能的需求取决于设计公司对于自定义功能的期望程度，如自定义参数对象、特殊功能，或其他应用程式。

（6）互协作性　生成的部分模型资料分享给其他参与者，如早期专案的可行性研究、工程师和其他顾问的协同工作，以及后继工程的施工。协同工作的支持要视 BIM 平台提供的界面与其他特定产品的数据交换程度而定，较普遍的方式是支持开放式的交换标准，进行数据的导出和导入。开放的交换标准越来越高级，已开始支持工作流程层级的交流，这就需要不同的导出和导入的转译。一种可以轻松实现数据的导出和导入的接口将会有较大的应用市场，其中比较重要的是其工具界面的可用性和数据交换标准的有效性。

（7）多用户环境　某些系统支持设计团队之间的协作，它们允许多个用户可以直接从一个工程文件中建立和编辑其中的一部分，并管理用户存取部分的信息，这可以在一个以硬盘为主的平台上操作。在以记忆内存为主的 BIM 平台上，多用户环境没有太大意义，因为多个用户会争夺相同的地址空间和硬件资源。

（8）管理属性的有效支持　属性是大多数 BIM 支持工具所需的资料库成分之一，属性集需要进行方便地设定，同时与它们所描述的对象个体相关联。在不同平台上，这种功能的工具会有很大的不同。

3. 成为 BIM 环境

在最初的 BIM 发展期，人们通常会认为单个软件或产品即可满足三个级别的所有需要：作为一种工具、平台和环境。因 BIM 项目的规模和支撑系统已被大多数设计者所认识，单一软件或产品即可满足需要的想法已经逐渐消退。要支持 BIM 项目的更高级别的应用，就必须要支持在 BIM 环境中多个平台的协同工作。BIM 环境需要具备为不同的工具、平台生成和储存对象个体的能力，并有效地管理这些资料，包括在对象层次的更改管理。

下节是对现有的基于 BIM 平台的各种应用软件功能的概述，这些软件中有些仅支持建筑设计功能，有些支持各类型制作层次，有些则二者兼备。文中的每一个评价都只是针对所提供软件当前的版本而言，之后的版本功能或许会更好。

2.5 BIM 软件

2.5.1 BIM 软件概述

目前，BIM 在国际大型建筑软件中的应用已相当普遍。比如，Autodesk 公司的 Revit 系列产品，在 Revit 中所有与建筑相关的信息都被存储到一个统一的数据库中。当设计人员对设计作出一些改动时，参与的每个工种都会被通知到相关的改动，并且反映到关联的视图中。虽然 Revit 的数据库并非为公共标准的格式，但 Autodesk 公司已经支持 IFC 标准。Bentley 公司早在其 2007 年的年度报告中就声称旗下的 Architecture 产品通过了 buildingSMART 的认证，符合 IFC 标准，其采用的 IFC 转换器可实施于 Bentley 建筑应用程序的通用技术平台之上，对于 Bentley Structural、Bentley Building Mechanical Systems 和 Bentley Building Electrical Systems 等产品同样适用。Graphisoft 公司早在 2004 年就针对施工推出了 Constructor 软件系列，其中包括了建模、概预算和施工进度计划三个软件，虽然这三个软件都有自己的数据存储格式，不是对同一个数据库进行操作，但是软件间可以通过对信息交换的控制来实现信息的一致性。Graphisoft 公司的 ArchiCAD 也已于 2007 年就通过了 IFC 认证。

国内大型的应用软件开发公司，比如 PKPM、YJK 等，从 2010 年以来一直致力于开发支持 BIM 的相关产品。YJK 软件是基于 BIM 技术的面向国内及部分国际市场的建筑和结构设计软件，其接口数据采用开源数据库，统一管理建模数据、计算结果、设计结果和施工图设计结果，是全面开放的建筑结构软件平台。应用 YJK 系列设计软件，可以打通 BIM 信息链中关键的结构设计环节，让结构设计数据信息流可以最大限度地得到重复使用，提高设计工作效率。2011 年 YJK 公司发布 YJK 和 Revit 接口软件，是中国第一款实用的商品化结构设计 BIM 接口软件。

PKPM 是中国建筑行业的主流软件，尤其在结构分析和计算方面与国家现行规范结合最为紧密。2012 年 7 月 PKPM 与 Autodesk 签署战略合作协议，共同推动 BIM 技术在中国工程建设行业的研究与应用，并进一步推动 PKPM 产品与 Autodesk 产品的数据互联。经过数月的测试与调整，PKPM 系列设计软件主要产品成功实现了与 Autodesk 的 BIM 软件产品 Revit 的数据链接，能够帮助制图人员、设计人员和工程师之间实现更好的协作。由于 Revit 是目前使用相对广泛的 BIM 支持软件，其侧重于 BIM 模型的建立、跨专业实现协调设计，因此，PKPM 软件和 Revit 软件实现双向数据互连，可以为工程项目不同阶段各专业工程师的工作带来很大的便利，进一步推动 BIM 在中国工程建设行业的应用和普及，同时也是 Revit 满足中国本地设计人员需求的重要步骤。

BIM 的实现手段是软件，与 CAD 技术只需要一个或几个软件不同的是 BIM 需要一系列软件来支撑。如图 2-12 所示，列出了 BIM 系列核心软件，除 BIM 核心建模软件之外，BIM 的实现还需要大量辅助软件的协调与协助。

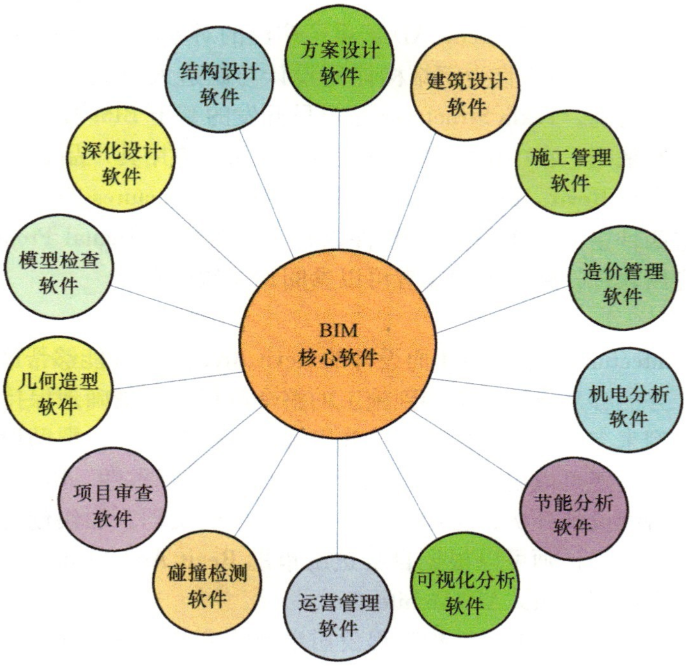

图 2-12　BIM 系列核心软件

如果按用途来分，一般可以将 BIM 软件分成两大类型。一类是 BIM 核心建模软件，包括建筑与结构设计软件，例如 Autodesk Revit 系列、Bentley 系列、Graphisoft ArchiCAD 系列等；另一类是基于 BIM 模型的分析软件，包括结构分析软件（如 PKPM、YJK、ETABS、SAP2000）、施工进度管理软件（如 MS Project、Navisworks）、制作加工图的深化设计软件（如 Xsteel）、概预算软件、设备管理软件、可视化软件等。

2.5.2 BIM 设计类软件

当前 BIM 设计类软件在市场上主要有四家主流公司，分别是 Autodesk、Bentley、Graphisoft、Tekla。Autodesk 公司的 Revit 系列占据了最大的市场份额且是行业领跑者，Revit 系列主要包括：Revit Architecture（建筑设计）、Revit Structure（结构设计）、Revit MEP（机电管道设计）三类。

Bentley 公司的 BIM 技术在业界处于领先地位，提供了各种软件来解决建筑行业各个阶段的专业问题。Bentley 根据各个专业的需要，为工程的整个生命期提供量身打造的解决方案，这些解决方案可满足将要在此生命期中使用和处理这些资产的工程师、建筑师、规划师、承包商、制造商、IT 经理、操作员和维护工程师的需要。每个解决方案都由构建在开放平台上的集成应用程序和服务构成，旨在确保各工作流程和项目团队成员之间的信息共享，从而实现互用性和协同合作。

Graphisoft 公司的 ArchiCAD 是历史最悠久的且至今仍被应用的 BIM 建模软件，Archi-

CAD 与一系列软件均具有互用性，包括利用 Maxon（一种专业的 3D 建模、渲染、动画制作软件）创建曲面和制作动画模拟、利用 ArchiFM 进行设备管理、利用 SketchUp 创建模型等。此外，ArchiCAD 与一系列能耗与可持续发展软件都有互用接口，如 Ecotect、Energy +、ARCHIPHISIK、RIUSKA 等，且 ArchiCAD 提供了广泛的对象库供用户使用。

近四十年来，Tekla 公司一直为钢结构详图设计与制造人员提供创新性的工具，使他们的工作更有效、更精确。Tekla Structures 是最早开发的基于 BIM 技术的设计软件，被全球数以千计的公司所采用，在中国已经有 100 多家公司在应用其产品。

以下内容主要介绍 Revit、Bentley、ArchiCAD、Tekla Structures 四种常用的 BIM 应用软件。当然，除了这四种主要的 BIM 应用软件以外，还有诸如 Digital Project、Vectorworks、DProfiler 等 BIM 应用软件，感兴趣的读者可以参阅相关软件介绍。

1. Revit 系列

（1）Revit Architecture　专为 BIM 而设计的 Revit Architecture 能够帮助设计师捕捉和分析早期设计构思，并能够从设计、文档到施工的整个流程中更精确地保持设计理念。利用包含丰富信息的模型来支持可持续性设计、施工规划与构造设计，帮助设计师做出更加明智的决策，自动更新功能可以确保设计与文档的一致性与可靠性。Revit Architecture 可以帮助设计师促进可持续设计分析，自动交付协调、一致的文档，加快创意设计进程，进而获得强大的竞争优势。设计师可以根据自身进度借助 Revit Architecture 迁移至 BIM，同时可以继续使用 AutoCAD 或 AutoCAD Architecture。

（2）Revit Structure　它是专为结构工程公司定制的 BIM 解决方案，拥有结构设计与分析的强大工具。Revit Structure 将多材质的物理模型与独立、可编辑的分析模型进行了集成，可实现高效的结构分析，并为常用的结构分析软件提供了双向链接。它可以帮助工程师在施工前对建筑结构进行更精确的可视优化，从而在设计阶段的早期制订更加明智的决策。Revit Structure 为工程师提供了 BIM 所拥有的优势，可帮助他们提高编制结构设计文档的多专业协调能力，最大限度地减少错误，并能够加强工程团队与建筑团队之间的合作。

（3）Revit MEP　它是面向机电管道的建筑信息模型设计和制图软件，其中 MEP 是 Mechanical、Electrical、Plumbing 的缩写，即机械、电气、管道三个专业的英文首字母的缩写。Revit MEP 是一款能够按照工程师的思维方式进行工作的智能设计工具，它通过数据驱动的系统建模和设计来优化建筑机电与管道，可以最大限度地减少设备专业设计团队之间，以及与建筑师和结构工程师之间的协调错误。此外，它还能为工程师提供更好的决策参考和建筑性能分析，促进可持续性设计。

Revit 作为 BIM 的一个设计工具，具有友好易学的操作界面，且开发了非常广泛的对象库，便于多用户在同一项目中并行工作。但 Revit 是一种以记忆为主的系统，对于管理较大工程项目信息，比如文件大小超过 300MB 的项目时，运行速度明显减慢，且参数化定义有一些限制，只能支持有限的复杂曲面，缺少对象层次的时间记忆，尚未完全提供 BIM 环境中所需要的完整对象管理。

2. Bentley 系列

Bentley 系列产品主要包括针对基础设施的建筑结构分析与设计、桥梁设计与工程、公路与铁路场地设计、给排水网络分析与设计、岩土工程、地理信息管理、交通运输资产管理等。

（1）Bentley MicroStation 它是世界领先的信息建模环境，专为公用事业系统、公路、铁路、桥梁、建筑、通信网络、给排水管网、采矿等类型基础设施的建筑、工程、施工和运营而设计。MicroStation 既是一款软件应用程序，也是一个技术平台。作为一款软件应用程序，MicroStation 可通过三维模型和二维设计实现实境交互，确保生成值得信赖的交付成果，如精确的工程图、内容丰富的三维 PDF 和三维绘图。它还具有强大的数据和分析功能，可对设计进行性能模拟，包括逼真的渲染效果和超炫的动画。此外，MicroStation 还能以全面的广度和深度整合来自各种 CAD 软件和工程格式的工程几何线形和数据，确保用户与整个项目团队实现无缝化工作。作为适用于 Bentley 和其他软件供应商特定专业应用程序的技术平台，MicroStation 提供了功能强大的子系统，可保证几何线形和数据集成的一致性，并可增强用户在大量综合的设计、工程和模拟应用程序组合方面的体验。它可以确保每个应用程序都充分利用这些优势，使跨领域团队通过具有数据互用性的软件组合中受益。

（2）Bentley ProjectWise 它是一款专门针对基础设施项目的建造、工程、施工、运营进行设计和建造开发的项目协同工作及工程信息管理软件。与传统的文档管理和协同工作软件不同的是，ProjectWise 是一个协同工作服务器和服务系统，用于在基础设施项目进行设计和施工时为其提供信息。它通过工作共享、内容重复利用和动态反馈提供业界公认的可扩展优势。

（3）Bentley AssetWise 为了确保资产运营的安全性、可靠性和合规性，Bentley 充分利用三十多年的设计及可视化创新结果，采用基于风险的方法进行资产管理，一直处在工程软件的最前沿。借助使用二维或三维智能基础设施模型和点云功能，以及工程信息和资产性能管理功能，Bentley 提供了一个企业平台，有助于业主在整个生命期内管理资产。这一可视化的工作流程同时支持现有和旧有运营，有助于消除资本支出和运营支出之间的脱节，还能为资产的运营性能及安全性提供可持续的业务策略。AssetWise 能够帮助业主实现运营和维护卓越、资产集成和流程安全的愿景。无论业主所面临的挑战是可靠性和可用性的增强、维护成本的降低、资产生命周期的延长、资产运营的安全还是法规的遵守，AssetWise 性能管理都能为其提供完备的解决方案，帮助业主应对这些挑战、赢得竞争优势。

Bentley 的优势是提供了非常广泛的建筑建模工具，几乎可以处理 AEC 行业的所有方面。它支持复杂曲面的建模，包括多个支持层面，用以自定义参数化对象。对于大型工程，Bentley 提供了许多参数化对象用以支持设计，并提供多个平台和服务器用于支持协同工作。目前，Bentley 除了要结合中国规范继续完善其产品外，在大型工程设计过程中，其协同所需的数据信息有些时候只是部分可以实现，其各种应用产品之间的整合相对较弱，需要进一步加强。

3. ArchiCAD

在设计方面，设计师使用 ArchiCAD 可以自由地建模和造型，在最恰当的视图中轻松创建想要的形体，轻松修改复杂的元素。ArchiCAD 可以使设计师将创造性的自由设计与其强大的建筑信息模型高效地结合起来，有一系列综合的工具在项目相关阶段支持这些过程。自定义对象、组件以及建筑构件需要一个多样灵活的建模工具，ArchiCAD 在本地 BIM 环境中通过新的工具引入了直接建模的功能，整合的云服务帮助用户创建和查找自定义对象、组件和建筑构件，来完成他们的 BIM 模型。Graphisoft 公司一直在“绿色”方面持续创新，与其 BIM 创作工具整合，为可持续设计提供了独一无二的工作流程。

在文档创建方面，设计师使用 ArchiCAD 能够创建 3D 建筑信息模型、一些必要的文档和图像也可以自动创建。为了更好地交流设计意图，创新的 3D 文档功能是设计师能够将任意 3D 视图作为创建文档的基础，并可添加标注尺寸甚至额外的 2D 绘图元素。因为大部分发达国家的扩建、改造和翻新项目数量等同于新建建筑项目，ArchiCAD 为改造和翻新项目提供内置的 BIM 文档和工作流，以便设计师更好地完成扩建、改造和翻新项目。ArchiCAD 强大的视图设置能力、图形处理能力以及整合的发布功能，确保了打印或保存一个项目的各项图纸集不需要花费额外的时间，而这些成果都来自同一个建筑信息模型。

在协同工作方面，BIM 给设计团队带来了巨大的挑战。在大型项目中运用 BIM 时，建筑师经常会遇到模型访问能力和工作流程管理的瓶颈。Graphisoft 公司的 BIM 服务器通过领先的 Delta 服务器技术大大降低了网络流量，使得团队成员可以在 BIM 模型上实现协同工作。ArchiCAD 的 BIM 服务器具备较先进的技术水平，在共享设计文件时形成了全新的应用范例。随着创新型 Delta 服务器技术的出现，客户和服务器之间只传送变更后的元素，通过百万字节到千字节，平均数据包的大小随之减小，因此，团队成员可在全球任意地点通过标准互联网链接就 BIM 模型进行实时协同。

ArchiCAD 完善的团队协作功能为大型项目的多组织、多成员协同设计提供了高效的工具，团队领导者可以根据不同区域、不同功能、不同建筑元素等属性将设计任务分解，而团队成员可以依据权限在一个共同的可视化项目环境里准确无误地完成协同工作。同时，ArchiCAD 创建的三维模型，通过 IFC 标准平台的信息交互，可以为后续的结构、暖通、施工等专业，以及建筑力学、物理分析等提供强大的基础模型，为多专业协同设计提供了有效的保障。

如上所述，ArchiCAD 具有直观的操作界面，包含广泛的对象库，可用于设计、建筑系统、设施管理、协同工作等，可以有效地管理大型工程项目。但 ArchiCAD 在自定义参数建模上有一些轻微局限，它也是一种以记忆为主的系统，也会遇到项目规模变大时运行速度缓慢的问题。

4. Tekla Structures

Tekla Structures 的功能包括 3D 实体结构模型与结构分析完全整合、3D 钢结构细部设计、3D 钢筋混凝土设计、专案管理、自动 Shop Drawing、BOM 表自动产生系统。它是一个功能强大、灵活的三维深化与建模软件方案，它集成了从销售、投标到深化、制造和安装等整个工作流程。

Tekla Structures 提供给设计师创建各种类型钢结构的能力，可以让设计师轻松而又精确地设计和创建任意尺寸的、复杂的智能钢结构模型。借助这个智能模型，设计师可以在设计、制造、安装过程中自由地进行信息交换。

Tekla Structures 特有的基于模型的建筑系统可以让设计师创建一个智能的三维模型，模型中包含加工制造以及安装时所需的一切信息，可以让设计师自动地创建车间详图及各类材料报表。同以前的二维技术相比，Tekla Structures 可以显著地提高工作效率及工作精度，大幅度地提高生产力。Tekla Structures 为设计师提供了各种各样非常易用的工具，以及庞大的节点库，满足设计过程中各类连接的需要，它们都可以简单地通过自动连接及自动默认功能安装到结构上面。

Tekla Structures 的图形界面使设计师可以立即用它进行详图设计，且又快又容易。它是一套基于 Windows 的系统，所以其界面非常友好很容易上手。Tekla Structures 在图形界面中提供了可以自定义、浮动的图标及工具条，可以为设计师提供快速搭建结构模型的各种工具。此外，动态缩放以及拖动功能可以让设计师从近距离以任意角度来检查所创建的模型，无限次撤销功能为设计师提供任意次改正错误的机会。同时，相关联的“帮助”菜单能够协助设计师找到任何所需的链接。

使用最新的 OpenGL 技术，Tekla Structures 使设计师可以以多种模式显示创建的模型。比如，可以切实地旋转模型或在模型中“飞行”。不管模型有多大，都可以无限制地设置显示视图，检查模型中的每一个部件。不同于其他的模型系统，Tekla Structures 让设计师能够真正地在三维空间中建造模型。

Tekla Structures 拥有全系列的连接节点，可以立即提供准确的节点参数，从简单的端板连接、支撑连接到复杂的箱型梁和空间框架都可以完成。如果想要创建一个独特的节点，设计师只需简单地对已有的节点进行修改或是搭建一个自己的，然后就可以将其保存在自己的节点库中，以供将来使用。Tekla Structures 全新的自动连接功能使得安装节点比以前更容易，设计师可以独立、分阶段或是整个工程中来安装它们，不管怎么用，结果都会立即显现出来，节约了大量的时间。这在搭建比较大的项目，用到多种节点的时候特别有用。此外，Tekla Structures 的节点校核功能可以让设计师检查节点的设计错误，校核的结果以对话框的形式显示在屏幕上，同时生成以一个可以打印的 HTML 文档，其中显示有节点的图形以及计算书。

协同工作方面，Tekla Structures 支持多个用户对同一个模型进行操作。当设计师需要建造大型项目时，多用户模式可以真正做到协同工作。设计师们可以在同一时刻对同一模型进行操作，即使他们位于不同的地点。这一强大的功能可以大大地节约时间，提高设计品质。Tekla Structures 包含有一系列的同其他软件的数据接口（比如 AutoCAD、PDMS、Microstation、Frameworks Plus 等），它也集成了最新的 CIMsteel 综合标准 CIS/2，这些接口使得在设计的全过程中都能快速准确地传递模型。与上下游专业间有效的互联和互通可以使设计师整合设计的全过程，从规划、设计，直到加工、安装，这样的数据交流可以极大地提高产量，降低成本。

Tekla Structures 能够自动创建图纸和报表，设计师可以创建从总体布置图到任意样式的材料表。图纸编辑器中集成了全交互式的编辑工具，所以设计师的图纸永远可以被调整到最优状态。同时，图纸复制功能能够复制复杂的图纸风格，全面提高设计产量。由于中央数据库位于 Tekla Structures 的核心部位，不管设计师如何进行修改，报表、图纸永远都是最新的。其最显著的优点之一是可以非常容易地进行修改，不需要在模型中删除任何构件，只要选中然后修改构件即可。此外，基于 BIM 的三维模型非常智能，它会自动对模型的修改作出调整，例如，如果修改了一根梁或者柱的长度或位置，Tekla Structures 会识别出该项改动，然后自动对相关的节点、图纸、材料表以及数控数据作出调整。

Tekla Structures 虽然是一种强大的设计工具，但针对它的全部功能，在学习和充分利用上却是相当复杂的。其参数化单元的能力令人印象深刻，但工作强度上需要具有更高水平的用户来操作。虽然 Tekla Structures 可以从其他应用软件中导入复杂曲面对象，但这些被导入的对象只能被引用却不能被编辑，此外，它的价格也相对昂贵。

2.5.3 BIM 施工类软件

BIM 参数模型具有多维属性，对于施工阶段，4D 模型的虚拟施工与 5D 模型的造价功能使建设项目各参与方能够更清晰地预见、控制和管理施工进度与工程造价，常见的 4D、5D 应用软件如下。

1. Navisworks Manage

Navisworks Manage 软件是 Autodesk 公司开发的用于施工模拟、工程项目整体分析以及信息交流的智能软件，其具体的功能包括模拟与优化施工进度、识别和协调冲突与碰撞、使项目参与方有效地沟通与协作，以及在施工前发现潜在的问题。Navisworks Manage 软件与 Microsoft Project 具有互用性，在 Microsoft Project 软件环境下创建的施工进度计划可以被导入到 Navisworks Manage 软件中，再将每项计划工序与 3D 模型的每一个构件一一关联，轻松实现施工模拟过程。

2. Project Wise Navigator

Project Wise Navigator 软件是 Bentley 公司于 2007 年发布的施工类 BIM 软件。Navigator 为管理者和项目组成员提供了协同工作的平台，他们可以在不修改原始设计模型的情况下，添加自己的注释和标注信息。Navigator 是一个桌面应用软件，它可以让用户可视化和交互式地浏览那些大型、复杂的智能 3D 模型。用户可以很容易并快速地看到设计人员提供的设备布置、维修通道，以及其他关键的设计数据。

Navigator 的功能还包括碰撞检查，能够让项目建设人员在施工前进行虚拟施工，尽早发现实际施工过程中的不当之处，可以降低施工成本，避免重复劳动和优化施工进度。

3. Visual Simulation

Visual Simulation 软件是 Innovaya 公司开发的一款 4D 进度规划与可施工性分析软件，与 Navisworks 相似之处在于其能与 Revit 软件创建的模型相关联，且由 Microsoft Project 或 Primavera 进度计划软件所创建的施工进度计划可以导入到 Visual Simulation 软件中。用户可以方便地单击 4D 建筑模拟中的建筑对象，查看在甘特图中显示的相关任务，反之亦可。Visual Simulation 施工模拟可以有效地加强项目各参与方的沟通与协作，优化施工进度计划，为缩短工期、降低造价提供了帮助。

4. Synchro 4D

Synchro 4D 是一款年轻但功能强大的 4D 软件，具有比其他同类 4D 软件更加成熟的施工进度计划管理功能，可以为整个项目的各参与方（包括业主、建筑师、结构师、承包商、分包商、材料供应商等）提供实时共享的工程数据。工程人员可以利用 Synchro 4D 软件进行施工过程可视化模拟、安排施工进度计划、实现高级风险管理、同步设计变更、实现供应链管理以及造价管理。Synchro 4D 软件能与 SolidWorks、Google SketchUp 以及 Bentley 软件创建的模型相关联，且由 Microsoft Project、Primavera、Asta Powerproject 进度计划软件创建的施工进度计划同样可以导入到该 4D 软件中。

5. Visual Estimating

Visual Estimating 软件是 Innovaya 公司开发的一款针对工程造价的应用软件，结合该公司开发的 Visual Simulation 4D 软件，即可实现 5D 项目管理功能。Visual Estimating 软件可以与 Sage Timberline 工程造价软件相协作，且由 Revit 软件和 Tekla 软件各自创建的 BIM 模型均可导入其中。其具体功能包括自动计算工程量，以及定义装配件的组成等。

6. Virtual Construction

Virtual Construction 软件套装是一款高度集成的为施工单位服务的 5D 管理工具，其套装包括 VICO Constructor（建模）、VICO Estimator（概预算）、VICO Control（进度控制）、VICO 5D Presenter（5D 演示工具）、VICO Cost Manager（造价管理）、VICO Change Manage（变更管理）。

2.5.4 BIM 其他软件

1. 建模类软件

在 2D 建模软件中，使用范围最广的 2D 建模类软件是 Autodesk 的 AutoCAD 和 Bentley 的 MicroStation。在 3D 建模类软件中，常用的与 BIM 核心软件具有互用性的软件有 Google SketchUp、Rhino 和 FormZ。

2. 可视化类软件

基于创建的 BIM 模型，与 BIM 具有互用性的可视化软件可以将其可视化的效果输出，常用的软件包括 3ds Max、Artlantis、Lightscape 与 AccuRender 等。

3. 分析类软件

结构分析软件是目前与 BIM 核心建模软件互用性较高的软件，两者之间可以实现双向信息交换，即结构分析软件可对 BIM 模型进行结构分析，且分析结果对结构的调整可以自动更新到 BIM 模型中。与 BIM 核心建模软件具有互用性的结构分析软件有 ETABS、STAAD、SAP2000、PKPM、YJK 等。

此外，可持续发展分析软件可以对项目的日照、风环境、热工、景观可视度、噪音等方面做出分析，主要软件有国外的 Ecotect、IES、GBS，以及国内的 PKPM 等。水暖电等设备和电气分析软件国内有鸿业、博超等，国外有 Design Master、IES Virtual Environment、Trane Trace 等。

4. 造价类软件

造价类软件利用 BIM 模型提供的信息进行工程量统计和造价分析，由于支持 BIM 模型结构化数据，基于 BIM 技术的造价管理软件可以根据工程施工计划动态提供造价管理需要的数据，这其实类似于 BIM 技术的 5D 应用。国外的 BIM 造价管理软件有 Innovaya 和 Solibri，国内最具代表性的是鲁班、广联达、斯维尔。

上述介绍的 BIM 系列软件均汇总在表 2-2 至表 2-4 中，当然还有其他支持 BIM 的软件在表中可能没有列出，读者有兴趣的话可以查阅相关资料或参阅相关软件公司网站的介绍。

表 2-2 BIM 设计类软件

公司	软件名称
Autodesk	Architecture（建筑）、Structure（结构）、MEP（机电管道）
Bentley	Architecture（建筑）、Structural（结构）、Building Mechanical Systems（机）、Building Electrical Systems（电）、Facilities（设备）、Power Cilvil（场地建模）、Generative Components（设计复杂造型）、Interference Manager（碰撞检查）
PKPM	Architecture（建筑）、Structure（结构）、MEP（机电管道）、Energy（节能）
YJK	Structure（结构）、Foundation（基础）、Masonry（砌体）、Drawing（施工图）
Graphisoft	ArchiCAD
Gery Technology	Digital Project
Tekla	Xsteel、Tekla Structure

表 2-3 BIM 施工类软件

公司		软件名称
4D	Autodesk	Navisworks
	Bentley	Project Wise Navigatior
	Innovaya	Visual Simulation
	Synchro	Synchro 4D
	Common Point	Project 4D Construct Sim
5D	Innovaya	Visual Simulation + Visual Estimating
	VICO Software	Virtual Construction

表 2-4 BIM 其他类软件

公司			软件名称
建模类	2D	Autodesk	AutoCAD
		Bentley	MicroStation
	3D	Google	SketchUp
		Rhino Software	Rhino
		AutoDesSys	FormZ
可视类	Autodesk		3ds Max、Lightscape
	Abvent		Artlantis
	Robert McNeel		AccuRender
分析类	可持续	Autodesk	Ecotect、Green Buiding Studio
		IES	IES（Illuminating Engineering Society）
		中国建研院	PKPM
	机电	Design Master	Design Master
		IES	IES Virtual Environment
		Trane	Trane Trace
		鸿业科技	鸿业 MEP 系列软件
		北京博超	博超电气设计软件
	结构	CSI	ETABS
		REI	STAAD
		Autodesk	Robot
		中国建研院	PKPM
		盈建科软件	YJK
	造价	鲁班软件	Luban
		广联达	GCL

思 考 题

2-1 BIM 标准有哪些？你如何认识这些标准？

2-2 什么是 IFC 标准？其目标是什么？

2-3 简述 IFC 标准的数据模型结构。

2-4 什么是 IDM、IFD？它们与 IFC 之间有什么关系？

2-5 什么是参数化建模？其主要特征是什么？

2-6 为什么 BIM 会采用参数化建模形式？

2-7 结合所学知识阐述不同 BIM 应用软件之间（比如 Revit、ArchiCAD）是否可以直接交换和共享数据信息？

2-8 为什么有些软件诸如 AutoCAD、3ds Max 等不能称为 BIM 设计工具？

2-9 国际上支持 BIM 的主要应用软件有哪些？分别具备什么特征？

2-10 国内有哪些软件目前可以支持 BIM？谈谈你对这些软件与 BIM 联系的看法。

2-11 请结合所学知识阐述传统基于 2D 图纸的设计和施工方法是否会因为 BIM 的出现而失去其作用呢？

参 考 文 献

[1] NBIMS. National BIM standard of United States [EB/OL]. [2016-01-20]. http://www.nationalbimstandard.org/.

[2] gbXML. Green building XML schema [EB/OL]. [2015-12-18]. http://www.gbxml.org/.

[3] BuildingSMART. Open BIM and standards [EB/OL]. [2015-06-24]. http://www.buildingsmart.org/.

[4] Anders Moller, Michael I. Schwartzbach. An introduction to XML and web technologies [M]. Boston: Addison-Wesley, 2006: 3-56.

[5] Chuck Eastman, Paul Teicholz, Rafael Sacks, et al. BIM handbook [M]. Hoboken: John Wiley & Sons, Inc, 2011: 31-97.

[6] Karen M. Kensek. Building information modeling [M]. London: Routledge Taylor & Francis Group, 2014: 200-251.

[7] 何关培. BIM 总论 [M]. 北京：中国建筑工业出版社，2011：44-78.

[8] 何关培，黄锰钢. 十个 BIM 常用名词和术语解释 [J]. 土木建筑工程信息技术，2010，2（2）：112-117.

[9] 何关培，李刚. 那个叫 BIM 的东西究竟是什么 [M]. 北京：中国建筑工业出版社，2011：10-64.

[10] 何关培. 那个叫 BIM 的东西究竟是什么（2）[M]. 北京：中国建筑工业出版社，2012：7-35.

[11] 葛清. BIM 第一维度——项目不同阶段的 BIM 应用 [M]. 北京：中国建筑工业出版社，2013：124-207.

[12] 何关培. 实现 BIM 价值的三大支柱——IFC/IDM/IFD [J]. 土木建筑工程信息技术，2011，3（1）：108-116.

[13] 何关培. 我国 BIM 发展战略和模式探讨（二）[J]. 土木建筑工程信息技术，2011，3（3）：112-117.

[14] 何关培. 我国 BIM 发展战略和模式探讨（三）[J]. 土木建筑工程信息技术，2011，3（4）：112-117.

[15] 何关培. 中国 BIM 标准个人思考（一）[J]. 土木建筑工程信息技术，2012，4（3）：56-61.
[16] 何关培. 中国 BIM 标准个人思考（二）[J]. 土木建筑工程信息技术，2013，5（2）：107-112.
[17] 刘广文，牟培超，黄铭丰. BIM 应用基础 [M]. 上海：同济大学出版社，2013：21-65.
[18] McGraw Hill. The business value of BIM for construction in major global markets [R]. New York: McGraw Hill Construction, 2014: 19-58.
[19] McGraw Hill. The business value of BIM for owners [R]. New York: McGraw Hill Construction, 2014: 15-54.
[20] 郑国勤，邱奎宁. BIM 国内外标准综述 [J]. 土木建筑工程信息技术，2012，4（1）：32-34.
[21] 邱奎宁，张汉义，王静，等. IFC 标准及实例介绍 [J]. 土木建筑工程信息技术，2010，2（1）：68-72.
[22] 邱奎宁. IFC 标准在中国的应用前景分析 [J]. 建筑科学，2003，19（2）：62-64.
[23] 王珺. BIM 理念及 BIM 软件在建设项目中的应用研究 [D]. 成都：西南交通大学，2011：16-38.
[24] Mikael Laakso, Arto Kiviniemi. The IFC standard: a review of history, development, and standardization [J]. Journal of information technology in construction (ITcon), 2012, 9: 134-161.
[25] 林良帆. BIM 数据存储与集成管理研究 [D]. 上海：上海交通大学，2013：21-64.
[26] 张洋. 基于 BIM 的建筑工程信息集成与管理研究 [D]. 北京：清华大学，2009：5-78.
[27] 刘照球. 基于 IFC 标准建筑结构信息模型研究 [D]. 上海：同济大学，2010：19-111.
[28] 胡振中. 基于 BIM 和 4D 技术的建筑施工冲突与安全分析管理 [D]. 北京：清华大学，2009：12-91.
[29] Autodesk. BIM overview and Revit software [EB/OL]. [2015-09-18]. http://www.autodesk.com.cn/solutions/bim/overview/.
[30] Bentley. Solutions for infrastructure professionals [EB/OL]. [2014-12-23]. http://www.bentley.com/.
[31] Tekla. Tekla Structures BIM software [EB/OL]. [2015-03-19]. https://www.tekla.com/products/tekla-structures.
[32] Graphisoft. BIM product and Archicad [EB/OL]. [2015-04-14]. http://www.graphisoft.cn/bim/product/.
[33] 何关培. BIM 和 BIM 相关软件 [J]. 土木建筑工程信息技术，2010，2（4）：110-117.
[34] 张建平，郭杰，王盛卫等. 基于 IFC 标准和建筑设备集成的智能物业管理系统 [J]. 清华大学学报（自然科学版），2008，48（6）：940-942.
[35] 刘照球，李云贵，吕西林. 基于 IFC 标准结构工程产品模型构造和扩展 [J]. 土木建筑工程信息技术学报，2009，1（1）：19-25.
[36] 周玉石. 结构设计的虚拟原型技术与应用研究 [D]. 上海：同济大学，2007：3-104.
[37] John Boktor, Awad Hanna, Carol C. Menassa. State of practice of building information modeling in the mechanical construction industry [J]. Journal of management in engineering, 2014, 30: 78-85.
[38] PKPM. PKPM 软件设计事业部 [EB/OL]. [2015-04-16]. http://www.pkpm.cn/.
[39] YJK. YJK 建筑结构设计软件 [EB/OL]. [2015-03-21]. http://www.yjk.cn/.
[40] LUBAN. 鲁班软件 [EB/OL]. [2015-04-12]. http://www.lubansoft.com/.
[41] GLODON. 广联达软件 [EB/OL]. [2015-04-14]. http://www.glodon.com/
[42] Rebekka Volk, Julian Stengel, Frank Schultmann. Building information modeling (BIM) for existing buildings: literature review and future needs [J]. Automation in construction, 2014, 38: 109-127.
[43] Ulrich Hartmann, Petra von Both. A model-driven approach to the integration of product models into cross-domain analyses [J]. Journal of information technology in construction (ITcon), 2015, 20: 253-274.

第3章

BIM 协同设计与可视化

本章主要内容

1. 介绍了信息集成的概念、模式、方法，以及几种 BIM 集成产品模型，并阐述了 BIM 的信息交换模式，包括各种交换格式和方法。

2. 介绍了协同设计的概念、模式和内涵，并阐述了 BIM 协同设计中信息传递特征、支撑要素，以及协同设计的优势等。

3. 介绍了虚拟现实技术和可视化技术的概念、特征，以及应用领域，并阐述了 BIM 可视化在设计、节能分析、虚拟施工、智慧城市中的应用状况和作用。

3.1 概述

当前，中国工程建设领域计算机辅助设计技术的应用已经很普遍，各种 CAD 软件以及专业分析软件的应用也已非常成熟，这极大地提高了工程的建设效率，缩短了建设周期。但在信息交换、协同与可视化方面，仍缺乏统一的信息表达标准和通用的协同技术方案，常常造成同一项目不同专业之间的数据信息难以交换和共享。在中国，基于信息集成技术的研究和相应的软件开发与欧美等国家相比，仍相对滞后。

信息共享与协同工作是 BIM 的核心理念，工程建设领域对于建筑信息模型 BIM 的应用，可以促进工程生命期内各种信息源的有效集成和共享。BIM 的思想是实现工程生命期过程中各个阶段不同专业的信息交换与共享，但目前针对 BIM 技术的应用大多局限于工程项目生命的早期阶段，也就是建设阶段的勘察、设计、施工、工程管理等环节，对于如何实现真正意义上面向工程全生命期信息集成和协同工作的研究仍缺乏成熟的解决方案。

信息集成（information integration）技术是伴随着计算机技术的发展应运而生的，是把不同来源、格式、特点和性质的数据在逻辑上或物理上有机地集中，从而为企业提供全面的信息共享，通常包含数据的集成、整合、融合、组合等含义，是协同工作能够正常进行的前提。企业实现信息共享，可以使更多的人更充分地使用已有数据资源，减少资料收集、数据采集等重复劳动和相应费用。但是，在实施信息共享的过程当中，由于不同用户提供的数据可能来自不同的途径，其数据内容、数据格式和数据质量千差万别，有时甚至会遇到数据格式不能转换或数据转换格式后信息丢失等棘手问题，严重影响了信息在各部门和各软件系统中的流动与共享。因此，如何对信息进行有效的集成管理已成为增强企业商业竞争力的必然选择。

由于现代企业的飞速发展和企业逐渐从一个孤立节点发展成为不断与网络交换信息和进行商务事务的实体，企业数据交换也从企业内部走向了企业之间，同时，数据的不确定性和频繁变动，以及这些集成系统在实现技术和物理数据上的耦合关系，导致一旦应用发生变化或物理数据变动，整个体系将不得不随之修改，因此，信息集成将面临如何适应现代社会发展的复杂需求、有效扩展应用领域、分离实现技术和应用需求、充分描述各种数据源格式以及发布和进行数据交换等问题。

协同工作是 BIM 价值实现的核心理念，也是建筑业技术更新的一个重要方向，其中的协同设计在工程建设早期阶段具有重要意义。协同设计 CD（Cooperative Design）一词的概念是由欧美国家的建筑设计事务所在 20 世纪 80 年代末、90 年代初所提出的，最早的英文表达为“Synergic Design”。当时，随着计算机技术在建筑业的应用，欧美国家的建筑设计事务所在长期的实践工作中发现如果能够将不同专业的工作连接在一起，不仅可以减少专业间的矛盾产生，提高设计效率，更重要的是可以缩短项目设计时间，最终降低设计成本。

协同设计有两个技术分支，其一主要适合于大型公共建筑、复杂结构的三维 BIM 协同，其二主要适合于普通建筑及住宅的二维 CAD 协同。通过协同设计，建立统一的设计标准，包括图层、颜色、线型、打印样式等。在此基础上，所有设计专业人员在一个统一的平台上进行设计，从而减少现行各专业之间（以及专业内部）由于沟通不畅或沟通不及时导致的错、漏、碰、缺现象，真正实现所有图纸信息元的单一性，实现一处修改其他处处自动修改，提升设计效率和设计质量。同时，协同设计也对设计项目的规范化管理起到了重要作用，包括进度管理、设计文件统一管理、人员负荷管理、审批流程管理、自动批量打印、分类归档等。

可视化（visualization）是利用计算机图形学和图像处理技术，将数据转换成图形或图像在屏幕上显示出来，并进行交互处理的理论、方法和技术。它涉及计算机图形学、图像处理、计算机视觉、计算机辅助设计等多个领域，成为研究数据表示、数据处理、决策分析等一系列问题的综合技术。目前正在飞速发展的虚拟现实技术就是以图形图像的可视化技术为依托的。

研究人员对计算机可视化技术的研究已经历了一个很长的历程，而且开发了许多可视化工具，其中美国 SGI 公司推出的 GL 三维图形库表现突出，易于使用而且功能强大。利用 GL 开发出来的三维应用软件颇受许多专业技术人员的喜爱，这些三维应用软件已涉及建筑、产品设计、医学、地球科学、流体力学等领域。随着计算机技术的继续发展，GL 已经进一步发展成为 OpenGL，OpenGL 已被认为是高性能图形和交互式视景处理的标准，包括 AT&T 公司的 UNIX 软件实验室、IBM 公司、DEC 公司、SUN 公司、HP 公司、Microsoft 公司和 SGI 公司在内的几家在计算机市场占领导地位的大公司都采用了 OpenGL 图形标准。

虚拟现实（Virtual Reality），简称 VR 技术，也称人工环境，是利用计算机模拟产生一个三维空间的虚拟世界，提供给用户关于视觉、听觉、触觉等感官的模拟，让用户身临其境般，可以及时、没有限制地观察三维空间内的事物。用户进行位置移动时，计算机可以立即进行复杂的运算，将精确的三维世界视频传回产生临场感。该技术集成了计算机图形、计算机仿真、人工智能、感应、显示及网络并行处理等技术的最新发展成果，是一种由计算机技术辅助生成的高技术模拟系统。

3.2 BIM 信息集成与交换

3.2.1 BIM 信息集成

协同工作的重要基础是信息的有效集成。工程实施过程中各专业产生的数据信息具有独特性、复杂性、易变性、动态性等特点，如何实现这些信息的有效集成，数字技术、通信技术、网络技术、电子商务技术、数据库及数据挖掘技术都是必不可少的手段。例如，通过网络技术在不同企业间开发基于 Web 网页共享信息的协同工作机制。工程实施企业根据自身所负责的工程任务建立本企业的 Web 网站，将本企业所担负任务的各种信息和 Web 应用系统通过超级链接机制按照一定的逻辑结构组织起来，再由协同设计发展企业建立一个总的项目主页，该主页包含可链接至其他协作企业 Web 站点的超链接，从而以 Web 超链接机制将产品协同设计过程中的各种信息集成为一个有机的整体，各协作企业的工作人员通过 Web 浏览方式即可方便地获取自己所关心的各种信息。

还如，一种基于 Web Services 技术面向建筑企业的信息化集成模型平台。这种模型平台采用 Web Services 技术把建筑企业各组成单位的网上应用和服务封装成高度可集成的、基于 Web 的对象，通过一定标准实现相互调用和集成，在网上提供商务功能和商务信息。基于 Web Services 的建筑企业信息化集成模型一般体系如图 3-1 所示。

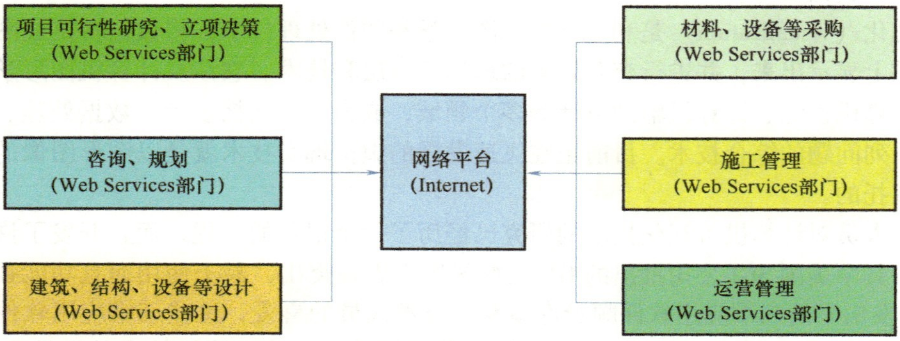

图 3-1　基于 Web Services 的建筑企业信息化集成模型一般体系

再如，基于 XML 技术用于协同设计、数据共享、数据交换标准的集成信息平台，可以解决建筑内部不同子系统数据库的异构、分散，以及信息孤岛现象。采用基于 XML 技术，可以使分布在不同地理位置的设计、检查审核、建设方等人员能参与网络协同设计，及时发现设计中存在的问题或错误，用以改进设计方案、提高设计效率。本节主要介绍基于 BIM 的信息集成方法和应用。

1. 信息集成方法

建筑业包含许多分散的企业，没有统一的组织形式，这种特点使其不同于其他工业领域，往往造成重复工作不断、生产效率低下、资源浪费严重的现象。工程项目实施过程的现状是包含不同的企业参与，例如房地产公司、建筑设计企业、建筑施工企业、材料生产厂商等，而在一个企业内部往往又包含许多不同的专业，例如在建筑设计企业里，一般包括建筑、结构、节能、造价、给排水、暖通、电器等专业参与设计工作。因此，建筑业的组织复杂性远远高于其他工业。但随着专业化、社会化组织的发展以及业务模式的发展，建筑业的这种分散组织现象正在改变，逐步向集成化的方向改善。

建筑信息的组织集成按照信息共享和协作层次的高低一般分为四个层次，即信息沟通、过程协调、事务合作以及战略协作，如图 3-2 所示。组织集成的基础是信息共享以及“共同语言”的建立。从实践上看，可从两方面来实现组织集成：一是基于 BIM 实现协同设计，二是采用工程项目总承包实现设计与施工的组织集成。这两种方式都有两个共同特点，即基于中心数据库的信息共享以及需要借助沟通与协同工作平台，如 PIP（Project Information Portal，项目信息门户）。BIM 组织集成方法如图 3-3 所示。

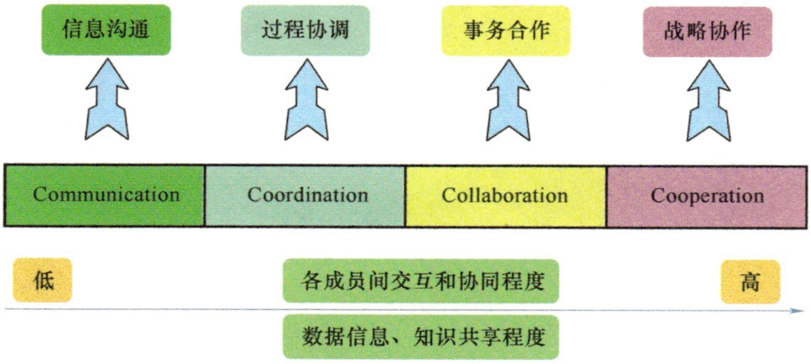

图 3-2　组织集成的四个层次

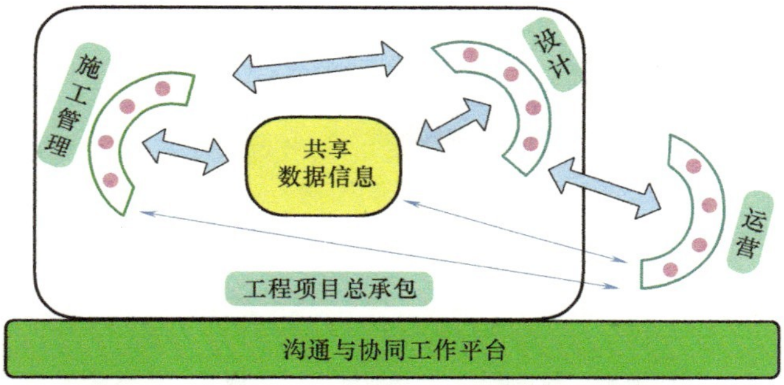

图 3-3　BIM 组织集成方法

工程生产中由于组织分散，从而造成过程分散。工程建设过程中包括数据信息处理过程和建筑生产过程，这两个过程相互联系、不可分割，并通过信息技术指导生产。过程集成的作用则是实现这两个过程的集成，通过数据信息处理过程的集成实现生产过程的集成。过程集成是过程管理 PM（Process Management）的一部分，通过过程并行化，以及过程改进和过程重组可以实现过程集成优化。在过程集成中，信息交流与共享是协同工作的关键，信息交流必须做到在正确的时间将正确的信息传给正确的人。通过过程并行是实现过程集成的一种方法，在此过程中 BIM 作为信息交流的核心内容，而沟通与协作平台（诸如 PIP、远程协作平台等）是信息交流的重要手段。因此，BIM 不仅推动了过程集成，也为过程集成提供了统一的信息模型平台，为信息交流提供了方便。

过程集成后一个突出的特点就是将会对信息的准确度、传递信息的效率以及信息的统一提出一个较高的要求，信息延误和信息失真将带来更大的损失，因此，有效的沟通与协作是过程集成后生产效率得以提高的重要条件。从这个层面上来说，组织集成是过程集成的保证。

2. 信息集成产品模型

研究涵盖工程生命期不同阶段的信息集成技术、开发相应的产品模型，对于工程生产过程中各阶段数据信息的高效管理和应用、促进不同阶段不同专业间的互协作和信息交流、降低项目成本等方面具有极其重要的意义。图 3-4 示意了涵盖工程生命期不同阶段、不同参与者（专业）的生产活动的整个过程，说明了工程生命期不同阶段生产活动持续的时间，以及在不同阶段由于设计变更等因素所造成的成本增加，由图中可以看出，随着生产阶段的后移，由变更所带来的额外造价将急剧增加。

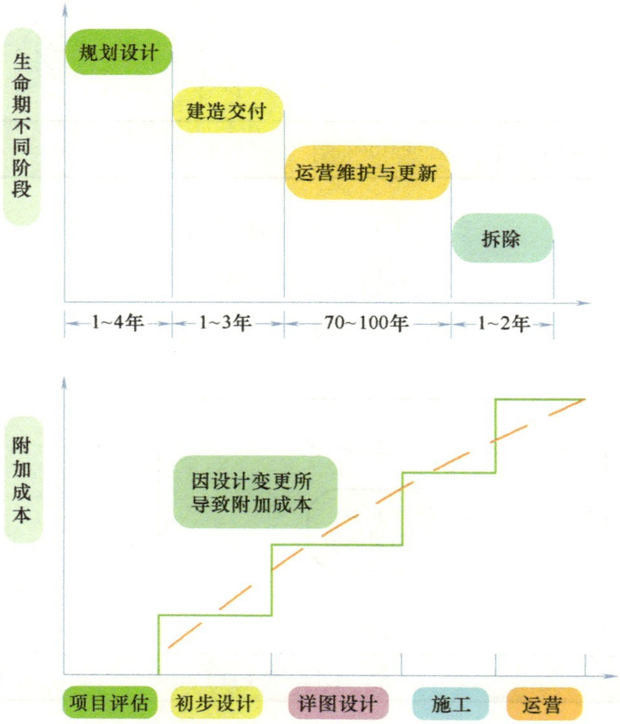

图 3-4　工程生命期跨度和设计变更导致的附加成本

为了解决以上问题，早在 20 世纪 90 年代 IFC 标准成立之前，研究者就已经开始探讨怎样利用信息集成技术去促进建筑业不同专业间的互协作，例如，1995 年英国的 Philip Iosifidis 等学者在其工程信息体系研究项目中提出的协作建造集成体系（CO-CIS，COllaborative Construction Integrated System）。CO-CIS 体系主要包含三个集成模块：支持互协作的智能对象类、集成建筑产品模型（IBPM，Integrated Building Product Model）、动态交换信息体系。智能对象类（IOC，Intelligent Object Classes）体系可以说是 IFC 标准发展的前身，可以支持不同专业间的互协作，并对数据模型的几何和拓扑信息以及不同对象间的关系进行描述，且赋予一般对象的常用属性。

支持互协作的智能对象类体系如图 3-5 所示。图中为了详细说明 IOC 的功能，以建筑单元的墙实体为例进行了阐述。一个物理格式描述的墙实体被赋予一定的建筑属性，例如与结构分析相关的承担荷载属性、与建筑设计相关的围护属性等。在墙的设计和建造过程中所涉及的专业在智能对象类模块中被定义，不同专业领域分别定义墙实体的不同性质和功能。例如，结构工程师关注的是墙实体用于结构分析的性质，诸如墙的内力、剪切强度、位置偏差、承重能力等；建筑师关注的是墙围护空间的分配、墙面材料等；施工和工程管理所关心的是墙数量和造价、施工工艺选择、建造周期、施工资源（劳动力、材料等）分配、施工进度监测与控制等。

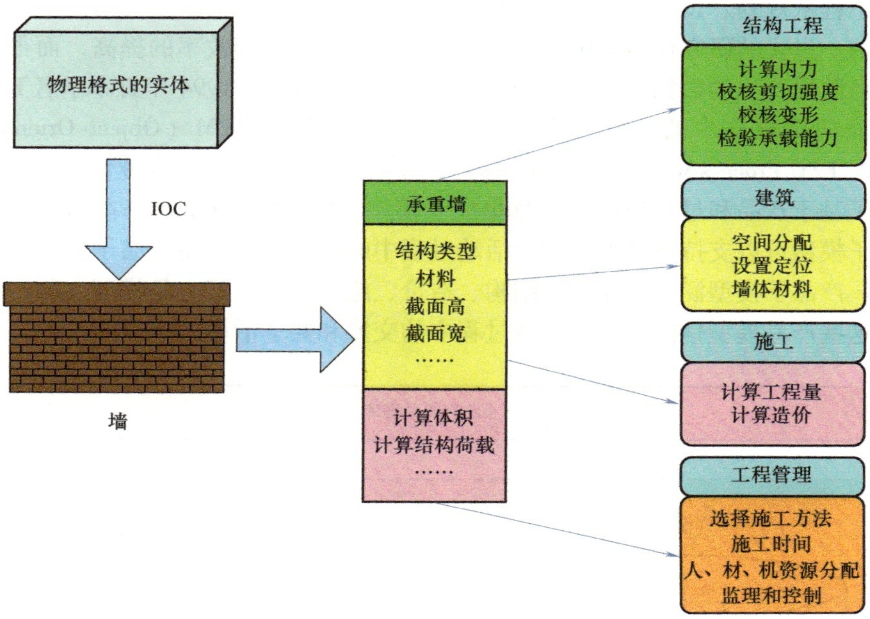

图 3-5　支持互协作的智能对象类体系

CO-CIS 体系的主要框架如图 3-6 所示。在 CO-CIS 体系中，充分集成设计信息数据库、专业属性信息数据库以及建筑产品模型，并保证三个不同模块间实时的动态交换，确保不同专业间的互协作，实现工程建造的不同过程中数据信息的高度集成。

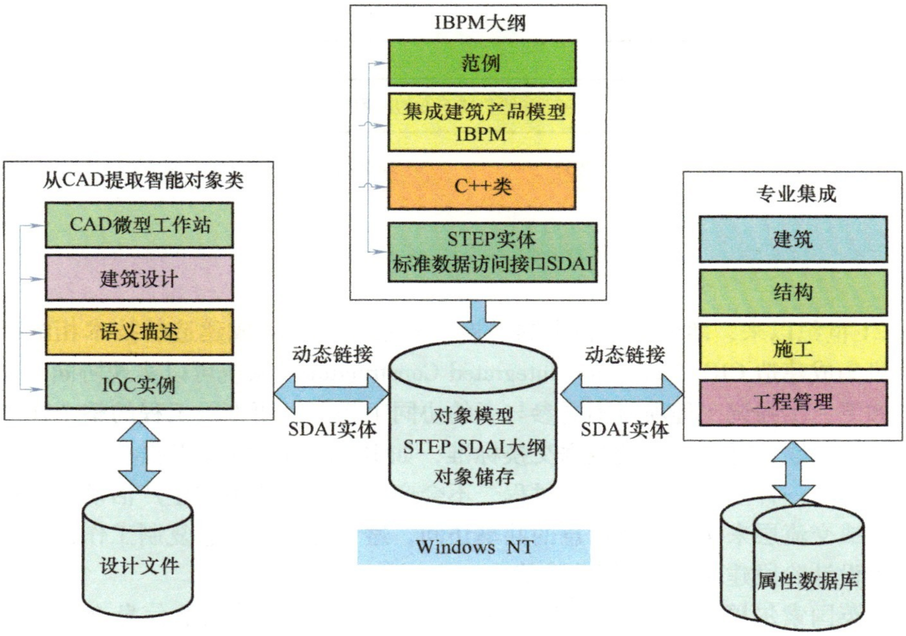

图 3-6　CO-CIS 体系架构

一项工程从规划、设计、建造到运营管理，每个阶段所产生的工程信息都是处于不断变化之中的。过去的研究往往集中于某个阶段、某个专业生产效率的提高，而很少把工程的不同生命阶段产生的数据信息看作一个整体来研究。因此，1994 年日本学者 Kenji Ito 提出了一种面向对象技术的协作和集成的工程信息模型 PMAPM（Object-Oriented Project Model for A/E/C Process with Multiple-Views），并根据工程不同参与专业信息的动态变化特点，定义了基于产品和过程的两种信息集成子模型。PMAPM 模型的基本框架如图 3-7 所示，过程子模型可以支持不同参与专业活动过程中的信息集成，而产品子模型是过程子模型的基础。产品子模型涵盖了建筑、结构、造价、施工、管理等产品模型，而过程子模型则描述了这些产品模型信息在工程建造过程中的交换和共享活动。

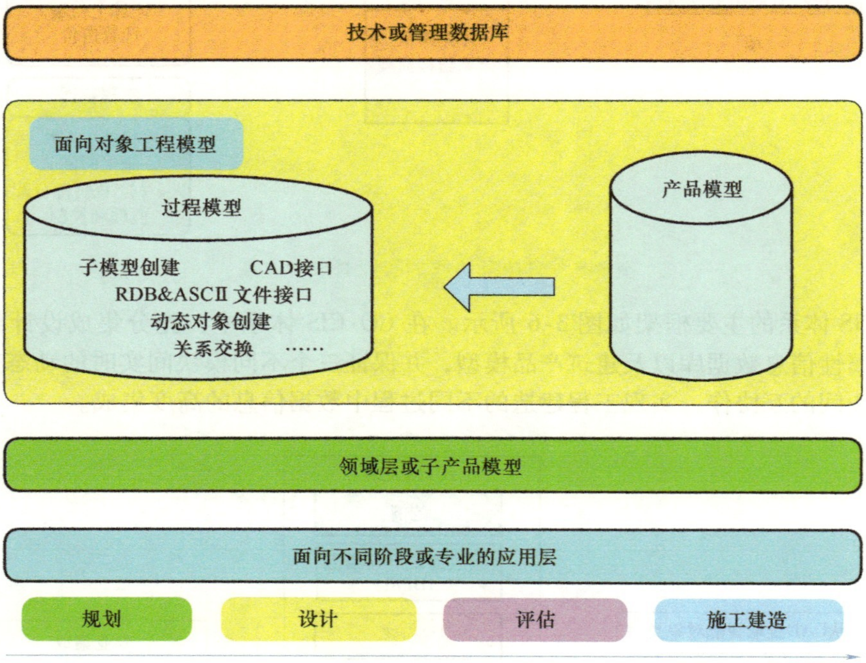

图 3-7 集成信息体系 PMAPM 模型框架

进入 21 世纪以来，随着信息技术的发展，一系列支持集成建造的技术相继产生。例如，计算机集成建造 CIC（Computer Integrated Construction）系统可以实现协同工作，该系统的特点如下：①强调工程项目不同参与者的协同工作，以便克服工程的整个建造过程中信息的不连续问题；②支持新的数据交换标准，如 IFC，用以解决工程参与者之间的数据信息交换；③是一种全新的工程建造过程，不会产生无价值的附加生产活动；④通过一个中间数据库或交流层来实现工程信息的共享访问，避免过去的信息复制工作；⑤具有虚拟现实功能和设计阶段建筑 4D 模拟建造能力。

再如，英国索尔福德大学于 2003 年提出了一种用于提高建筑业信息交流的分布式虚拟空间 DIVERCITY（Distributed Virtual Workspace for Enhancing Communication within the Construction Industry）项目，该项目的具体目标如下：①一种用于客户和建筑师之间交流和传输设计思想的工作空间；②一种包含工程不同参与者在内的、允许多专业进行设计综评的交互式设计评论空间；③允许使用者评价工程可建造性能的一种虚拟建造空间；④一种集成以上三种工作空间的软件框架，通过在网络上共享这三种空间信息来支持不同地理分布的工程团队之间的互协作。

另外，英国的 I. Faraj 等则提出了一个基于 Web 的 IFC 项目数据共享环境系统 WISPER（Web-based IFC Shared Project Environment）。该系统可以实现基于 IFC 标准的工程信息的共享，并通过 Web 技术使得处于不同地区的工程团队随时共享工程文件。WISPER 包含三层具有独立处理数据能力的结构，分别为网络用户界面、网络服务器、数据库（IFC 工程模型），该三层结构集成了工程的详图设计、基于成本估计的建筑构件、施工进度以及虚拟现实建造等信息。

韩国 Keunhyoung Lee 等提出了一种基于 IFC 标准的集成设计信息管理体系 DIMS（Design Information Management System），用以解决不同专业间信息有效集成的问题。DIMS 的基本框架如图 3-8 所示，主要包含产品模型数据库、专业数据库、CAD 体系、结构工程体系、进度体系，以及造价评估体系。这些组成部分集成于产品执行框架，用于实现不同专业间的信息共享、建筑产品模型可视化等功能。

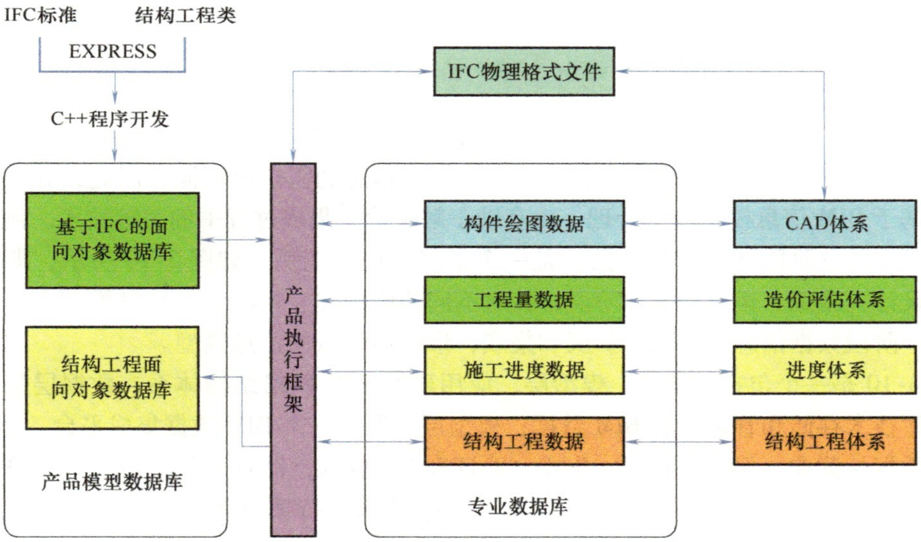

图 3-8　DIMS 框架

3. BIM 信息集成模式

基于 BIM 的信息集成最终要求是涵盖工程全生命期所有的数据信息。但数据信息的积累是和工程项目建设的不同过程紧密相连的，从工程勘察设计开始到产品运营管理，直至建筑报废，是一个漫长的过程。每个阶段都会产生相应的数据信息，随着过程的推进，数据信息也在不断积累，保持螺旋式上升，最终形成全信息模型。因此，从实际角度来看，专注于某一阶段的数据信息模型的集成则更容易实现。例如，在建筑结构设计阶段，形成建筑结构信息模型；在施工和工程管理阶段，形成施工管理信息模型；在运营管理阶段，形成运营管理信息模型等，这些将会带来很好的应用效果。但对于一个工程项目而言，模型越多越不利于信息统一集成与共享，因此，建立单一式模型是实现工程信息集成的理想方法，但单一式模型的灵活性较差。因此，BIM 信息集成实现具有不同的模式：包括建立单一式模型和分散式模型（可视为虚拟的 BIM）以及介于二者之间的共享式模型等方法，如图 3-9 所示。

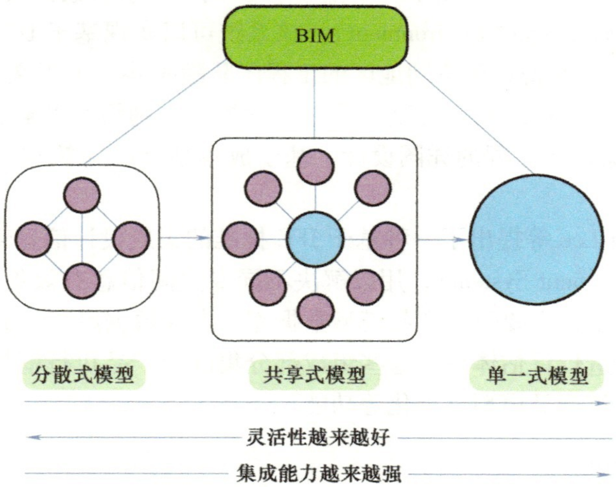

图 3-9　BIM 信息集成模式

一项工程的实施是极其复杂的过程，除了涉及众多参与专业以外，数据信息来源广泛，结构格式迥异，不同阶段的不同专业对于数据信息的需求也不同。因此，分阶段建立相应的基于 BIM 信息模型较为合理，也有助于解决信息集成过程中的关键技术。例如，提出基于 IFC 的分阶段创建 BIM 思路，是一个很好的应用范例，如图 3-10 所示，即从项目规划到设计、施工、运营等不同阶段，针对不同的应用建立相应的子信息模型，各阶段通过对上一阶段数据信息的提取、扩展和集成，形成本阶段的信息模型。

图 3-10 是一个包括数据层、模型层、应用层的 BIM 网络结构体系。数据层是利用工程数据库技术存储和管理所有 BIM 数据；模型层是通过一个 BIM 数据集成平台，实现 IFC 的模型数据的读取、保存、提取、集成、验证和 3D 显示，针对工程生命期不同阶段和应用，生成相应的子信息模型；应用层是通过网络技术支持项目各参与方分布式的工作模式，基于相应阶段的信息模型，获取所需要的数据信息，支持基于 BIM 技术的各种应用系统的数据信息交流与共享。

3.2.2 BIM 信息交换

BIM 应用中，最重要的问题就是信息（数据）交换。那么，什么是信息交换？简单来说就是把 A 软件的数据导入到 B 软件中去，看似很简单的一个问题，却一直是当前 BIM 应用和发展的瓶颈。

不同软件使用的数据模型可能千差万别，一般数据接口就像是做不同语言之间的翻译工作，很难做到数据模型的精确转换。另外，不同软件的应用目的也不同，包含的信息和数据也不尽相同。因此，针对不同来源信息的有效集成需要一种统一的交换格式，BIM 的

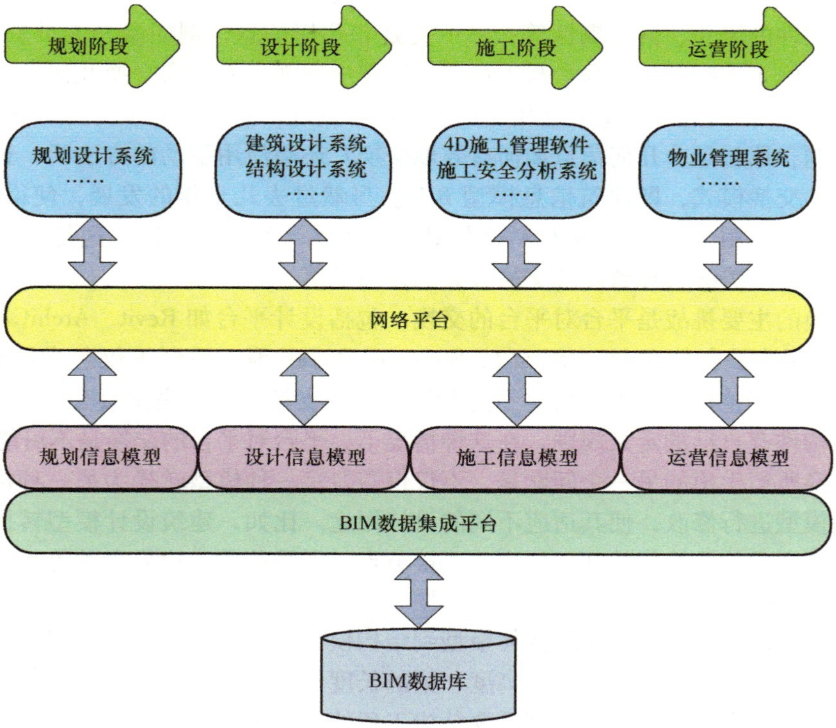

图 3-10　BIM 分阶段信息模型框架

信息互协作即是指不同应用工具之间具备信息交换的能力，能够促进工作流程变得顺畅，并加速协同工作的自动化。在基于二维的 CAD 年代，信息共享仅限于几何数据的文本交换格式，如 DXF（Drawing eXchange Format）和 IGES（Initial Graphic Exchange Specification）。其中，以应用程序接口 API（Application Programming Interface）为基础的直接交换，仍然是一种主要的途径。从 20 世纪 80 年代末开始，在以 STEP 国际标准组织为主的努力下，开发了一些数据模型用于不同企业之间产品模型信息的交换，如使用转换器可以实现从一种语言格式到另一种语言格式的模型互换，这个方面的代表是 IFC 和 XML。

在第 2 章的 BIM 标准介绍中，分别提到了 IFC 和 CIS/2，它们是当前工程行业两种主要的信息交换标准。IFC 用于工程生命期的信息管理，CIS/2 用于钢结构工程设计和制造的信息管理。此外，与 IFC 相关的 STEP 标准主要应用于机械制造、航空航天的信息管理。这三种模型标准分别代表不同类型的产品、关系、材料、性能、设计、制造和生产所需的属性。

虽然基于文本或 XML 的交换格式可以满足不同软件或不同模型之间的信息交换，但随着工程建设的规模越来越大、结构形式越来越复杂，传统的交换格式越发显得力不从心，因此通过 BIM 模型存储库协调多种应用软件的信息已变得日益重要。BIM 模型存储库的一个重要特征是允许在建筑模型层面上管理工程的数据信息，而不是文本层面。BIM 模型存储库的根本目的是协助管理一项工程中不同阶段的模型，并使之趋于统一化。

工程的设计、建造和管理是不同阶段不同专业人员参与的团队活动，每个阶段每个专业都有自己的任务和相关的应用工具，其间所产生的信息通常可以分为两类，一类是几何信息，例如构件的尺寸、截面属性等；另一类是非几何信息，例如参与人员资料、材料、造价、成本、施工进度等。工程参与人员已经习惯应用文本方式来交换几何信息，例如使用 DXF、IGES 等，而且这些交换已相当成熟，可以发现一些几何错误并加以修正。但是，存在一些问题，那就是非几何信息如何有效地交换？还是使用手动的方法吗？这就需要引入一种全新的交换模式，即建筑信息模型 BIM。虽然过去几十年的发展，使得 CAD 已经深入人心，但是使用 BIM 可以呈现多种类型的几何体、关系、属性，这是一个很大的变革，实现这种变革势必会导致传统交换方式的逐渐没落。

信息交换的主要挑战是平台对平台的交换，包括设计平台如 Revit、ArchiCAD、Digital Project，模型制造平台如 Tekla、SDS/2、Structure Works 等。平台不仅包含海量的数据，也包括保持模型完整性的规则。目前不同 BIM 平台所支持的规则集相似度是有限的，在某些平台中，构件有自己的定义规则，在这种情况下，平台对平台的交换是不可能的。

通过交换所衍生出的另一个问题是，不仅仅需要将一种模型转换为另一种格式，还需要对转换的模型进行修改，使其适应不同的设计用途。比如，建筑设计模型转换到结构设计模型时可能考虑的是构件的几何信息、连接节点、承受荷载、边界条件等，一般会忽略建筑模型中的空间、外观等信息；结构设计模型进一步转换为结构分析模型时会将具有三维的构件转换为线性模式。从建筑实体模型到结构模型，再到力学分析模型，涉及很多方面，包括处理结构规则、跨度、柱的高度、梁的长度、连接特性等，尤其是荷载信息和边界条件。从建筑概念转换为实体模型需要结构工程的专业知识，结构模型也可能以其他的形式表现，可以表现为三维有限元模型中的网格形式，此时具有更详细的几何信息。

据 2009 年 McGraw Hill 公司一篇针对 BIM 的调查报告指出，可交换性是 BIM 用户普遍认为最为重要的方面，如何实现轻松、可靠、即时的信息交换是他们最关心的问题。一般情况下，不同软件或应用工具之间的信息交换是基于两种级别的定义，如图 3-11 所示。SQL（Structured Query Language）结构化查询语言是高级的非过程化编程语言，允许用户在高层数据结构上工作，该种语言基本上不受数据库类型，以及所使用的机器、网络、操作系统等限制。基于 SQL 的 DBMS（Database Management System）数据库管理系统产品可以运行在从个人机、工作站到基于局域网、小型机和大型机的各种计算机系统上，具有良好的可移植性。此外，STEP 开发的信息建模语言 EXPRESS 也是一系列产品建模技术和构造的基础，包括诸如 IFC、CIS/2、机械制造、造船、电子产业中超过 20 种的交换模式。

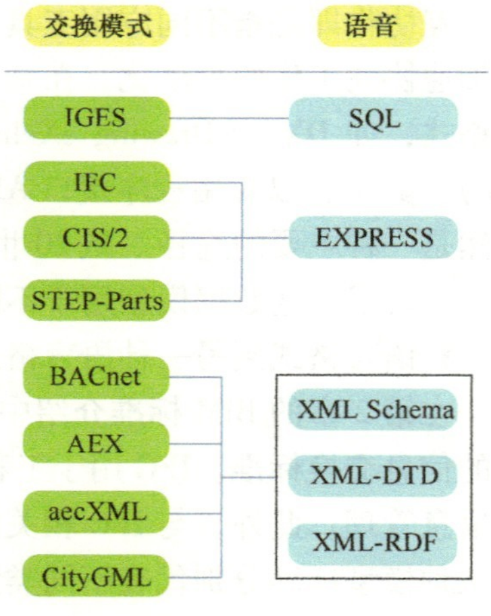

图 3-11　不同交换模式和语言

另一种大型的交换模式是由 XML 所支持，XML 是网页基础语言 HTML 的延伸，不同的 XML 可以支持不同软件之间多种类型信息的交换。AEC 行业使用 XML 结构的交换格式包括 BACnet（Building Automation and Control networks）建筑自动化和控制网络、建筑机械与控制的标准协议、AEX（Automating Equipment Information Exchange）自动化设备信息交换，以及 IFCXML、CityGML（City Geography Markup Language）城市地理标记语言、GIS（Geographical Information System）地理信息系统等，其中 GIS 可以用来表示建筑、城市规划、紧急服务和基础设施规划方面的信息交换。随着环球信息网的来临，一些不同的替代性交换模式被逐渐开发出来，利用信息封包（packets）和串流（streaming）的功能，可以一边接收信息的封包，一边进行信息的处理，而不需要等到完整的信息传输好再进行。虽然基于文本格式的信息传输仍很普遍，但 XML 提供的串流功能依然吸引了很多用户。根据模式和语言规模的分类，交换可以分为以下三种主要方式。

（1）使用应用程序接口 API 直接连接　软件或应用工具通过这种方式获取交换的信息，并使用 API 将交换的信息写入，有的是当两种独立的软件交换信息时临时写入信息，有的是依靠从一种软件到另一种软件进行即时的交换。有些软件具有专用界面，比如 ArchiCAD 的 GDL、Revit 的 Open API 或 Bentley 的 MDL。直接连接通常在程序应用级别的界面实现，一般依靠 C++或 C#程序语言，程序应用界面使得建筑模型得以被建立、导出、修改、检查、删除等，另一种界面则用于接收这些信息的导入和调整。软件开发公司通常比较愿意提供特定的软件用于直接连接或特定交换，这是因为可以有更好的支撑，界面也可以紧密地结合，比如将一些分析工具直接嵌入到设计软件中来支撑用户某些特定的需求。

（2）专属的交换格式　这种交换格式是由商业性公司所开发的文本或串流界面，一般用于公司内部不同软件之间的信息交换，交换模式可以公开也可以保留为公司商业机密。AEC 行业最知名的专属交换格式是由 Autodesk 所定义的 DXF 数据交换格式，其他专属的交换格式包括 SAT（由 Spatial Technology 所定义，ACIS 几何体建模软件内核工具）、立体光盘刻录技术 STL，以及 3D-Studio 的 3DS，这些格式都有各自的目的，用于处理不同种类的几何体。

（3）公开的数据模型交换格式　该种交换格式主要使用一个开放的和公开管理的模式和语言，如 XML 或文本。一些产品模型支持 XML 和文本交换，如 IFC、CIS/2、ISO 15926（工业自动化系统集成的数据交换标准）皆是公开领域界面的示例。

表 3-1 罗列了 AEC 行业最常见的交换格式，并根据它们的主要用途进行了分类。这些格式包括 2D 图像（点阵）格式（以像素为主的图像）、2D 向量格式的线条绘图、3D 表面和形状格式。基于对象的 3D 格式对 BIM 的使用尤其重要，并且已根据其应用领域进行了分组。这些包括以 STEP 为基础的格式，此种格式包括 3D 形状信息、连接关系和属性，其中 IFC 建筑数据模型是最重要的。此外，也列出了各种其他格式，比如用于固定几何体、照明、纹理与行为体、动态移动几何体的交换格式，以及用于 3D 地形、土地用途、基础设施的 GIS 交换格式等。

表 3-1　AEC 行业软件的通用交换格式

交换格式	说　明
2D 图像（点阵）格式 JPG、GIF、TIF、BMP、PNG、RAW、RLE	图像格式因下列因素而异：压实度、每个像素可能的颜色数、透明度、压缩会不会导致数据丢失
2D 向量格式 DXF、DWG、AI、CGM、EMF、IGS、WMF、DGN、PDF、ODF、SVG、SWF	向量格式因下列因素而异：压实度、线格式、颜色、分层、支持的曲线类型，一些是基于文件格式，其他的使用 XML 格式

（续）

交换格式	说　明
3D 表面和形状格式 3DS、WRL、STL、IGS、SAT、DXF、DWG、OBJ、DGN、U3D、PDF（3D）、PTS、DWF	3D 表面和形状格式因表面类型和边线的表现形态而异，它们代表的无论是面或（和）实体、形状的材料属性（颜色、图像点阵图、纹理映射），还是视点信息，有些具有 ASCII 和二进位编码，有些包括照明、照相机和其他查看控制选项，有些为文件格式，有些则为 XML 格式
3D 对象交换格式 STP、EXP、CIS/2、IFC	产品的数据模型格式根据 2D 或 3D 类型的表现形态来表达几何体形状，它们也包含对象类型数据和相关属性，以及对象之间的关系。它们在信息内容上是最丰富的
aecXML、Obix、AEX、bcXML、agcXML	XML 是为建筑物数据交换而开发的模式，它们因交换的信息和支持的工作流程而异
V3D、XU、GOF、FACT、COLLADA	众多的游戏文件因表面类型不同而具有不同格式，无论它们是否具备层次结构、材料属性类型、纹理、凸凹映射参数、动画和表皮
SHP、SHX、DBF、TIGER、JSON、GML	地理信息系统 GIS 格式因 2D 或 3D、支持的数据链接、文件格式和 XML 而异

由于建筑物在整个的设计、施工和运维管理过程中，需要用到多个模型和多种应用工具，IFC 或 XML 已经成为不同应用软件之间的信息交换格式。在以往的工程建设中，每个部门或顾问团队都会有专人负责管理工程文件的版本，当建筑师或工程师对原来的设计方案进行更改时，需要专人进行协调和模型的同步化。随着工程的复杂性越来越大，由于设计变更所产生的修改信息也越来越复杂，因此通过人工方式的协调变得越来越困难。

解决这些问题的相关技术就是基于 BIM 的建筑模型库（building model repository），建筑模型库是一种服务器或数据库系统，可以汇集并改进工程文件的管理和协调。在 AEC 行业，从基于文件管理到模型信息管理方式的改变才刚刚开始。建筑模型库是新的技术，和制造业同等系统相比，具有不同的需求，它们的功能需求才刚刚被厘清。

数据库有一个重要概念，即关于“交易”的定义，交易可以保护数据库及以记忆为主的应用工具免于被损坏。从逻辑上来说在应用工具上的所有操作，都是使用当前数据集的副本。如果数据集是完好的，以数据库术语来说就是具有完整性，一直达到复制版本完整性前都不会覆盖它。当复制版本已经完整时，应用工具就可以要求进行储存修改或在数据库执行确认命令。这种交易方法是为了应付断电、硬盘损坏、程序错误和其他可能会损坏数据集的问题（但非用户错误），目前大多数应用软件仍遵循此种方法。

对 BIM 存储库的基本要求可以总结如下：①用户控制存取管道和不同级别模型粒度的读取、写入、创建功能，模型获得的粒度是很重要的，因为它代表多少的模型数据需要被保留以便用户对其进行修改；②让用户与工程文件信息相关联，可以使他们参与、存取、追踪，以及协调工作流程；③将所有原始数据模型读取、存储、写入到平台，也包括其他各种 BIM 工具所使用的衍生数据模型；④将所有原始数据模型读取、存储、写入到建筑数据模型，用于一些交换工作和案例管理；⑤支持产品数据库，用于在设计或加工制造细化阶段，将产品实体集成到 BIM 模型中；⑥管理对象实体，并根据交易规则读取、写入，以及删除它们；⑦支持存储产品规格和产品维修及服务信息，用于将竣工模型交付于业主管理；⑧存储电子商务资料，并将成本、供应商、订单装运清单等连接到 BIM 应用工具中；⑨提供终端用户模型交换能力，比如 Web 存取、FTP、PDF 和 XML 交换等；⑩管理非结构化的沟通形式，包括电子邮件、电话记录、会议记录、列表、照片、传真，以及录制等。

所有 BIM 服务器都需要支持存取、控制信息所有权，它们需要支持其应用软件领域所需要的信息范围。根据服务器不同的功能，可以归纳出 BIM 服务器市场至少有三种：①设计-工程-施工面向工程项目市场，这是核心市场，是面向工程项目的，需要支持范围广泛的应用软件，并能支持更改管理和同步化。②特定的厂房-管理市场，主要应用于工程订单产品，如钢结构制作、帷幕墙、自动扶梯和其他特定项目的预制单元，这个市场必须追踪多个工程项目，并促进这些项目之间的协调，类似于小型企业产品生命期管理系统（PLM，Product Lifecycle Management）的市场；③设备运营与维护管理的产品，例如，对设备运营状态的检测可以从设置的多个感测器中读取相关数据，且具备即时监控和覆盖设备生命期的长期监控能力。

未来十年，这些市场将逐渐成熟，以反映它们不同的用途和功能，负责管理不同类型的数据。对于上述三种市场用途中的第一种：以项目为中心的设计、工程和施工的服务器，这可能是最具挑战性的，具有许多不同的应用软件或工具。在实际操作中，每一个参与者和应用软件并不涉及建筑物设计和施工的完整性，每个参与者仅对建筑信息模型子集进行操作，即定义用于建筑模型的特定视图，同样的，集成并不是全部的，只有几个少数使用者需要知道混凝土中钢筋的配置或焊接的规格。图纸也是进行局部划分，且模型服务器将会遵循此传统，在产生同步化的地方以模型视图作为规范。如图 3-12 所示为一个理想化的 BIM 服务器，具备一般的系统架构和交换流程。

BIM 服务器的服务比较复杂，要使用不同的 BIM 工具和适当的格式储存和重建原始工程文件，以获取所需的数据和信息。如果要重建符合应用软件所需的原始数据格式，除了极少数状况以外，以中性文件的格式交换是不合适的。由于参数化建模设计工具内建行为的基本异构性，只能从原始应用工具的数据库中重新建立。因此，任何中性格式的交换信息，如 IFC 数据模型，必须由 BIM 工具生产的原始工程文件来增强或产生关联。如图 3-12 所示的需求和交换的混合格式必须要被恰当管理。

在未来的领域中，存储库被期望能够提供重要的自动化服务，包括：数据集制备及预先检查和多种分析类型，如建筑能源分析、室内能量分布、机械设备模拟、材料清单和采购追踪、施工管理、建筑物验证、设施管理及操作等。此外，这些服务器的功能也可用于检查工程项目模型，以确保它们满足信息需求，达到各项建设要求，例如建设招标模型，或完工后将模型信息传递给业主。

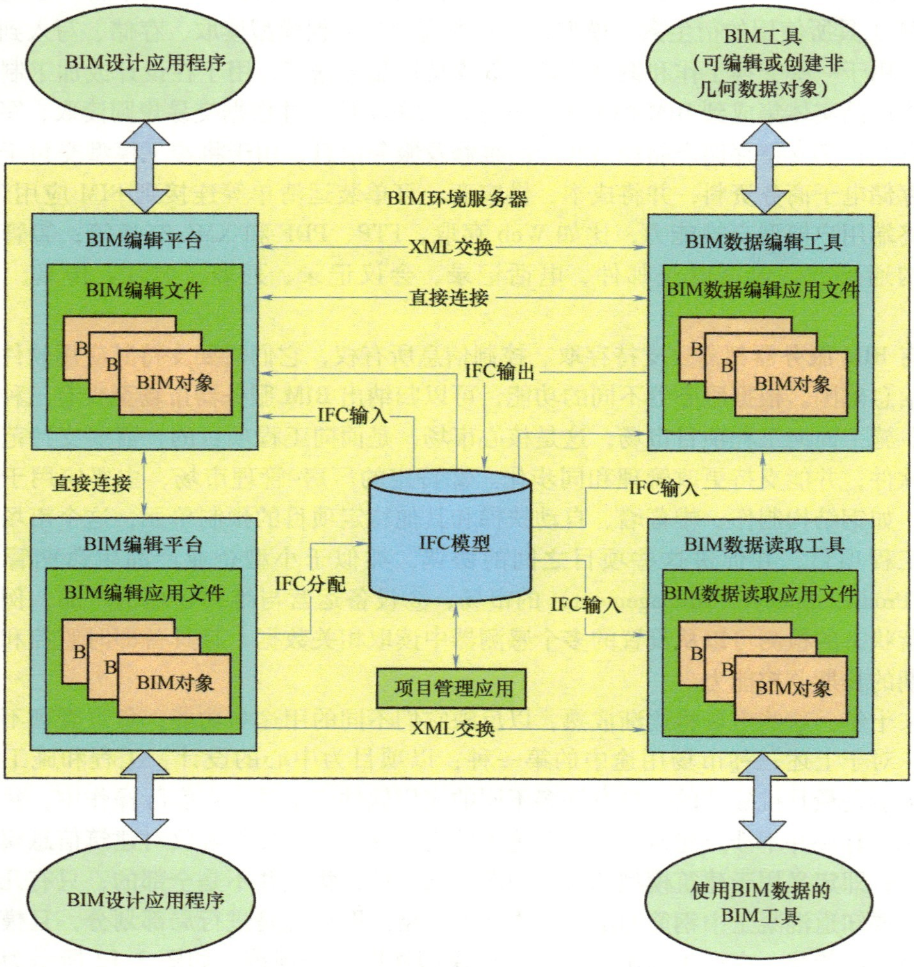

图 3-12　BIM 服务器支持信息交换的内部结构示例

3.3 BIM 协同设计

在传统的 CAD 设计过程中，设计工作者脑海中所构思的是建筑的三维形式，最终的设计结果也是对建筑三维形式的表达。但由于技术的限制，设计的主要方法是选择二维的图形并加以文字的表达来传递实际建筑的三维信息。随着技术的进步和发展，目前在设计阶段，已经实现了建筑信息的三维表达形式，或基于初期阶段 BIM 技术实现了建筑设计信息的数字式表达，但二维图形和文字表达来传递设计信息仍然是设计者主要选择的方法。为此，设计者不得不改变自己的思维方式，去制订相关的二维工程制图设计标准，去熟悉大量的二维投影表达规则。很明显，这种设计方法不利于设计信息的传递，且容易产生歧义和错误，更不利于不同专业之间信息的有效交换，人为地制造了各种信息孤岛。

近年来，随着 BIM 技术快速的发展和应用的深入，传统的以“甩图板”为目的和提高设计效率的二维 CAD 技术已经失去其优势，以 BIM 促进协同设计正成为新世纪建筑业信息化发展的标志。例如，由美国 Gensler 建筑设计事务所设计的上海中心大厦（图 3-13），总高度 632m，于 2015 年 7 月正式投入使用。该大厦采用了 BIM 协同技术，其特点是自建筑方案初期就综合各专业协同设计，特别是建筑造型与结构方案选择的协调统一成了该工程设计的一大亮点。由于建筑总高度达到 632m，风荷载的影响是结构工程师所要考虑的重要因素，因此在考虑建筑外部造型的同时，必须慎重优化结构体征，降低风荷载的作用。据估算，风荷载每降低 5%，造价将降低 1200 万美元。Gensler 事务所利用基于 BIM 的 Bentley Generative Components 参数化设计工具制作建筑表面模型，保证功能及美观的同时也将该模型用于结构风洞试验及计算分析，最终优化的结果是将风荷载降低了 32%，这相对于 2D 设计模式来说是不可能完成的。

图 3-13　上海中心大厦

3.3.1 协同设计内涵

协同设计最原始的雏形是通过建筑设计企业的管理平台，由企业技术负责人基于业主的要求，召集不同专业的设计人员，定期召开商讨会议，或通过多媒体投影介绍各自专业的工作现状，现场解决和协调各专业的矛盾。这种会议在一项工程设计阶段一般会反复进行多次，直至项目设计工作顺利完成。图 3-14 形象地展示了这种协同设计的模式，这种设计管理模式原则上来说并不能称为“协同设计”，也许可以称为“人支持的协作设计”，但这种工作模式却给计算机支持的协同设计（CSCD，Computer Supported Cooperative Design）提供了发展思路。

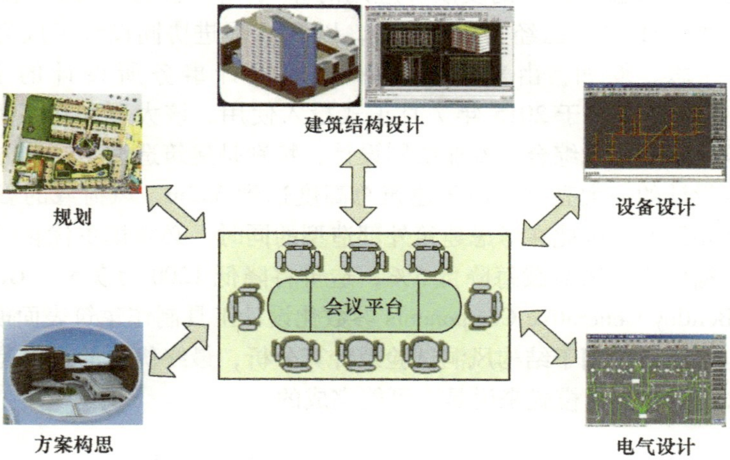

图 3-14 协同设计的初级模式

随着计算机技术的发展和信息集成技术在建筑业的应用，较为先进的协同设计是通过数据线将不同专业的设计者聚集在一起，在同一时间内去完成某项工程的设计任务，如图 3-15所示。这种模式以建筑设计为龙头，其他专业依靠建筑设计所产生的数据信息进行本专业的设计。与第一种“人支持的协同设计”模式相比较，这种模式在信息传输技术上提高了很多，但存在的问题也很明显，参与专业越多，数据传输越臃肿。上游专业传给下游专业的修改指令以及下游专业回馈的信息将会发生混乱，没有一个中间数据传输管理平台，因此造成协调困难。

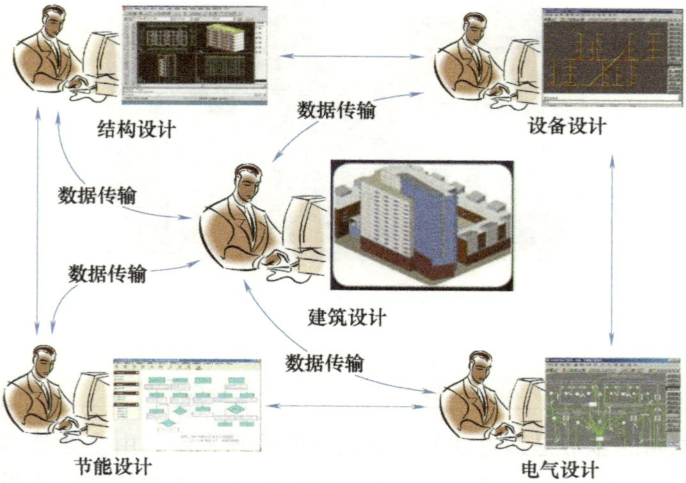

图 3-15 协同设计的中级模式

最先进的协同设计是通过中间数据管理平台，集成不同专业的设计数据信息，并通过共享所建立的中间数据信息模型（BIM）进行协同工作。这种协同设计的技术核心是要建立不同专业信息表达的统一标准（如 IFC 标准），通过这个统一标准实现信息的交流和共享，如图 3-16 所示。

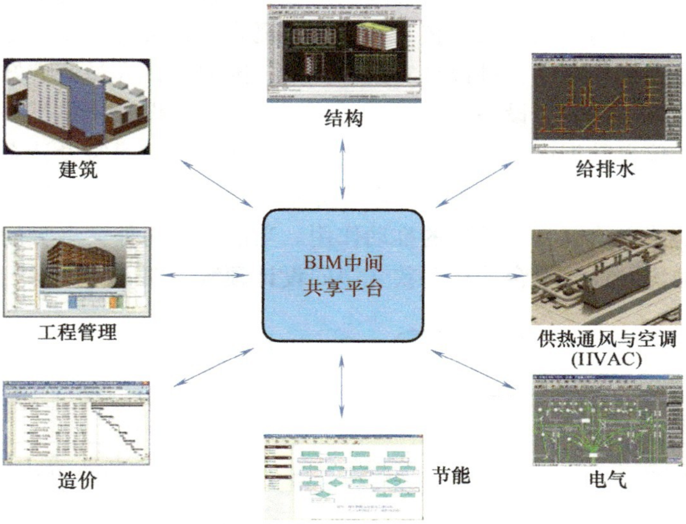

图 3-16　协同设计的高级模式

工程生命期的三个主要阶段分别为设计阶段、施工阶段和运营管理阶段，其中每个阶段都有自己独立的信息模型。对于工程设计阶段，需要耗费大量时间的子阶段是工程详图设计和施工文档的创建，而建筑的总体外观和成本基本上可以在设计的早期阶段，即概念设计子阶段确定。从专业角度透视工程的设计阶段，又可以分为建筑设计子阶段、结构设计子阶段和设备设计子阶段，这三个子阶段所产生的数字信息必须保持一致，结构设计信息模型继承建筑设计信息模型，但又相互隔离，保持各自专业的独立性。目前，从一个模型到另一个模型信息文件的导出和导入途径耗时长，且容易发生错误。例如，从建筑模型（建筑设计方案）导出到结构模型时，许多重要的非图形信息会丢失，结构设计师不得不重新去定义和描述这些非图形信息。如果建筑方案出现了变更，则大部分结构信息需要重新定义和设计，对于结构设计师来说，既耗时又耗力，始终被建筑设计方案牵着鼻子走，更谈不上有效的合作设计。

纵观设计行业使用计算机技术 30 多年以来的变化，大致可以划分为四个阶段。其中第一个阶段是利用计算机的计算能力和数据处理能力对设计文档进行归纳处理、解决复杂结构的计算问题，以及优化设计方案等；第二个阶段是充分利用计算机的绘图功能来解决人工图板绘图，提高设计效率，俗称“甩图板”革命，这一阶段大大地促进了二维 CAD 技术的发展，带动了整个产业效率的提高，并一直延续发展到今天；第三个阶段是针对复杂的建筑结构以及技术要求较高的工程项目，主要在建筑设计阶段利用计算机的三维建模技术进行设计，充分发挥三维建模渲染技术、碰撞检查等优点，这一阶段倡导了 3D 技术的应用，并推动了 4D 技术在工程管理中的发展；第四个阶段是随着网络技术的发展和高性能计算机的出现，异地、协同、虚拟设计以及实时仿真等技术开始逐步应用。展望未来，工程设计行业信息化的发展方向就是网络平台上的协同设计或者称为协同建造。

协同设计系统的主要功能可以归纳为以下几点：①共享工程信息文档；②异地协同工作，缩短时空距离；③运用多媒体通信技术促进不同地域参与者的协同；④多人在同一图纸、同一时间协同设计、编辑工作；⑤对文档处理和工程项目设计进度进行综合管理。

协同设计可以区分为广义协同和狭义协同两种概念。狭义协同设计是指企业内部集成不同专业之间共享数据信息的一种设计实践。例如，国内设计人员所熟知的 PKPM 系列设计软件，集成了建筑、结构、设备、施工、概预算等阶段的设计工作于一体，共享从建筑设计阶段就建立的信息数据库。对于狭义协同，目前在不同的建筑设计企业内部已经得以实现。从技术角度来说，由于企业内部可以充分整合设计资源，进行统一管理，因此，对于促进企业内部的狭义协同具有重要的推动作用。当前，国内外大多数的建筑设计企业和软件公司所推出的协同设计平台均属于狭义协同设计领域，图 3-17 诠释了狭义协同设计。

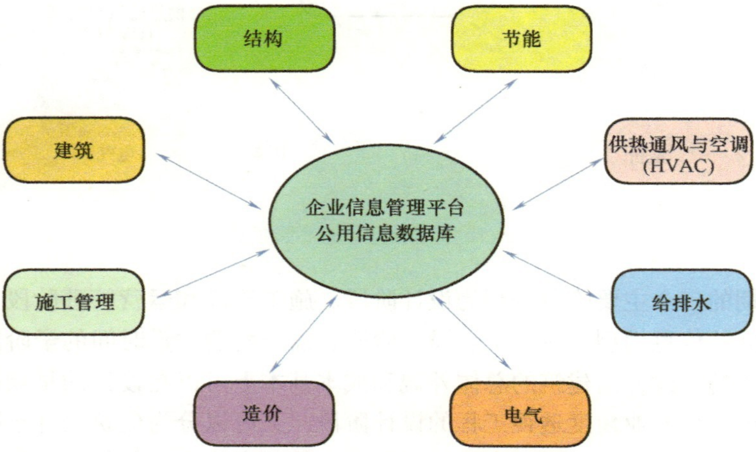

图 3-17　企业内部的狭义协同设计

广义协同设计是指不同建筑设计企业或软件公司之间能够共享数据信息、共同进行某项工程设计工作的一种实践，图 3-18 诠释了广义协同设计的概念。目前，协同设计的难点就在于广义协同设计的实现，怎样实现不同企业之间数据信息的交换和共享并制订相应的信息集成机制，正成为研究人员需要解决的技术难点。20 世纪 90 年代中期工程信息数

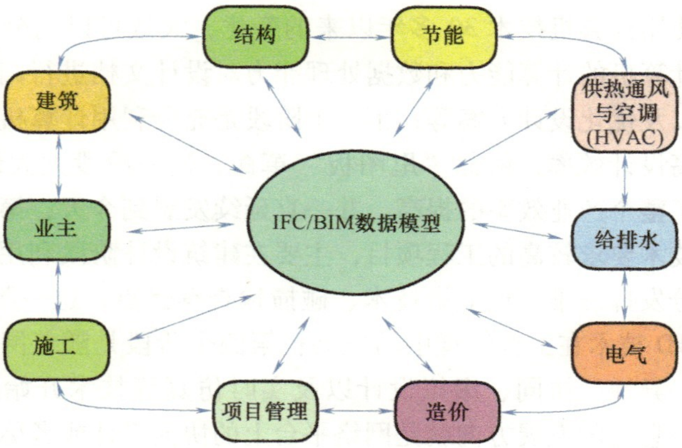

图 3-18　不同企业间的广义协同设计

据交换标准 IFC 的建立，以及 21 世纪初面向建筑全生命期 BIM 技术的应用和推广，对于推动广义协同设计实践的发展具有极其重要的作用。

对于设计公司来说，无论是实现狭义协同设计或者是促进广义协同设计的发展，都不应该只把协同设计看作是一个阶段性的工作。从更广泛的角度来说，协同设计应该是一种利用信息技术手段来提高生产力的工作。设计公司或软件开发商应该明白协同设计不是一套软件就可以解决的问题，也不应该仅仅局限于本企业内部的孤立设计过程，它必然向更广泛、更深入的层次发展。从这一点上来说，协同设计等信息技术在建筑领域的发展也越来越重要。

设计公司内部构建协同设计平台，应与企业搭建的知识管理平台紧密结合，这也是协同设计深化的一个重要方面。以知识管理为核心的信息系统，可以把企业的知识有形化、实用化、制度化、系统化以及集成化，使企业通过协作和交流，发现和创造隐性知识，分类整理、存储和管理显性知识，通过各种方式传播知识，并在工作中有效地运用知识，从而最终提高企业的市场竞争力。对于显性知识，协同设计系统可以通过知识管理平台按照不同的方式进行检索，从而实现文件资料的结构化共享，如工程图纸、文档、ISO 表单、规程规范、信息专题库、有效软件、体系文件、法律法规、自定义标准库、电子规范、动态信息库以及涉及的相关资源等。这些显性知识的共享，可以方便设计和管理人员随时浏览、下载所需的资料，并实现电子借阅、审批、分类统计、查询等工作，为提高各种知识的利用率和信息部门改进知识管理系统的效率打下基础。对于企业的隐性知识，通过协同设计过程，特别是对冲突消解过程的挖掘，可以丰富企业知识库。而这种知识的反射，会使设计人员在设计过程中得到帮助，最大限度地提高生产率和设计质量。同时，有经验的设计师可以随时把自己的知识纳入知识管理环境，久而久之，该种知识管理系统的信息量及科技含量就越来越多，价值就越来越高，交流也就会越来越广，在恰当的时间就可以将正确的知识传递给正确的人，使他们采取最适合的行动，不但可以避免重复错误和重复工作，提高生产率，最重要的是使个别专门人才的经验、知识及科技成果为整个企业所有设计人员所共用，因而设计出来的产品始终代表企业的最高水平。

协同设计的范围应该涵盖整个建筑生命期，包括从规划、设计、建造、运营到退役的整个过程。这也就要求协同工作不仅在设计公司之间进行，同时和开发商、施工单位、物业管理等相关单位都能够进行协同工作。这种协同设计要求能够跨地域、跨公司、跨时区，甚至跨国界展开，使各种相关人员，甚至在流动状态的设计人员，都可以在第一时间得到所需信息。现在协同交流的核心信息，都是通过建筑信息模型的流转来达到协同的目的，渐渐地，建筑协同方式也会向以人为中心、以社区为中心转化。在设计领域，设计师之间将会有更多的交流手段，设计团队之间、设计公司之间都能够有更直接的交流。工程项目中的每个相关人员都可以通过统一的用户界面，轻松地查找和联系其他人员，并与之进行高效地沟通与协作，每个个体产生的信息将不局限于个体本身，而会在更广泛的范围内共享。

3.3.2 BIM 促进协同设计

BIM 是数字技术在工程中的直接应用，用来解决工程产品信息在软件中的描述问题，使设计人员和工程技术人员能够对各种信息做出正确的应对，为协同工作提供坚实的基础。单从协同设计的角度来看，BIM 由于是一种基于三维模型所形成的信息数据库，所以在技术上更适合于协同工作的模式。甚至可以这样说，BIM 和协同设计是密不可分的，因为 BIM 使各专业基于同一个模型平台进行工作，从而使真正意义上的三维集成协同设计成为可能。同时，由于 BIM 可以应用于工程项目的全生命期，所以为设计企业、施工企业、开发商、物业管理公司以及各相关单位之间的合作提供了良好的协同工作基础。同时，BIM 不仅给设计人员提供一个三维实体信息模型，还提供了材料信息、工艺设备信息、进度及成本信息等，这些信息的引入使各专业均可以采用 BIM 的数据进行计算分析或者统计，使各专业间的协同达到更高的层次。BIM 信息模型的创建过程是对工程生命期数据和信息进行积累、扩展、集成与应用的过程，目的是为工程生命期信息管理而服务。工程阶段信息流和 BIM 信息传递过程如图 3-19 所示。

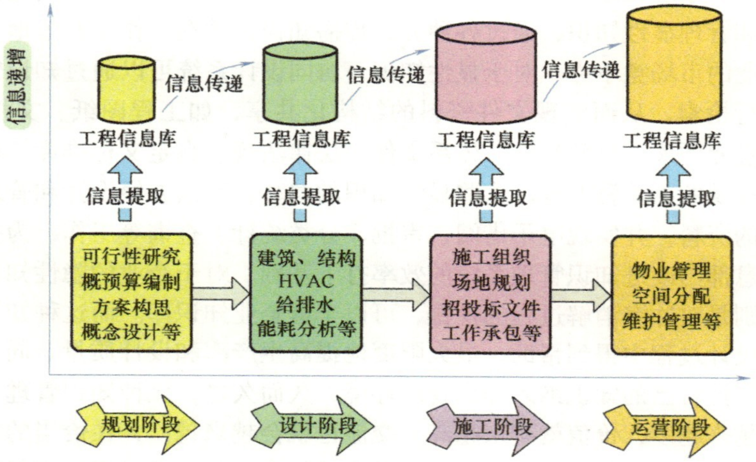

图 3-19　BIM 信息传递过程

BIM 可以促进支持工程生命期的信息管理，保证信息从一个阶段传递到另一个阶段的过程中不会发生信息流失，减少信息歧义和不一致的情况发生。建立一个面向工程生命期的 BIM 信息集成平台需要具体解决以下几方面的技术要素，如图 3-20 所示。

其一是体系支撑，BIM 的体系支撑是数据交换标准。数据交换和共享是 BIM 的重要特征，实现这一特征的基本条件是建立相应的数据交换标准。IFC 是目前在建筑领域被广泛接受和采纳的工程产品信息模型标准，除了 IFC 标准还有其他标准，如对 IFC 产品模型进行重要补充的 IFD 标准、用于定义 IFC 物理文件格式的 STEP 标准、用于定义标准数据访问接口的 SDAI 标准，以及描述信息交换过程的 IDM 标准等。

其二是技术支撑，BIM 的技术支撑是三维数字建模技术。在工程生命期不同阶段的产品数据是贯穿于项目各个阶段的核心数据，产品模型的创建只有基于 3D 模型的设计方式才能够充分发挥 BIM 带来的信息集成优势。当前主流的基于 BIM 的 CAD 软件均采取 3D 模型作为产品模型的主要表达方式。

其三是数据支撑，BIM 的数据支撑是基于数据库管理系统的数据存储和访问技术。工程整个生命周期过程包含海量的数据信息，且数据关联性复杂，包括结构化的模型数据和非结构化的文档数据。建立 BIM 工程信息数据库管理系统是实现数据存储、管理、查询和

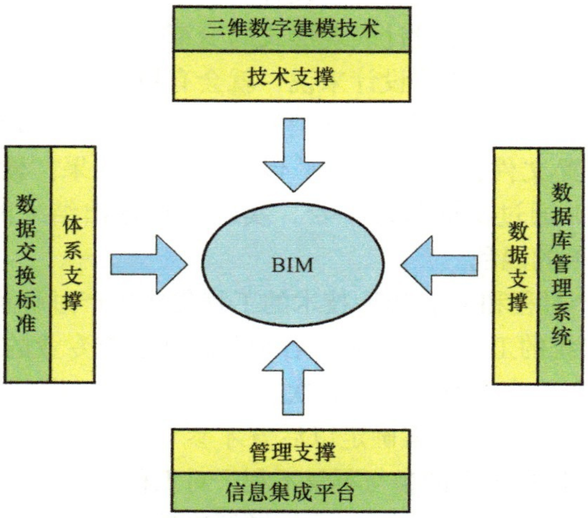

图 3-20　BIM 支撑要素

传输的基础。

其四是管理支撑，BIM 的管理支撑是信息集成平台。BIM 信息模型的创建是伴随工程的过程进展对所产生的工程信息逐步集成的过程，从决策阶段、实施阶段到使用管理阶段，最终形成覆盖完整工程项目的信息模型。建立一个有效的信息集成平台才能实现信息的交换与共享，通过信息平台的建立可以提供与各阶段应用软件相适应的数据接口。

BIM 促进协同设计的核心是构建三维设计共享空间，建立设计共享空间需要有良好的设计管理平台的支持。但是，仅仅依靠一个设计管理软件就可以实现协同设计工作是不切实际的想法，设计管理平台只是一个工具，如何灵活运用这个工具，是每一个设计公司推广协同设计时都要面临的问题之一。

BIM 促进协同设计的过程中，信息的获取有两种方式。一种方式是在协同过程中由平台传输的，为设计人员所被动接受的信息，例如，下游专业参照了上游专业的设计信息，当上游专业修改设计信息时，协同设计平台将促使下游专业修改参照内容；另一种方式是由设计人员自己主动得到的信息，例如，上游专业将设计资料置于设计管理平台，下游专业从平台获取资料的过程。其实，在设计实践中，信息的获取通常是上述两种方式的结合。

在 BIM 协同设计过程中，通常存在两种工作模式，即异步协同设计和同步协同设计。异步协同设计是一种松散耦合的协同工作，是多个设计人员在分布集成的平台上围绕共同的任务进行协同设计工作，但各自有不同的工作空间，可以在不同的时间内进行工作。而同步协同设计是一种紧密耦合的协同工作，其特点是多个协作者在相同的时间内，通过共享工作空间进行设计活动，并且任何一个协作者都可以迅速地从其他协作者处得到反馈信息。由于工程设计的复杂性和多样性，单一的同步或者异步协同模式都无法满足其需求。大多数情况下，由于同步协同需要解决网上高速实时传输模型和设计意图、需要有效地解决并发冲突、需要在线动态集成等诸多问题，所以实施起来难度要大得多。事实上，在 BIM 协同设计过程中，异步协同与同步协同往往交替出现，不同专业间的协同工作常采用异步协同，同一专业内会采用同步协同的工作模式。对于 BIM 来说，更多的设计会采用同步协同的模式，即共享的工作方式进行并行设计。

BIM 促进协同设计，并不只是设计表现形式的变革，也会带来协同方式的变革，因为 BIM 有数据库的支撑。因此对于协同设计来说，就会有更多、更好的信息支持，而对数据的处理也可以更加灵活，也会有更好的冲突消解方式。BIM 协同设计对于设计结果的输出通常采用统一的出图配置文件，通过协同平台输出设计结果。输出的结果采用“电子文档＋图纸”的方式，并通过协同管理平台，实现设计输出结果的统一划分、管理和统计，以避免设计输出结果的混乱。

针对传统的工程生产过程和基于 BIM 技术的工程集成生产过程进行的对比如图 3-21 所示。其中，图 3-21a 为传统的工程生产过程，各个阶段和参与专业的工作并不是并行的，最先参与的是工程开发商和政府审查部门，其次是咨询、规划、设计等公司，工程承包公司（工程施工方）等则在工程的施工方案确定以后方才参与。这种过程的特点是各阶段比较分散，过程断层明显。后续阶段被动的参与不仅不利于对工程早期设计阶段的理解和管理，也不利于解决后续施工过程中所产生的问题，且问题解决越晚，造成的附加成本越高。

图 3-21b 则展示了基于 BIM 技术的工程集成生产过程，该种生产过程中可以使各专业工种更早地参与工程的生产活动，进行较早的并行工作。例如，在方案评定阶段，规划、设计公司，工程承包公司等后续专业工作过程前移，有利于协调各方的矛盾在早期阶段得以解决，对于工程项目的平滑设计、建造和减少非必要的资金浪费，具有极其重要的意义。由于各参与专业间不存在很明显的过程断层，信息的交流也较传统的技术更为流畅。

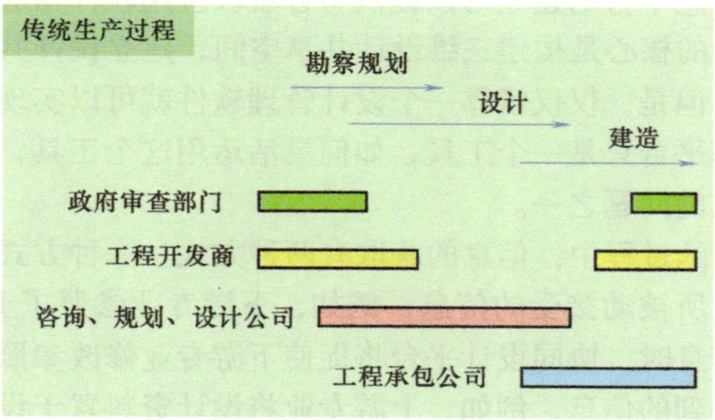

a)

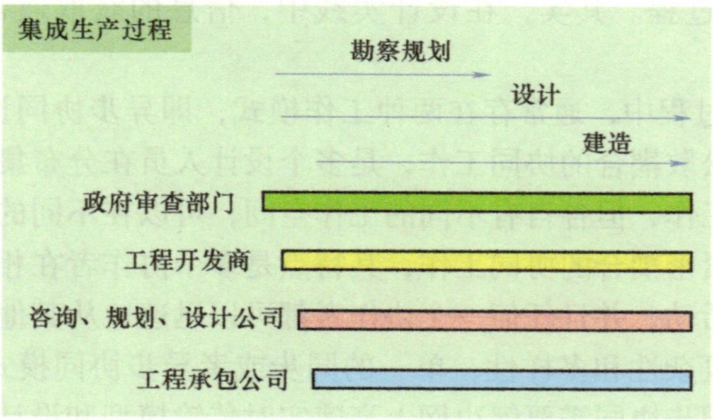

b)

图 3-21　两种生产过程的比较

3.4 BIM 可视化

3.4.1 虚拟现实技术

1. 虚拟现实技术概述

虚拟现实（VR）技术是多种技术的综合，包括实时三维计算机图形技术，广角（宽视野）立体显示技术，对观察者头、眼和手的跟踪技术，以及触觉反馈、立体声、网络传输、语音输入输出技术等。

相比较而言，利用计算机模型产生图形图像并不是太难的事情。如果有足够准确的模型，又有足够的时间，就可以生成不同光照条件下各种物体的精确图像，但是这里的关键是实时。例如在飞行模拟系统中，图像的刷新相当重要，同时对图像质量的要求也很高，再加上非常复杂的虚拟环境，问题就变得相当困难。

人类在看周围的世界时，由于两只眼睛的位置不同，得到的图像略有不同，这些图像在大脑里融合起来，就形成了一个关于周围世界的整体景象，在这个景象中包括了距离远近的信息。当然，距离信息也可以通过其他方法获得，例如眼睛焦距的远近、物体大小的比较等。

在 VR 系统中，双目立体视觉起了很大作用。用户的两只眼睛看到的不同图像是分别产生的，并显示在不同的显示器上。有的系统采用单个显示器，但用户带上特殊的眼镜后，一只眼睛只能看到奇数帧图像，另一只眼睛只能看到偶数帧图像，奇、偶帧之间的不同也就是视差，从而产生立体感。VR 技术装备如图 3-22 所示。

图 3-22　VR 技术装备

在人造环境中，每个物体相对于系统的坐标系都有一个位置与姿态，而用户也是如此。用户看到的景象是由用户的位置和头（眼）的方向来确定的。在传统的计算机图形技术中，视场的改变是通过鼠标或键盘来实现的，用户的视觉系统和运动感知系统是分离的。而利用头部运动来改变图像的视角，用户的视觉系统和运动感知系统之间就可以联系起来，感觉更逼真。此外，用户不仅可以通过双目立体视觉去认识环境，而且可以通过头部的运动去观察环境。

VR 系统中语音的输入输出也很重要，这就要求虚拟环境能听懂人的语言，并能与人进行实时交互。而让计算机识别人的语音是相当困难的，因为语音信号和自然语言信号有其“多边性”和复杂性。例如，连续语音中词与词之间没有明显的停顿，同一词、同一字的发音受前后词、字的影响，不仅不同人说同一词会有所不同，就是同一人发音也会受到心理、生理和环境的影响而有所不同。使用人的自然语言作为计算机输入目前有两个问题，首先是效率问题，为便于计算机理解，输入的语音可能会相当啰唆；其次是正确性问题，计算机理解语音的方法是对比匹配，而没有人的智能。

VR 技术具有以下特征：

（1）多感知性（multi-sensory） 所谓多感知性是指除了一般计算机技术所具有的视觉感知之外，还有听觉感知、力觉感知、触觉感知、运动感知，甚至包括味觉感知、嗅觉感知等。理想的 VR 技术应该具有一切人所具有的感知功能，由于相关技术，特别是传感技术的限制，目前 VR 技术所具有的感知功能仅限于视觉、听觉、力觉、触觉、运动等几种。

（2）浸没感（immersion） 又称临场感，指用户感到作为主角存在于模拟环境中的真实程度。理想的模拟环境应该使用户难以分辨真假，使用户全身心地投入到计算机创建的三维虚拟环境中，该环境中的一切看上去是真的，听上去是真的，动起来是真的，甚至闻起来、尝起来等一切感觉都是真的，如同在现实世界中的感觉一样。

（3）交互性（interactivity） 指用户对模拟环境内物体的可操作程度和从环境得到反馈的自然程度（包括实时性）。例如，用户可以直接用手去抓取模拟环境中虚拟的物体，这时手有握着东西的感觉，并可以感觉物体的重量，视野中被抓的物体也能立刻随着手的移动而移动。

（4）构想性（imagination） 强调 VR 技术应具有广阔的可想象空间，可拓宽人类认知范围，不仅可再现真实存在的环境，也可以随意构想客观不存在的甚至是不可能发生的环境。

2. 应用领域

VR 技术在医学方面的应用具有十分重要的现实意义。在虚拟环境中，可以建立虚拟的人体模型，借助于跟踪球、HMD（Head Mount Display，头戴式可视设备）、感觉手套，学生可以很容易地了解人体内部各器官结构，这比现有的采用教科书的方式要有效得多。在医学院校，学生可在虚拟实验室中，进行“尸体”解剖和各种手术练习，如图 3-23 所示。使用这项技术，由于不受标本、场地等限制，所以大大降低了培训费用。一些用于医学培训、实习和研究的 VR 系统，仿真程度非常高，其优越性和效果是不可估量和不可比拟的。例如，导管插入动脉的模拟器，可以使学生反复实践导管插入动脉时的操作；眼睛手术模拟器，根据人眼的前眼结构创造出三维立体图像，并带有实时的触觉反馈，学生利用它可以观察、模拟移去晶状体的全过程，并观察到眼睛前部结构的血管、虹膜和巩膜组织以及角膜的透明度等；还有麻醉 VR 系统、口腔手术模拟器等。外科医生在真正动手术之前，通过 VR 技术的帮助，能在显示器上重复地模拟手术，移动人体内的器官，寻找最佳手术方案并提高熟练度。在远距离遥控外科手术，计划、安排复杂手术，进行手术过程的信息指导，预测手术后果，改善残疾人生活状况，乃至研制新药等方面，VR 技术都能发挥十分重要的作用。

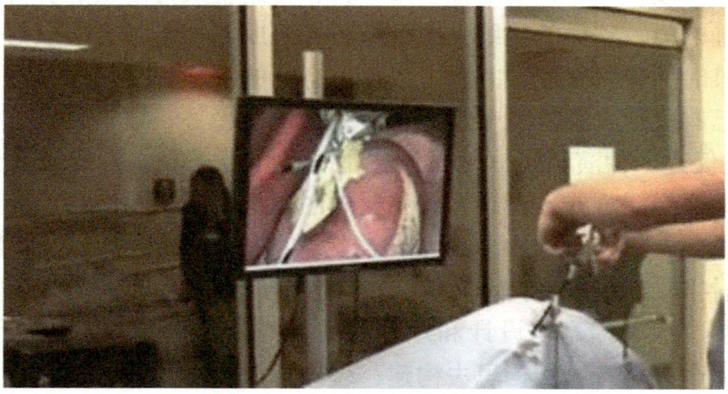

图 3-23　VR 模拟医学解剖

丰富的感觉能力与 3D 显示环境使得 VR 成为理想的视频游戏工具。由于在娱乐方面对 VR 的真实感要求不是太高，故近些年来 VR 在该方面发展最为迅猛。如美国芝加哥开放了世界上第一个可供多人使用的大型 VR 娱乐系统，其主题是关于 3025 年的一场未来战争；英国开发的称为“Virtuality”的 VR 游戏系统配有 HMD，大大增强了真实感；在 1992 年一个称为“Legeal Qust”的系统由于增加了人工智能功能，使计算机具备了自学习功能，大大增强了趣味性及难度，使该系统获得了该年度 VR 产品奖。另外，在家庭娱乐方面 VR 也显示出了很好的前景。

作为传输显示信息的媒体，VR 在未来艺术领域方面所具有的潜在应用能力也不可低估。VR 所具有的临场参与感与交互能力可以将静态的艺术（如油画、雕刻等）转化为动态的，可以使观赏者更好地欣赏作者的思想艺术。另外，VR 提高了艺术表现能力，如一个虚拟的音乐家可以演奏各种各样的乐器，行动不便的人或远在外地的人可以在他（她）生活的居室中去虚拟的音乐厅欣赏音乐会等。对艺术的潜在应用价值同样适用于教育，如在解释一些复杂的系统、抽象的概念如量子物理等方面，VR 是非常有力的工具。

模拟训练一直是军事与航天工业中的一个重要课题，这为 VR 提供了广阔的应用前景。美国国防部高级研究计划局 DARPA 自 20 世纪 80 年代起一直致力于研究被称为 SIMNET的虚拟战场系统，以提供坦克协同训练。该系统可联结 200 多台模拟器。另外利用 VR 技术，可模拟零重力环境，替代标准的水下训练宇航员的方法。

当今世界工业已经发生了巨大的变化，大规模人海战术早已不再适应工业的发展，先进科学技术的应用显现出巨大的威力，特别是 VR 技术的应用正对工业进行着一场前所未有的革命。VR 技术已经被世界上一些大型企业广泛地应用到各个环节，对企业提高开发效率，加强数据采集、分析和处理能力，减少决策失误，降低企业风险起到了重要的作用。VR 技术的引入，将使工业设计的手段和思想发生质的飞跃，更加符合社会发展的需要，可以说在工业设计中应用 VR 技术是可行且必要的。

防患于未然，是各行各业尤其是具有一定危险性行业（消防、电力、石油、矿产等）的关注重点。如何确保在事故来临之时损失最小是非常重要的。定期地进行应急演练是传统并有效的一种防患方式，但其弊端也相当明显，投入成本高，每一次演练都要投入大量的人力、物力，因此不可能进行频繁性的演练。VR 技术的产生为应急演练提供了一种全新的开展模式，将事故现场模拟到虚拟场景中去，在这里人为地制造各种事故情况，组织参演人员做出正确响应。这样的演练大大降低了投入成本，增加了实训时间，从而提高了人们面对事故灾难时的应对技能，并且可以打破空间的限制，方便地组织各地人员进行演练，这样的案例已有应用，必将是今后应急演练的一个趋势。

VR 技术不仅仅是一种演示媒体，而且还是一种设计工具。它以视觉形式反映了设计者的思想，比如装修房屋之前，设计者首先要做的事是对房屋的结构、外形进行细致的构思，为了使之定量化，还需设计许多图纸，当然这些图纸只能内行人读懂，VR 技术可以把这种构思变成看得见的虚拟物体和环境，使以往传统的设计模式提升到数字化“所见即所得”的完美境界，大大提高了设计和规划的质量与效率，如图 3-24 所示。运用 VR 技术，设计者可以完全按照自己的构思去构建、装饰虚拟的房间，并可以任意变换自己在房间中的位置去观察设计的效果，直到满意为止，这样既节约了时间，又节省了做模型的费用。

图 3-24　VR 虚拟小区

随着房地产业竞争的加剧，传统的展示手段如平面图、表现图、沙盘、样板房等已经远远无法满足消费者的需要。因此，敏锐把握市场动向，果断启用最新的技术并迅速转化为生产力，方可以领先一步，击溃竞争对手。VR 技术是集影视广告、动画、多媒体、网络科技于一身的最新型的房地产营销方式，在国内的广州、上海、北京等大城市和国外的加拿大、美国等经济和科技发达的国家都非常热门，是当今房地产行业一个综合实力的象征和标志。其使用中最主要的核心是房地产销售，同时在房地产开发中的其他重要环节包括申报、审批、设计、宣传等方面都有着非常迫切的需求。

利用 VR 技术、结合网络技术，可以将文物的展示、保护提高到一个崭新的阶段。首先，表现在将文物实体通过影像数据采集手段，建立起实物三维或模型数据库，保存文物原有的各项数据和空间关系等重要资源，实现濒危文物资源的科学、高精度和永久的保存；其次，利用这些技术来提高文物修复的精度和预先判断、选取将要采用的保护手段，同时可以缩短修复工期。通过计算机网络来整合统一大范围内的文物资源，并且通过网络在大范围内来利用 VR 技术，更加全面、生动、逼真地展示文物，从而使文物脱离地域限制，实现资源共享，真正成为全人类可以“拥有”的文化遗产，如图 3-25 所示。

图 3-25 VR 虚拟古建筑

城市规划一直是对全新的可视化技术需求最为迫切的领域之一，VR 技术可以广泛地应用在城市规划的各个方面，并带来切实可观的利益。VR 技术在高速公路与桥梁建设中也得到了应用。由于道路桥梁需要同时处理大量的三维模型与纹理数据，导致这种形式需要很高的计算机性能作为后台支持，但随着近些年来计算机软、硬件技术的提高，一些原有的技术瓶颈得到了解决，使 VR 的应用达到了前所未有的发展。

3.4.2 可视化技术

1. 可视化技术概述

可视化技术正如本章开篇所述，可以简略地定义为通过图形的表现形式，进行信息传递、表达的过程。虽然当前的可视化一般是指利用计算机图形学和图像处理分析技术，将各种数据依据其特点转换为相应的图形图像，并提供界面实现人机交互工作，但是，早在计算机发明之前，可视化就已为人类广泛应用。从医学教科书中人们用素描刻画复杂的人体器官的形状和相互之间的空间关系，到科学家用各类曲线总结表示大量实验的结果并归纳出其内在规律，再到现代传染病学研究萌芽时期 John Snow 使用地图来作图分析 1854 年伦敦霍乱的传播，无不是可视化的具体案例。Charles J. Minard 的地图，通过线条的大小、颜色等表现 1812 年拿破仑入侵俄国这一宏大的历史事件，更是早期可视化的经典之作。随着计算机的发明和计算技术的快速发展，特别是计算机图形学的创立和繁荣，人们可以使用前所未有的手段以图形化的形式表现和刻画人类世界、探索未知的领域、获得新的知识。

现代意义上的可视化源自于计算机技术的发展，由于超级计算机的发展和数据获得技术的进步，数量日益庞大的数据使得人们不得不寻求新的、更为精密复杂的可视化算法和工具。1986 年，美国国家科学基金会主办了一次名为“图形学、图像处理及工作站专题讨论”的会议，旨在针对那些开展高级科学计算工作的研究机构，提出关于图形硬件和软件采购方面的建议。图形学（graphics）和视频学技术方法在计算科学方面的应用，当时乃是一项新的领域。上述专题组成员把该领域称为“科学计算之中的可视化”，该专题组认为，科学可视化乃是正在兴起的一项重大的基于计算机的技术，需要美国政府大力加强对它的支持。

1990 年在美国加州旧金山举行的首届 IEEE（电气和电子工程师协会）可视化会议上，初次组建了一个由各学科专家组成的学术群体，标志了可视化作为独立学科的成形。作为可视化的另一个分支，信息可视化（information visualization）兴起稍晚，首届 IEEE 信息可视化会议于 1995 年在美国亚特兰大举办。可视分析（visual analytics）则是近年来新兴的通过交互可视界面来进行分析、推理和决策的交叉学科，是科学可视化和信息可视化的新发展。可视分析目前发展迅速，自 2006 年起有了独立的会议。需要注意的是由于可视化发展的传统，以上三个方向的 IEEE 年会每年都在一起举行。如前所述，可视化的三个方向——科学可视化、信息可视化、可视分析密切相关，同时又各有其特点，各有其研究内涵与外延。

科学可视化处理的对象包括医学、气象环境学、建筑、化学工程、生命科学、考古学、机械等领域的具有空间几何特征数据的时空现象，对测量、实验、模拟等获得的数据进行绘制，并提供交互分析手段。研究重点包括对表面、体的绘制和对复杂数据中信息的选取、表达等。由于工程领域中数据的空间特性和高度复杂性，可视化成为理解这些现象的基础。可视化方法能够迅速、有效地简化和提炼数据，使科学家能够可视、直观地筛选大量的数据，理解数据的内涵。科学可视化本身已经成为一门独立的学科，研究如何更好地对科学数据进行表现和分析，同时科学可视化也已经成为其他众多科学领域研究的重要支柱之一。

科学可视化方法涉及计算机图形学、图像处理、人机交互等众多学科。按照数据的种类划分，科学可视化可以分为体可视化、流场可视化、医学数据可视化等。面向不同的研究对象，科学可视化也发展出了一系列的理论和方法。随着超级计算机和并行计算技术的发展以及海量数据可视化的需求，大规模数据可视化是科学可视化的重要课题之一。

信息可视化是一门研究非空间数据的视觉呈现方法和技术的学科，通过提供非空间复杂数据的视觉呈现，帮助人们理解大量数据中蕴含的信息。信息可视化作为一个跨学科研究领域，综合地使用计算机图形学、视觉设计、人机交互、心理学等学科中的技术和理论，也与统计学、数据挖掘、机器学习等学科有着相辅相成处。信息可视化的思路和方法已经成为自然科学、社会科学、商业、管理、传媒等众多领域不可或缺的一部分。信息时代正带给人们前所未有的复杂海量信息，而人处理和理解信息的能力是非常有限的。信息可视化正是一种帮助人们理解信息和获取知识的方式，其视觉呈现方法将数据映射为视觉符号，利用人类视觉系统的高带宽，帮助人们快速地获取信息。信息可视化中的交互方法允许用户与数据的快速交互，更好地验证假设和发现内在联系。信息可视化为人们提供了理解高维度、多层次、时空、动态、关系等复杂数据的窗口。

可视分析作为信息可视化与科学可视化领域最新发展的产物，主要包含四部分核心内容：分析推理技术、视觉呈现和交互技术、数据表示和转换技术、表达和传播分析结果的技术。可视分析技术致力于通过交互可视界面来进行分析、推理和决策。人们通过使用可视分析技术和工具，从海量、动态、不确定甚至包含相互冲突的数据中集成信息，获取对复杂情景的更深层理解。可视分析技术允许人们对已有预测进行检验、对未知信息进行探索，为人们提供快速、可检验和易理解的评估，以及提供更有效的交流手段。可视分析领域整合了不同领域的理论、方法和工具，提供先进的分析手段、交互技术和可视表达，促进了人与海量复杂信息之间的快速交流。基于感知和认知理论的工具设计，应用领域的理论、方法和需求，计算机图形学和人机交互领域的呈现技术，使可视分析具有了巨大的能力和价值，将在物理、天文、气象、生物等科学领域，以及应急事件分析处理决策、国防安全保障、社会关系分析等社会领域发挥重要作用。

2. 应用领域

计算机动画是利用计算机创建动态图像的艺术、方法、技术和科学。如今，计算机动画的创建工作越来越多地采用三维计算机图形学手段，尽管二维计算机图形学当前依然广泛应用于体裁化、低带宽以及更快实时渲染的需求。有时，动画的目标载体就是计算机本身，而有时其目标则是别的介质，如电影胶片。另外，计算机动画有时又称为电脑成像技术或计算机生成图像；在用于电影胶片的时候，甚至还会被称为电脑特效。

计算机模拟又称为计算机仿真，是指计算机程序或计算机网络试图对于特定系统模型的模拟。对于许许多多系统的数学建模来说，计算机模拟已经成为有效、实用的组成部分。比如，这些系统包括物理学、计算物理学、化学以及生物学领域的天然系统，经济学、心理学以及社会科学领域的人类系统。在工程设计过程以及新技术当中，计算机模拟旨在深入认识和理解这些系统的运行情况或者观察它们的行为表现。

在计算机图形学当中，渲染是指利用计算机程序，依据模型生成图像的过程。其中，模型是采用严格定义的语言或数据结构而对于三维对象的一种描述，这种模型之中一般都会含有几何学、视角、纹理、照明以及阴影方面的信息，渲染所产生的图像则是一种数字图像或位图（又称光栅图）。计算机图形学中“渲染”一词可能是对艺术家渲染画面场景的一种类比。另外，渲染还用于描述为了生成最终的视频输出而在视频编辑文件之中计算效果的过程。表面渲染又称为表面绘制，立体渲染又称为体渲染、体绘制或者立体绘制，指的是一种用于展现三维离散采样数据集之二维投影的技术方法。通常情况下，这些图像都是按照某种规则的模式（例如，每毫秒一层）而采集和重建的。因而，在同样的规则模式下，这些图像分别都具有相同的像素数量。这些是一类关于规则立体网格的例子，其中，每个立体元素或者说体素分别采用单独一个取值来表示，而这种取值是通过在相应体素周围毗邻区域采样而获得的。

在制造业中，通过三维 CAD 软件，设计者不仅可以设计出产品的三维形状和拓扑关系，还可以表达出零件的装配次序。应用有限元分析软件，可以模拟产品的各种性能，通过对分析结果进行处理，实际上也就是通过可视化，显示出产品在承担载荷时的应力应变；通过数字化工厂仿真技术，可以对整个车间和生产线的布局进行仿真，并可以进行人机工程仿真；通过应用三维轻量化技术，可以建立立体的、互动式、多媒体的产品使用与维修手册。而虚拟现实技术能使人们进入一个三维的、多媒体的虚拟世界，在汽车、飞机等复杂产品的设计和使用培训过程中，得到了广泛的应用。

3.4.3 BIM 可视化应用

1. 设计可视化

就设计可视化表现来说，BIM 本身就是一种可视化程度比较高的工具。由于 BIM 包含了项目的几何、物理和功能等完整信息，可以直接从 BIM 模型中获取需要的几何、材料、光源、视角等信息，因此不需要重新建立可视化模型。可视化的工作资源可以集中到提高可视化效果上来，而且可视化模型可以随着 BIM 设计模型的改变而动态更新，保证可视化与设计的一致性。由于 BIM 信息的完整性以及与各类分析计算模拟软件的集成，因此拓展了可视化的表现范围，例如 4D 模拟、突发事件的疏散模拟、日照分析模拟等。

目前，基于 BIM 的建筑设计工具（比如 Revit）都具有内置或在线的可视化功能，以便在设计流程中快速得到反馈，然后可以使用专门的可视化工具来制作高度逼真的效果及特殊的动画效果。当前可视化可做出与美术作品相媲美的渲染图、与影片效果不相上下的漫游和飞行。对于商业项目或住宅项目，这些都是常用的可视化手法，可扩展设计方案的视觉环境，以便进行更有效的验证和沟通。

北京 CBD 核心区 Z15 地块项目，因其独特的造型又名“中国尊”，如图 3-26 所示。“中国尊”项目位于北京 CBD 核心区中轴线上，总占地面积约 1.15ha，总建筑面积为 43.7 万 m^2。其中，地上 35 万 m^2、地下 8.7 万 m^2，地上 108 层、地下 7 层，建筑高度达到 528m，建成后将成为北京第一高楼，成为北京新的地标性建筑。该建筑从中国传统礼器“尊”的形体特征中汲取造型灵感，在解决结构和办公空间出租需要的同时，通过抽象处理和比例优化，既保持了“尊形”突出独特的弧形效果，又形成了比例上的高雅和秀美。该楼平面为带有圆角处理的正方形，而且宽度渐变。塔底几何基形为 78m 宽，在 385m 处的腰部为 54m 宽，顶部为 69m 宽。

图 3-26 “中国尊”远景效果图

该建筑是集超高、超大于一体的超级工程。基于此状况，设计师已无法用常规的概念来实现建筑方案，设计上必须针对其工程特点建立一个科学合理、逻辑清晰、组织有序的总体设计框架。总体设计框架包括影响建筑形态、结构骨架、保障运行的基础性系统。总体设计框架构想以建筑的巨框结构和十个功能分区为前提条件，考虑到规模、交通、消防、安防、气象等因素，该建筑划分五个单元模块，其中 ZB 区与 Z0 区为模块一、Z1 区与 Z2 区为模块二、Z3 区与 Z4 区为模块三、Z5 区与 Z6 区为模块四、Z7 区与 Z8 区为模块五。基于模块划分，在条件允许的情况下，所有系统应按照以上模块划分的原则进行设置。在设计中首先基于模块概念构建关于建筑整体运行的基础性系统，通过基础性系统的建立保证每个模块具有相对独立的运行和安全保障条件，每个模块之间具有可靠的安全分隔，局部的突发事件的处理优先被控制在模块内部解决。

“中国尊”项目实施难点主要有三处：①空间。地处北京 CBD 核心区，其在城市层面的空间衔接需要精细刻画，尤其是与城市大型地下公共功能设施的接驳，建筑须具备与未来城市发展需求的可持续适应性。“中国尊”在塔冠和塔基部分，为城市提供着宝贵的公共活动空间，在这些空间处理上都采取了特殊的造型与材质。同时，其自身超高容积率也给设计带来了诸多挑战。②结构。“中国尊”作为第一栋在八度抗震区建造的高度超过 500m 的建筑，对结构安全提出了严峻的挑战。而结构作为建筑造型实现的根本支撑，需要在其所在空间层面发挥应有的表现作用。建筑师如何从空间层面实现对结构体系及构件的精细控制是本项目设计的一大难点。③专业。对于这样一个高精尖的建筑设计，特聘请了美国 Kohn Pedersen Fox Associates（KPF）公司作为建筑设计，英国 Terry Farrelland Partners（TFP）公司作为建筑设计顾问，奥雅纳工程顾问公司（ARUP）作为结构设计顾问，柏城（亚洲）有限公司作为机电顾问，弘达交通咨询机构（MVA）作为交通顾问，以及中信建筑设计研究总院有限公司作为专项顾问。此外，还聘请了国际一流的幕墙、照明、交通、景观等相关专业设计顾问公司，共同保证该项目实施的高端品质。

“中国尊”的中国设计方北京市建筑设计研究院有限公司借助自身的 BIM 资料库提取出场地周边的单体建筑信息和场地信息，建立了一个完整的周边城市区域模型，并将 CBD 核心区地下公共空间的 BIM 模型进行共同整合。翔实完整的数据资料，使“中国尊”能够从空间衔接、市政衔接、造型影响评价等各方面进行深度控制。在设计过程中，项目通过先进的计算流体动力学技术进行模拟分析，对塔楼造型进行优化，同时也对场地的环境设计提供了一定的技术支持。在塔楼入口处，作为“中国尊”在街道尺度的标志性表达，特意采用了复杂曲面的挑檐处理手法，既创造了丰富的空间效果，又为市民提供了一份宝贵的公共空间，建筑处理与场地景观的精妙设计，可以让公众产生独特的场所体验。而塔冠处更是为市民提供了 360°的北京全景观景平台，建成后将成为世界上最高的公众观光平台，简洁大气的空间氛围营造，可以让普通市民一睹北京作为世界知名的历史文化古都的独特风采。

整个塔楼呈中部明显收腰的造型处理，而这种处理方式也对塔楼的结构体系产生了重要影响，为了能够对结构体系和结构构件进行精确的建筑描述，项目团队特为“中国尊”量身定制了几何控制系统。几何控制系统控制了塔楼的整个结构体系造型需求，同时也对建筑幕墙及其他维护体系进行了精确描述。几何控制系统是以最初的建筑造型为原型抽离出典型控制截面，以这些截面为放样路径，将经过精确描述的几何空间弧线进行放样，由此产生基础控制面。以基础控制面为基准，分别控制产生巨柱、斜撑、腰桁架、组合楼面等结构构件，进而产生整个结构体系。以这种方式产生的结构体系，是在建筑师和结构工程师密切配合下进行的，充分满足了建筑的造型需求，同时也实现了结构安全所需要的全部条件，为“中国尊”的项目设计与建设提供了最重要的技术保障。

“中国尊”作为一座超高、超大的建筑，机电系统设计有着独有的特点。其在竖向分区中，各区之间设有设备层，用来集中作为机电设备安放位置，同时，在地库中也设有大量的核心机电用房。地库核心以 Revit 作为 BIM 平台，对各种机电信息进行及时录入，让模型即时地反映各种机电情况，为机电综合工作的展开创造了优越条件。B007 层的机电情况非常复杂，而层高相对较小，在这种不利的局面中，通过对各种机电管线的梳理，在保证满足各种机电系统安装、运行的状况下，依然创造出一些可作为库房的空间，使项目对业主的价值最大化。

为了保证“中国尊”的最终完成效果，项目团队聘请了大量一流的顾问公司，这些顾问公司在其工作的过程中也大量运用到了 BIM 技术手段。比如，消防性能化顾问，其通过 Revit 软件对首层大堂和标准办公层等建筑典型部位进行烟气和人员疏散模拟，从理论层面对塔楼的安全性能进行了论述。此外，还对大楼在不同级别火灾情况下的人员总体疏散情况进行了分析计算，针对性地做出电梯在疏散过程中的运行策略。

“中国尊”作为北京新的地标建筑，在绿色和节能方面有着极高的设计要求。节能顾问通过 Autodesk Ecotect Analysis 对塔楼标准层不同办公区域进行日照分析，提出室内灯光设计的优化方案，同时也对塔楼立面的遮阳构件提出了相应的优化策略，而对冷却塔的冷却效果分析更是保证了设计的运行效果，对大堂、观光平台（见图 3-27）等重要空间的气流模拟分析，也极大地提升了“中国尊”在空调设计方面的舒适性。

图 3-27 “中国尊”观光平台空间效果

2. 节能分析可视化

在建筑业可持续发展的时代，绿色建筑是特别值得的倡导理念。绿色建筑是指“在建筑的生命期内最大限度地节约资源（节能、节地、节水、节材），保护环境和减少污染，为人们提供健康、适用和高效的使用空间，与自然和谐共生的建筑”。绿色建筑的推广与发展的重要性不言而喻，它是传统的高消耗型发展模式转向高效绿色型发展模式的必经之路。以美国为例，美国能量总使用量中约 50% 是建筑物消耗的，大气中二氧化碳的排出量占 29%，生活中废弃物的产生量占 59%。此外，尚有 71% 的电力正在被建筑物所消耗。然而，这些建筑物若是采用亲环境的设计和建造理念，能量消耗、二氧化碳排出、废弃物的产生能够平均减少 30% 以上。这样的建筑更能符合循环经济和可持续发展的要求，从而能够实现建筑与环境的共存。

节能分析是绿色建筑设计中的重要一环，而当前的模拟软件主要分为：风环境、光环境、能耗、声环境等（见图 3-28、图 3-29）。如此多的软件，其建模方式也不一样，工程师对于同一个项目要建立多个模型，浪费了大量宝贵的时间。而 BIM 技术的出现，为只建立一个模型同时提供给多种软件进行分析成为可能，从而大大减少了工程师的工作量。在建筑设计中融入 BIM 技术，创建虚拟建筑模型，大量的和设计有关的信息将直观地展现在设计师面前，如建筑材料、三维空间效果、构件属性、建筑外观及具体功能效果等。在建筑设计具体的节能分析过程中，只需导入相关的节能分析软件就可以对整个设计方案进行分析计算，并反馈出详尽的能量分析结果。在建筑设计的方案阶段，利用建筑信息模型和节能分析工具能有效地简化节能分析操作步骤，提高工作效率，更能通过计算机强大的计算分析功能提高节能分析结果的准确性和快捷性。

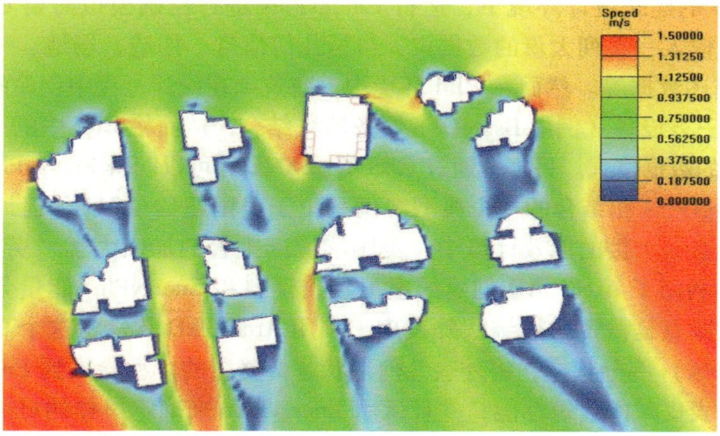

图 3-28　建筑群风环境分析

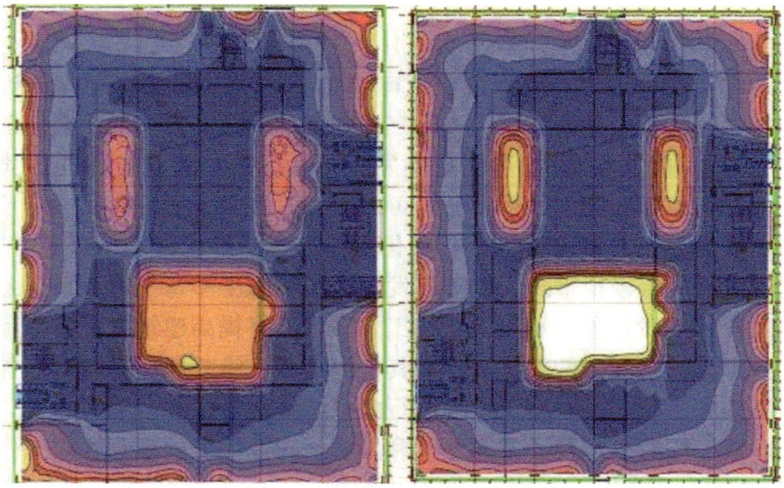

图 3-29　建筑物室内采光分析

美国是目前 BIM 技术在建筑节能分析中应用最为广泛的国家之一。美国的 Green Building Studio（GBS）软件可以达到建筑节能设计方案的各项要求。GBS 可以快捷地从 BIM 软件中导入建筑模型，利用建筑模型中包含的海量建筑信息来构建一个相对准确的热模型，并将模型格式转换为 XML 格式，进而根据实际的建筑标准和建筑法规，对不同需求的建筑空间类型进行智能化假定。模型假定后，再结合建筑物所在地的典型气候信息数据，将 DOE2. 2 模拟引擎引入到模型中进行模拟节能分析。其中，分析内容包括建筑物每年的能量消耗、采暖制冷负荷、照明所需耗费的电力资源等，这些耗能数据都能够在模拟耗能系统中一一展现出来，较为直观地反映了建筑节能设计的效果。

在对建筑物的能效性能进行准确的计算、分析与模拟方面，美国的 EnergyPlus 也是其中的佼佼者。EnergyPlus 是建筑全能耗分析软件，是一个独立的、没有图形界面的模拟软件，包含上百个子程序，可以模拟整个建筑的热性能和能量流、计算暖通空调设备负荷等，并可以对整个建筑的能量消耗进行分析。

在二维 CAD 的建筑设计环境下，运行 EnergyPlus 进行精确模拟需要专业人士花费大量的时间，手工输入一系列大量的数据集，包括几何信息、构造、场地、气候、建筑用途以及 HVAC 的描述数据等。然而在 BIM 环境中，建筑师在设计过程中创建的建筑信息模型可以方便地同第三方设备（例如 BsproCom 服务器）结合，从而将 BIM 中的 IFC 文件格式转化成 EnergyPlus 的数据格式。另外，通过 GBS 的 gbXML 也可以获得 EnergyPlus 的 IDF 格式。

BIM 与 EnergyPlus 相结合的一个典型案例是位于美国纽约“911”遗址上的世界贸易中心一号大楼。在该大楼的能效计算中，美国能源部主管的加州大学“劳伦斯-伯克利国家实验室”充分利用了 ArchiCAD 创建的虚拟建筑模型和 EnergyPlus 能量分析软件。一号大楼设计的一大特点是精致的褶皱状外表皮，利用 ArchiCAD 软件将这个高而扭曲的建筑物的中间（办公区）部分建模，将外表几何形状非常复杂的模型导入到 EnergyPlus 中，模拟了选择不同外表皮时的建筑性能，并且运用 EnergyPlus 来确定最佳的日照设计和整个建筑物的能量性能，最后建筑师根据模拟结果来选择最优化的设计方案。

除以上软件，芬兰的 Riuska 软件等，都可以直接导人 BIM 模型，方便快捷地得到能量分析结果。

3. 虚拟施工

虚拟施工，即在融合 BIM、虚拟现实、可视化、数字三维建模等计算机技术的基础上，对建筑的施工过程预先在计算机上进行三维数字化模拟，真实展现建筑施工步骤，避免建筑设计中“错、漏、碰、缺”等现象的发生，从而进一步优化施工方案。利用 BIM 技术建立建筑的几何模型和施工过程模型，可以实现对施工方案进行实时、交互和逼真的模拟，进而对已有的施工方案进行验证和优化操作，逐步替代传统的施工方案编制方法。通过对施工过程进行三维模拟重现，能随时发现在实际施工中可能碰到的问题，提前避免和减少返工以及资源浪费现象，从而优化施工方案，最终提高建筑施工效率和品质。

虚拟施工技术是一项庞杂的系统工程，其中包括了三维建模、搭建虚拟施工环境、定义建筑构件施工的先后顺序、对施工过程进行虚拟仿真、管线综合碰撞检测以及最优方案的判定等不同阶段，同时也涉及了不同专业和人员之间的信息共享和协同工作。

运用 BIM 三维模型技术，建立用于进行虚拟施工、施工过程控制、成本控制的施工模型，结合可视化技术实现虚拟建造。虚拟模型能将工艺参数与影响施工的属性联系起来，以反应施工模型与设计模型之间的交互作用。施工模型要具有可重用性，因此，必须建立施工产品主模型描述框架，随着产品开发和施工过程的推进，模型描述日益详细。通过 BIM 技术，保持模型的一致性及模型信息的可继承性，实现虚拟施工过程各阶段和各方面的有效集成。基于 BIM 模型，对施工组织设计方案进行论证，就施工中的重要环节进行可视化模拟分析，按时间进度进行施工安装方案的模拟和优化，对于一些重要的施工环节或采用新施工工艺的关键部位、施工现场平面布置等施工指导措施进行模拟和分析，不断优化方案，以提高计划的可行性。

传统施工中，由于建筑、结构、设备及水暖电等各个专业分开设计，导致施工图纸中平面、立面、剖面之间，建筑图和结构图之间，安装与土建之间的冲突问题数不胜数。随着建筑结构越来越复杂，这些问题会带来很多严重的后果。通过 BIM 模型，在虚拟的三维环境下可以方便地发现设计中潜在的问题。在实际施工前快速、全面、准确地检查设计图纸中的错误、遗漏及各专业间的碰撞等问题，减少由此产生的设计变更，大大提高施工现场的生产效率。

施工是一个高度动态和复杂的过程，当前工程项目管理中经常用于表示进度计划的网络图，由于专业性强、可视化程度低，因此无法清晰地描述施工进度以及各种复杂关系，难以形象地表达工程施工的动态变化过程。通过将 BIM 与施工进度计划相连接，将空间信息与时间信息整合在一个可视的 4D 模型中，可以直观、精确地反映整个建筑的施工过程和虚拟形象进度，如图 3-30 所示。4D 施工模拟技术可以在项目建造过程中合理地制订施工计划、精确地掌握施工进度，优化使用施工资源以及科学地进行场地布置，对整个工程的施工进度、资源和质量进行统一管理和控制，以缩短工期、降低成本、提高质量。此外，借助 4D 模型，承包工程企业在工程项目投标中将获得竞标优势，BIM 可以让业主直观地了解投标单位对投标项目主要施工的控制方法、施工安排是否均衡、总体计划是否合理等，从而对投标单位的施工经验和实力作出有效评估。

图 3-30　4D 虚拟施工

此外，工程量统计结合 4D 的进度控制，可以构成 BIM 在施工中的 5D 应用（见图 3-31）。施工中的预算超支现象十分普遍，缺乏可靠的基础数据支撑是造成超支的重要原因。BIM 是一个富含工程信息的数据库，可以真实地提供造价管理需要的工程量信息。借助这些信息，计算机可以快速对各种构件进行分析，统计混凝土算量和钢筋算量，从而大大减少了繁琐的人工操作和潜在错误，容易实现工程量信息与设计方案的完全一致。通过 BIM 获得的准确的工程量统计可以用于成本测算，用于在预算范围内不同设计方案的经济指标分析，用于不同设计方案工程造价的比较，以及用于施工开始前的工程预算和施工过程中的结算等。

BIM 技术的应用更类似一个管理过程，但它与以往的工程项目管理过程不同，它的应用范围涉及业主方、设计院、咨询单位、施工单位、监理单位、供应商等多方的协同，而且各个参与方对于 BIM 模型存在不同的需求以及管理、使用、控制、协同的方式和方法。在项目运行过程中需要以 BIM 模型为中心，使各参与方能够在模型、资料、管理、运营上协同工作，在统一的平台下强化项目运营管控，围绕 BIM 模型进行分析、算量、造价，形成预算文件，并将模型导入系统平台，形成招标、进度、结算、变更的依据。将进度管理

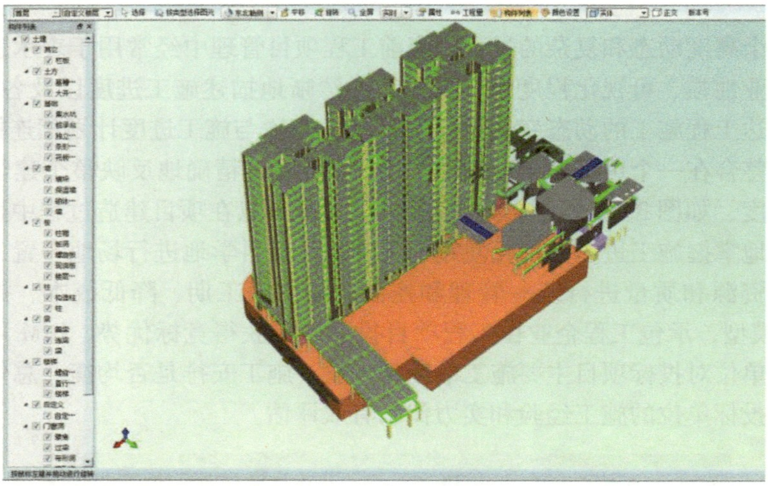

图 3-31　5D 虚拟管理

的甘特图绑定 BIM 模型，按照进度计划，形成下期资金、招标、采购等计划，按照实际进度填报，自动形成实际工程量的申报。在分包和采购招标阶段，围绕 BIM 模型，进行造价预算分析，基于辅助评标系统，形成标书文件，同时可以对投标文件进行分析、对比、指标抽取、造价知识存储等。

建筑工业化是工厂预制和现场施工相结合的建造方式，这将是未来建筑产业发展的方向。BIM 结合数字化制造技术能够提高承包工程行业的生产效率，实现建筑施工流程的自动化。建筑中的许多构件可以异地加工，然后运到建筑施工现场，装配到建筑中（例如门、窗、预制混凝土结构和钢结构等构件）。通过数字化加工，可以准确完成建筑物构件的预制，这些通过工厂精密机械技术制造出来的构件不仅降低了建造误差，并且可以大幅度提高构件制造的生产率。这样一种集成项目交付方式可以大幅度地降低建造成本，提高施工质量，缩短项目周期，同时减少资源浪费，并体现先进的施工管理。

4. 智慧城市（BIM + GIS）

不同技术间的融合和兼容将是智慧城市建设者需要优先考虑的，BIM 和 GIS 相结合将为智慧城市的建设带来新的思路和方法。人们所构筑的网络世界可以完全没有边际，但讽刺的是现实世界却越来越拥挤。为了满足居民和城市发展的需求，城市正在急速扩张，同时城市的信息系统也越来越复杂、精细，城市的发展会历经城镇-城市-数字城市-智慧城市的过程。智慧城市将是一个成熟技术的融合，还包含精准的城市三维建模（见图 3-32）、发达的城市传感网络、实时的城市人流监控等。

图 3-32　精准的城市三维建模

随着技术的发展，人们可以看到位置信息精度飞速地提高。20 世纪 90 年代的 GPS 定位技术无疑翻开了一个新篇章，2000 年“人为降低全球定位系统信号有效性的技术政策”的取消也使得民用 GPS 精度极大提升，GPS 通过与 GIS 系统结合产生了一系列的新技术和新产品，例如，现今精度高达几米的汽车导航等产品。

但是在 GPS 精度提高并普及后，在建筑室内定位方面的进程却几近停滞不前。鉴于其巨大的商业价值和应急救援等需要，专家和厂商花费了大量的时间和精力来寻找价廉、好用的解决方案来攻克这一难题，相信室内定位技术将会推动位置服务的新浪潮。也许以后在室内定位方面将是以装置为中心的位置服务，即装置通过接近用户身处环境的相对位置，激活相应的位置服务程序。但是室内定位系统除了要解决定位的方式，还要解决底图的问题。室内建模方面一直没有特别好的解决方案，雷达精准但是昂贵，从二维设计图生成三维模型还需要注意精度的问题。现在出现的 BIM 也许可以给出一个完美的底图解决方案，但是众所周知的在测量、土木、地理空间的互通性上一直存在问题。对此，国际标准化组织“开放地理空间信息联盟 OGC（Open GIS Consortium）”开发的基于 3D 建模的 CityGML（虚拟三维城市模型数据交换与存储标准）是个不错的解决方案，它使得 BIM 和 GIS 有机会融合在一起，实现室内精确定位。

CityGML 不仅能够支持个别建筑的模型，还能支持整个站点、区、市、甚至是国家的整体建模。在城市建模方面，城市测绘部门利用机载雷达、倾斜摄影等手段提供城市建模所需要的数据，再通过利用诸如 CityGML 等标准，实现地理设计和 BIM 相结合，将为智慧城市的建设带来新的思路和方法。不过，对比国外的 BIM 应用，我国的 BIM 应用则是刚起步，只有一些大型的地标型建筑采用了 BIM。因此，应用 BIM 和 GIS 两种技术结合来作为一种定位手段，还有很长的路要走。

智慧城市通过更广泛的感知环境和公民活动可以提供更好的服务。城市规模的传感网是感知城市以及反馈服务的关键部分，大规模的传感可以由信息管理者通过科学化部署覆盖全市的传感器来实现。这方面的案例是，西班牙北部港口城市桑坦德市致力于成为整个欧洲智慧城市的“原型”，其 Smart Santander 项目共计安装了上万个传感器以实现“智慧城市生活体系”这一目标。同样，也可以通过人或车辆携带的移动设备来实现信息采集。近年来，通过移动网络手机信令数据的信息采集技术越来越被各个城市信息部门所重视和应用。作为一种用于信息采集的数据源，不管人们自动或是被动参与，他们的移动设备都很好地为城市传感器平台服务着。参与式的传感收集是人们有意识地参与收集活动，还有一部分的传感收集是人们身处环境中不知不觉完成的。欧洲的 CITY-SENSE 项目致力于开发“公民观察站”来鼓励公民参与到社区和社会制定决策的过程中来，并参与环境治理等工作。

有了精确的采集手段，可以通过 GIS 平台存储、实时显示以及分析数据，再通过短信、彩信等方式及时通知公众。智能的应用程序需要测量城市中的资源流动，当然在任一情况下，传感网络都需要开放的标准来实现不同系统间灵活的和点对点的交互以实现信息的采集、分析和发布过程。作为智慧城市建设竞赛的领跑者之一，韩国正在推动一个特殊的建筑标准：通过普适计算和绿色技术一体化的服务管理平台对建筑进行管理。为了降低建筑的运营成本（是建筑生命期中最大的成本），未来的建筑将包括一个大型阵列传感装置和数据加工设备。

生活在智慧城市中，人们随身携带的移动设备将能直观描述这些公民的群体行为。美国电信公司 AT&T 实验室的研究揭示了城市规划者如何通过基站记录的移动电话的数据来更好地了解城市动态。由此可见，手机是一个易用、有效的数据采集和发布终端。在数据采集方面，手机信令采集技术以手机与人绑定作为设计的依据，该技术具有覆盖范围广、受天气影响小、全天候采集、不受光线影响、不受房屋等遮盖物体的影响、可获得大量样本空间等特点，完全可以克服现有城市中人流监控技术的不足和缺陷。

我国部分一线城市已经有区域的人流实时监控预警系统，例如，北京市目前投入使用的西单商业街人流实时监控预警系统和北京市地铁客流监管系统分别是基于智能图像监控识别技术和 RFID 射频识别技术实现的人流实时采集和监管，这两种技术存在着很多的优点但也有一些问题。智能图像监控识别技术的优势是可以实现全天时、短时间序列、全覆盖统计，其缺点是检测精度容易受雨、雪、雾等恶劣气候的影响，也不适合夜间人流信息的采集。RFID 射频识别技术的优势是适合于写字楼等固定人员光顾的场所，其缺点是对于人员高度密集区域的人数统计、分布情况等信息的获取数据的时效性较低、局限性大，不适合商业区等开放性大流量场所。

以北京市为例，根据公布的全国人口普查结果，截止到 2012 年初北京市常住人口就达到 2018. 6 万人。北京移动分公司服务的移动用户数有 2500 万，其中 2000 万是北京市本地用户，500 万是漫游用户，形成了一个足够大的采样样本空间。并且北京移动分公司的基站已经覆盖北京全部的区县，每天产生的手机信令信息量在 15 亿条左右，基于这些海量的手机信令进行分析，完全可以准确地、全面地、实时地对城市中的人流情况进行感知，对城市中的人流进行精细化的监控，也可以丰富人员疏导的方式，达到比较好的管理效果。但是，我国目前城市中的人流监控管理还只是针对一个区域、一个场馆或一个交通枢纽来进行的，这种自我负责片区的管理工作方式就形成了一个个的信息孤岛，无法有效整合这些资源为整体城市服务，也就无法从整个城市的角度进行综合的人流监管和控制。为了解决这些信息孤岛，人们将目光投向了 GIS，这一可以实时在线存储、显示、分析、发布信息的平台，GIS 扮演的角色涵盖以下几个方面。

（1）数据存储、分析　以行政区域作为统计分析的粒度，统计全市范围内在各个行政区域的实时人流量，并通过 GIS 软件或平台进行浏览、分析等。

（2）数据展示　在电子地图上标识出指定的交通小区、城市大区、热点区域、行政区域等各种类型区域的准确范围，根据实际统计分析的结果，利用不同颜色形象、直观地进行展示。在电子地图上点击具体划分好的各种区域，会立即弹出此区域的详细统计分析结果等数据，还可拖曳移动、放大缩小电子地图。通过 GIS 方式，可将城市的人流现象、范围、强度等进行直观、量化地展现。

（3）辅助应用　有了采集数据的分析手段，结合 GIS 电子地图平台和公共广告屏实时显示人流信息，通过短信、彩信系统实现人流信息的多渠道发布，在紧急事件发生时能及时通知公众和有关的管理人员。

当然，无论哪种监控方式都有一个共同的挑战：对人们无孔不入的监视将涉及数据的所有权和隐私问题。普适感知和移动计算具有巨大的社会价值，但这些功能必须以不侵犯人们的合法权利为基础和目的进行开发，为了保护公民的隐私权利，相应的政策和技术标准是必要的。

随着政府和企业对智慧城市的愿景越来越强烈，除了 BIM 和 GIS 以外，更多技术手段和应用将会被引入，城市也会越来越智慧和具有活性。

思 考 题

3-1 什么是信息集成技术？
3-2 结合所学知识阐述 BIM 可以和哪些网络技术相结合。
3-3 建筑行业数据信息的特点是什么？其中的信息集成方法有哪些？
3-4 基于 BIM 理念的信息集成产品模型有哪些？
3-5 结合所学知识阐述如何实现 BIM 信息集成和共享。
3-6 BIM 信息交换有哪些格式或标准？如何理解信息交换对 BIM 的作用？
3-7 什么是协同设计？协同设计模式有哪些？
3-8 结合所学知识阐述 BIM 是如何促进协同工作的。
3-9 什么是虚拟现实和可视化技术？
3-10 虚拟施工有哪些优点？
3-11 试列举几个 BIM 可视化应用的最新工程案例，并谈谈你个人的学习体会。

参 考 文 献

[1] 彭帮国，秦怀斌. 信息集成技术发展初探 [J]. 科技信息，2008，(18)：23.
[2] 任爱珠，戴飞，高佐人. 土木与建筑领域的计算机协同工作 [J]. 建筑结构，2005，35 (3)：78-80.
[3] 李顺国，龚必武，黄清平. 基于 WebServices 的建筑企业信息化集成模型研究 [J]. 武汉理工大学学报，2008，30 (5)：109-111.
[4] 张洋. 基于 BIM 的建筑工程信息集成与管理研究 [D]. 北京：清华大学，2009：5-78.
[5] 胡振中. 基于 BIM 和 4D 技术的建筑施工冲突与安全分析管理 [D]. 北京：清华大学，2009：12-91.
[6] 胡冬冬，张杰. XML 企业信息集成平台的实现及应用 [J]. 微机计算信息，2006，22 (6)：129-131.
[7] 李永奎，乐云，何清华. BIM 集成模型研究 [J]. 山东建筑大学学报，2006，21 (6)：544-548.
[8] 刘照球，李云贵. 建筑信息模型的发展及其在设计中的应用 [J]. 建筑科学，2009，25 (1)：96-99.
[9] 卢勇. 基于互联网的工程建设远程协作的研究 [D]. 上海：同济大学，2004：4-22.
[10] Bjork B C. Information technology in construction：domain definition and research [J] . International journal of computer integrated design and construction，1999，1：3-16.
[11] Yusuf Arayici，Vian Ahmed，Ghassan Aouad. A requirements engineering framework for integrated systems development for the construction industry [J] . Journal of information technology in construction (ITcon)，2006，11：35-55.
[12] Arayici Y.，Aouad G. Distributed virtual workspace for enhancing communication and collaboration within the construction industry [C] . European Conference on Product and Process Modelling in the Building and Construction Industry (ECPPM)，Istanbul，Turkey，2004：415-422.
[13] 李永奎. 建设工程生命周期信息管理 (BIM) 的理论与实现方法研究——组织、过程、信息与系统集成 [D]. 上海：同济大学，2007：27-86.

[14] 邓雪原. CAD、BIM 与协同研究 [J]. 土木建筑工程信息技术，2013，5 (5)：20-25.

[15] I. Faraj, M. Alshawi. Distributed object environment: using international standards for data exchange in the construction industry [J]. Computer-Aided civil and infrastructure engineering, 1999, 14: 395-405.

[16] I. Faraj, M. Alshawi. An industry foundation classes web-based collaborative construction computer environment: WISPER [J]. Automation in construction, 2000, 10: 79-99.

[17] Keunhyong Lee, Sangyoon Chin, Jaejun Kim. A core system for design information management using industry foundation classes [J]. Computer-Aided civil and infrastructure engineering, 2003, 18: 286-298.

[18] Chuck Eastman, Paul Teicholz, Rafael Sacks, et al. BIM handbook [M]. Hoboken: John Wiley & Sons Inc, 2011: 99-148.

[19] Karen M. Kensek. Building information modeling [M]. London: Routledge Taylor & Francis Group, 2014: 154-199.

[20] McGraw Hill. The business value of BIM [R]. New York: McGraw Hill Construction Research and Analytics, 2009: 13-67.

[21] 屈青山，张新艳. 基于协同工作的建筑设计系统研究与实践 [J]. 建筑与结构设计，2007 (6)：6-8.

[22] 张博. 虚拟现实技术在结构分析中的应用 [D]. 保定：河北大学，2011：3-25.

[23] 袁晓如，张昕，肖何. 可视化研究前沿及展望 [J]. 科研信息化技术与应用，2011，2 (4)：3-13.

[24] Jean Daniel Fekete, Jarke J. Wijk, John T. Stasko. The value of information visualization [J]. Information visualization, lecture notes in computer science, 2008, 4950: 1-18.

[25] Caroline Ziemkiewicz, Rober Kosara. The shaping of information by visual metaphors [J]. IEEE Trasactions on Visualization and Comuter Graphics, 2008, 14 (6): 1296-1276.

[26] 柳绢花. 基于 BIM 的虚拟施工技术应用研究 [D]. 西安：西安建筑科技大学，2012：25-46.

[27] Xun Xu, Lieyun Ding, Hanbin Luo. From building information modeling to city information modeling [J]. Journal of information technology in construction (ITcon), 2014, 19: 292-307.

[28] Tae Wook Kang, Je Yoon Woo. The development direction for a VDC support system based on BIM [J]. KSCE Journal of civil engineering, 2014, 3: 1-12.

[29] Hung-Lin Chi, Shih-Chung Kang, Xiangyu Wang. Research trends and opportunities of augmented reality applications in architecture, engineering, and construction [J]. Automation in construction, 2013, 33: 116-122.

第4章

BIM 价值分析

本章主要内容

1. 分别从建设活动的三个主要参与方业主、设计师、承包商的角度着重分析了 BIM 的应用价值及其应用难度。

2. 介绍了一些新兴技术诸如云计算、物联网、大数据与 BIM 结合的应用价值，并展望了 BIM 未来发展的驱动力、障碍与应用潜能。

4.1 概述

当前，大量世界级的土木工程正在中国各地如火如荼地建设。在这些复杂工程的建设过程中，也越来越多地借助 BIM 来促进其创新流程，这些流程不仅可以优化设计，还可以提高工程的施工效率和品质。自 2007 年以来，McGraw-Hill Construction（2015 年更名为 Dodge Data & Analytics）一直通过其“Smart Market”系列研究报告跟踪技术进步对建筑业的影响，并着重关注 BIM 如何改变美洲、欧洲、亚洲、大洋洲等区域的建筑设计和施工过程。在其对中国建筑业的研究报告中，着重考察了 BIM 的应用率、BIM 效益、用户对 BIM 价值的认识、未来 BIM 的相关计划，以及非 BIM 用户不应用 BIM 的原因和促使他们未来应用 BIM 的诱因等。对中国的研究报告结论显示：BIM 应用率在企业中所占比例将会越来越高，未来的一到两年之内，设计企业所占比例将增加 89%，施工企业所占比例将增加 108%。研究结论同时显示：虽然和其他国家相比较，BIM 在中国建筑业应用刚刚起步，但鉴于中国庞大的建筑市场，BIM 将处于快速发展阶段，间接表明了中国市场正在开始体验 BIM 所带来的效益，也暗示未来中国在 BIM 应用方面的领导潜力。

中国住房和城乡建设部在《2011—2015 年建筑业信息化发展纲要》中对 BIM 的应用要求如下：“十二五”期间，基本实现建筑企业信息系统的普及应用……加快推广 BIM、协同设计、移动通讯、无线射频、虚拟现实、4D 项目管理等技术在勘察设计、施工和工程项目管理中的应用，改进传统的生产与管理模式，提升企业的生产效率和管理水平。2015 年 6 月 16 日，中国住房和城乡建设部发布了《关于推进建筑信息模型应用的指导意见》（以下简称《意见》），该《意见》强调了 BIM 在建设领域应用的重要意义，明确提出推进 BIM 应用的发展目标，即：“到 2020 年年末，建筑行业甲级勘察、设计单位以及特级、一级房屋建筑工程施工企业应掌握并实现 BIM 与企业管理系统和其他信息技术的一体化集成应用。到 2020 年年末，以下新立项项目勘察设计、施工、运营维护中，集成应用 BIM 的项目比率达到 90%：以国有资金投资为主的大中型建筑、申报绿色建筑的公共建筑和绿色生态示范小区。”

然而，纵观中国建筑业的现状，虽然 BIM 在国内应用出现了遍地开花的繁荣表象，但要真正实现 BIM 应用价值却是非常艰巨的工作，实施的道路上依然充满着荆棘。BIM 在建筑业的推广和应用还存在着政策、法规和标准的不完善、发展不平衡、本土应用软件不成熟、技术人才不足等问题。中国建筑业的勘察设计、施工企业 BIM 技术应用的高水平项目数量、应用深度、广度等依然有限，对 BIM 应用仍没有统一的认识、缺乏项目各参与方有效的合作。一项新技术在其发展与普及过程中往往会遇到种种障碍，需要建筑领域从业人员放缓脚步、冷静反思与积极应对，BIM 也不例外。总体而言，当前国内 BIM 应用现状呈现如下特点：

1）大型设计和施工企业已经接触或应用 BIM，但企业中的人员普及率仍然较低，BIM 仍是一些少数人应用的高大上技术，覆盖着一层神秘的面纱。

2）一些政府项目和大型商业项目的业主开始关注 BIM，开始尝试要求在设计和施工中部分使用 BIM。

3）在设计和施工领域，已经有不少项目对 BIM 技术开展了实质性的应用，如可视化分析、碰撞检查、4D 虚拟施工等。

4）各类建筑软件开发企业对 BIM 的关注热情很高，也在其产品开发中部分应用了 BIM，但应用深度不高，有的建筑软件开发企业将 BIM 作为推广和销售自己产品的工具。

5）BIM 的推广和普及具有很大的地域性，发达城市和地区推广和普及度较高，二三线城市则关注较少。

6）科研院校对 BIM 的研究日益火热，各种 BIM 研究中心也越来越多，研究成果也得到了一些初步应用。

7）高校教师和学生对 BIM 的热情都很大，但由于 BIM 牵扯技术层次和应用面广博，如何有效地进行教与学是 BIM 教学面临的最大问题。

8）对 BIM 理解仍存在问题，到底什么是 BIM，答案可能五花八门，有的人认为 BIM 只适合复杂工程项目，有的人认为 BIM 很难真正实现，有的人则直接将 BIM 与 CAD 等同。

9）BIM 标准方面，虽然已经制定了国家级的 BIM 实施规范和分类标准，但面对不同的企业和各式各样的应用软件，统一共享的数据接口仍然没有实现，现实应用中仍是各自为战，缺乏有效的协同工作平台。

4.2 BIM 对业主的价值

4.2.1 应用价值分析

从 BIM 涵盖工程生命期的整个过程来看，无疑对业主的价值最大，其他参与者只是分享 BIM 整个价值链中的某个片段。作为项目的业主，利用 BIM 技术使得项目在早期就可以对不同方案的性能做出各种分析、模拟、比较，从而得到高性能的建筑方案。同时，积累的信息不但可以支持建设阶段降低成本、缩短工期、提高质量，而且可以为建成后的运营、维护、改建、扩建、交易、拆除、使用等提供服务。因而，不论是建设阶段还是使用阶段，利用 BIM 技术对工程质量和性能的提高，其最大的受益者永远是业主。因此，BIM 实施应该由业主来推动，可以花较少的成本，减少许多无谓的浪费，并获得最大的价值。

业主对 BIM 的实现目标相对简单，包括更好地提高设计质量、更好地进行施工管理、更好地进行运维管理，当然包含的内涵却极为丰富。那么对于业主来说，什么时候开始应用 BIM 最好呢？最好的阶段当然是从项目一开始就应用，从头做到尾，而且要完整地应用，基本上要包括策划阶段、设计阶段、招标阶段、施工阶段，直至运营维护阶段。从影响业主的利益角度来讲，设计阶段就应用 BIM 是一个比较好的时期，因为在项目施工以前的阶段一般属于纸上谈兵，业主的投入相对比较少，但当施工开始的时候，业主的投入是比较大的。在招标完成以后产生的错误多由业主承担，所以在招标开始以前，把设计院提供的设计图纸，通过 BIM 来协调、综合分析，通过 4D 施工模拟让图纸的错误消灭在施工之前。这样，在真正施工时，由于设计变更所带来的施工成本增加，甚至项目质量的下降等问题的发生都可以避免或降到较低程度。

项目开发的前期，主要是项目的论证与策划，其涉及范围最广，包括项目定位、资金、营销、设计、建造、销售等，因此，需要业主所在公司内部多部门共同参与。由于参与部门较多，涉及交流的内容又如此繁杂，反复的调整在所难免。当一个部门的数据作出调整时，其他部门的数据都要跟着变动，如果没有良好的用于信息沟通的载体，这些变化将会产生大量低效率的重复劳动。BIM 技术则很好地解决了这一问题，它可以成为各部门信息沟通的纽带和数据载体，为项目决策提供有力的数据依据。同时，通过应用 BIM 技术对项目景观、项目日照环境、项目风环境、项目噪声环境、项目温度环境、户型舒适度以及销售价格进行分析，可以为业主提供精准的信息。

项目的运营及维护阶段是项目全生命期中时间最长的阶段，经历了策划、设计及施工阶段后，此时的信息累积是最多的，这些信息将为今后几十年甚至上百年的项目运维管理提供支持。在传统建设开发中，在项目的不同阶段，不同参与方仅仅关注自身创建的信息，所以信息的建立、丢失、再建立、再丢失总是不断地重复发生。例如设计单位完成设计后，将设计图纸交给施工单位进行施工，而施工单位通常又根据图纸通过造价软件、项目进度计划管理软件等分别重新录入数据进行造价计算、项目计划、进度管理等工作，等到工程竣工后，管理单位又得依靠竣工图纸进行运维管理。这样的重复过程不但浪费了大量的人力物力，且产生错误的风险也大大提高，应用 BIM 技术在很大程度上解决了项目不同阶段信息重复建立及丢失的问题。虽然项目不同、阶段不同，参与方也仅关注自身使用的信息，但承载信息的载体实现了变革，BIM 实现了信息的创建、积累和完善，并伴随着工程实体不断成长。

1. 设计评估

业主需要有效地管理项目设计阶段的成果是否符合他们的要求。在早期的概念设计阶段，通常涉及空间划分和分析，这些分析结果常常作为业主评估设计方案是否符合建筑使用功能的标准。当前，这些分析都由人工完成，业主需要依赖设计师用图纸、图像或渲染动画的方式来浏览项目。由于需求可能变化，而且就算需求很明确，对业主而言也很难保证所有的需求都被满足，这就会导致设计师局部甚至整体地改变设计方案，以便迎合业主对建筑使用功能变化的需求。

此外，一项规模不断发展的工程，牵扯的不仅仅是翻新现有设施，还可能涉及建筑物所在地的城市规划，这些工程通常会影响周边的社区或现有设施的使用者。当他们不能充分理解工程图纸和工程进度时，想把所有利害关系人都纳入考虑之中是很困难的事情。那么，当引入 BIM 以后，业主和设计师合作可以实现对设计的正确评估。在可行性分析阶段，业主和工程咨询顾问合作，对项目的计划和需求进行分析，在这个阶段可以不考虑各种计划的功能性或需求的可行性和成本。

业主常常需要项目的利害关系人提供适当的反馈意见，传统的做法是通过会议的方式召集相关人员开会讨论，有时候需要多个会议才能确定大家都满意的结果。如果应用 BIM 建筑信息模型，通过计算机或移动电子设备可以一目了然地对项目进行评价和讨论并即时发表自己的看法，不仅提高了工作效率和审查流程效率，且避免了舟车劳顿和反复参加会议的烦恼。

除了常规的演示或可视化模拟以外，业主还需要其他类型的模拟来评估设计的品质。这些模拟可能包括群众紧急行为和灾难疏散方案，通常将基于 BIM 建立的建筑信息模型作为模拟的起始点。对于建筑的安全性来说，这样的模拟展示是非常重要的，可以判断设计的一些安全通道在灾难发生时是否真正起到作用。

2. 建筑和建筑环境的复杂性

现代建筑和设施是一种由组织机构、财务、法律构架而成的复杂实体，复杂的建筑规范、建筑法律、责任问题是建筑业最常见的议题，对项目的整个团队而言也常常是瓶颈或重大障碍。业主通常会一并协调设计和审议工作，但同时由于工程越来越复杂，他们的工作也变得举步维艰。BIM 工具和流程可以支持业主在日益复杂的工程中进行从容协调，比如，对建筑、结构、MEP 模型的整合和协调，BIM 可以虚拟地协调各种模型，可以避免因设计上的缺陷而造成施工中的设计变更。

当今，许多工程都采用诉讼的方式来解决变更设计的付款纠纷问题，这些问题包括：设计师因业主的要求而进行的变更、业主认为设计师的设计不符合合同需求、承包商认为施工图纸有问题或缺乏数据信息以及拿不到正确的文件等。若建设流程以 BIM 为中心，则可以缓解上述变更设计的情况，因为创建模型需要的精确度、解决办法和协作者的参与等可以让项目参与团队的责任归属更加清晰。

3. 可持续发展与成本控制

绿色建筑理念的发展引发了许多业主或管理者们开始思考他们的项目中设备能源效率问题以及对周边环境的影响，可持续发展的建筑对业主或管理者们来说是最好的经营手段，且可以为房产的市场营销创造更大的价值。BIM 模型提供了传统 2D 模型所无法完成的功能，例如用于能源或环境分析所需要的数据信息。据美国学者统计，每平方米建筑在运营中所需能源费用每年约折合 16～22 美元，那么，对于一个约 1 万 m^2 的建筑来说，每年的能源消耗就可能要花掉 16 万～22 万美元。如果同样面积的建筑采用节能系统，例如配置较简单的加强隔热层，每年就可以减少约 10% 的能源消耗，换算下来每年可减少 1.6 万～2.2 万美元的开销，而配置加强隔热层的前期投资可能需要 10 万美元，但大约在运营的第六年就可以做到收支平衡。对于业主而言，有很多软件可以评估建筑节能投资与收益，包括生命期效益分析等，这些分析工具并不一定要采用 BIM 模型，但与 BIM 结合可以充分发挥它们最大的分析功能。

稳定的节能设计对于建筑整体工作场所的效率有相当大的影响，约 92% 的运营成本都花在设备的维修、更新以及人工费上，据研究表明，商店和办公楼的日间照明可以提升生产力和减少旷工。当业主需要考量使用日间照明、减缓炫光、吸收太阳热能并进行效益评估时，BIM 技术可以用来提供分析工具，并对投资和收益进行整体评价和比较。

在建筑的建造和运维阶段，业主常常会面临不可预期的支出现象，迫使他们超出预算或是取消计划。通过业主问卷调查表明，高达三分之二的工程都有超出预算的状况。为了减少超支的风险，还有不可靠的估算，业主和供应商一般会将意外状况加入估算中，或预留预算来应付工程中不可预期的状况。如图 4-1 所示为业主和供应商考虑突发状况的预算比例，它们占估算值的比例根据工程的不同阶段从 50% 变化到 5%。不可靠的估算将业主置于高风险当中，只能用人为的方式增加整体计划的预算。

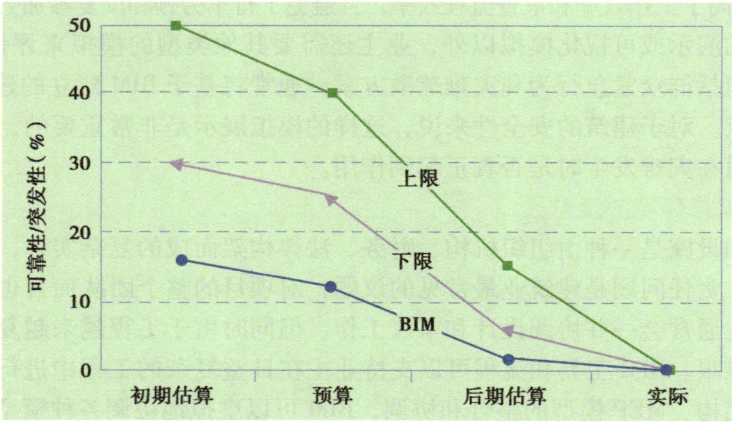

图 4-1　项目实施阶段成本估算（突发性的上限和下限，以及 BIM 估算的可靠性）

成本估算的可靠性会受到诸多因素的影响，例如从估算到执行、从设计变更到质量控制的时间跨度过程中，市场环境会随时变动。BIM 模型的准确性和可计算性为业主提供了更可靠的资料，为业主在进行工程量计算、估算、变更设计的时候提供更快速的结果反馈。工程初期的可行性研究是最容易对成本产生影响的阶段，如图 4-2 所示，这是一个重要的概念。在这个阶段，成本预算师没有充裕的时间，只有依靠较贫乏的文件信息，加上和计划参与者的沟通障碍，特别是和业主之间的沟通障碍，是估算结果出现偏差的主要因素。目前，BIM 大部分的使用时机都局限于在设计的最后阶段和工程建造的初期阶段。若在设计阶段更早的应用 BIM，将可以对成本估算带来更大的正面影响，关键在于通过 BIM 的估算途径，可以提升整体成本估算的可靠性。

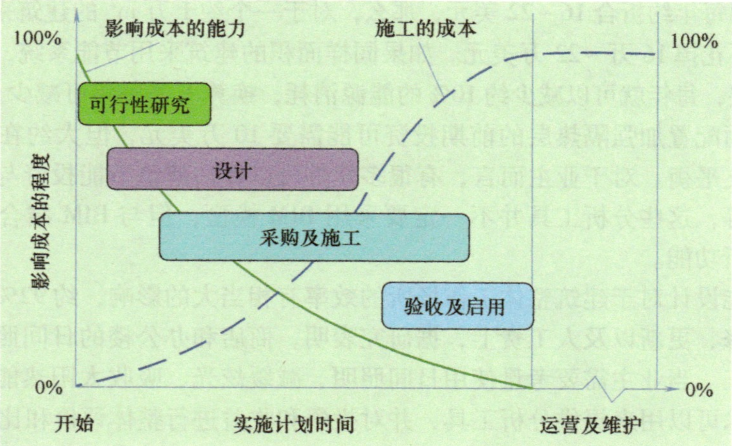

图 4-2　项目实施过程中影响成本的能力

总之，业主可以和设计团队通力合作，通过应用 BIM 技术达到以下目的：

1）整合计划需求的发展，通过 BIM 空间分析改善方案的一致性。

2）通过可视化模拟得到更多利害关系人有价值的意见，快速地重新配置和探索设计方案。

3）模拟建筑建造和运营，使用全面集成 MEP、建筑、结构系统的 3D 模型进行基础设施的协调。

4）预防因建筑模型的协同创作过程中所带来的法律诉讼问题。

5）利用 BIM 能源分析减少能源消耗，利用模型的创造和模拟软件提升运营效率。

6）利用 BIM 算量软件进行更快、更详细、更精确的成本估算，利用 BIM 的 4D 协调模型对不可预期的现场状况作出预先判断。

4.2.2 应用难度分析

通过上述的分析不难发现 BIM 应用对于业主的价值是十分巨大的，可是反观国内 BIM 项目的应用，无论是在数量、水平，还是范围、深度等方面并不理想。这与 BIM 在实际应用中存在一定的难度有很大关系，这些难度使得业主在面对 BIM 应用选择时明显动力不足。这些应用难度可以分为两类：其一是业务上的程序难度，其二是技术上的实施难度。

1. 业务上的程序难度

1）市场尚未准备好，还处于革新状态。许多业主可能会认为，如果他们改变合约来配合新技术的应用，特别是 3D 或 BIM，由于市场准备不足或不成熟，潜在的竞标人可能对新技术望而却步，从而不会投标，这样一来就会抬高项目的投资成本。但近期的调查发现，多数的设计师、供应商和承包商正在不同程度地应用 BIM 技术，随着 BIM 使用率的提高，业主将会发现更有能力在他们的项目中建议使用 BIM。

2）财务计划和项目前期设计已经做好，再改变成 BIM 相当复杂，因此不值得应用。一旦工程接近施工阶段，业主和项目团队的确失去了应用 BIM 获益的最好时机，但还是有充裕的时间和机会在后面的深化设计阶段和初期施工阶段实施 BIM，并从中获益。

3）培训费用和学习难度太高。实施像 BIM 这样的新技术，在人员培训和变更工作流程上是很耗费资金的，在软硬件上的投资一般都会被培训费用和初期的生产变更损失所超过。大部分的供应商不愿意做这样的投资，除非他们可以预见该投资能够长远获益，或是业主愿意资助他们的培训费用。

4）不能确保项目团队每一个人都懂 BIM，从而使 BIM 的应用失去相应价值。通常很难确保项目实施过程中的参与者都具备知识和意愿来参与创建或使用 BIM 技术，当项目一部分应用 BIM，另一部分让未参与模型制作的组织进行信息重建，这种难度和挑战是相当高的，也无法确保实施 BIM 所获利益。

5）出现太多法律障碍，克服它们太花钱。在某些方面，为了方便使用 BIM 及让项目团队更协调，施工和法律变更是必需的。即使是目前，有时候项目不同阶段信息模型零损失转换也是困难的，团队们只能被迫转换成传统的纸质文本，并依赖旧的合同。此外，管理机构面临更大的挑战，因为他们需要在法律的管辖下，花相当长的时间进行变更。这是真实存在的障碍，且将会持续存在，必须依赖专业机构来修改合同标准，或由业主自行修改他们的合同。

6）模型所有权和管理权可能在一定程度上削弱业主权利。BIM 的实施需要由洞悉跨组织和跨领域的专家指导，有了 BIM 就能提早发现和判断问题，使团队可以及早解决问题。不过这个过程需要业主的配合，业主应视这种状况为好处而非不利于项目实施。现在的交付过程中的不顺畅已经明显有改进，但尚需业主有更多直接的改善，交付过程才会更加顺畅和具有交流性。管理程序和管理相关模型对项目实施而言将会变得相当重要，业主必须建立明确的作用、责任和方法来参与项目团队的沟通。

2. 技术上的实施难度

1）BIM 应用于单一领域的设计不成问题，但跨领域的综合设计却有一定难度。虽然 BIM 设计工具已经日渐成熟，但项目专业团队针对综合模型的考评仍然需要耗费很多时间，且当模型的范围和建筑构件的数量及种类日渐增多时，也同时会产生表现问题。因此，多数项目团队选择使用模型浏览工具来支持如协调、进度模拟、操作模拟等的综合任务，例如采用 Navisworks 模型浏览器来做虚拟施工中的冲突检查和设计协调。BIM 设计环境在单一领域或两个领域的模型集成上有很好的表现，但对于施工详图层面的集成就相对困难，如果配合模型浏览器，可能就是最好的解决办法。

工作流程和模型管理可能是更大的障碍，集成多重领域需要让多个使用者可存取模型，这确实需要技术专业，并要建立公约来管理更新及编辑模型，且要建立一套网络及服务器来存取该模型。对于新用户而言，这为他们提供一个学习专业经验的好机会。业主应该与其专业团队进行探讨和审核，来决定他们希望的或有能力做到的优先集成形式和分析能力。全面集成各领域模型是有可能的，但需要专业、计划和选择正确的 BIM 工具。

2）标准定义尚不完善或没有得到广泛采纳，因此必须要等待。虽然 IFC 和美国国家标准 NBIMS 可以大幅度地强化互协作性和推广 BIM 的实施，虽然软件公司已经改善了它们的 IFC 数据格式导出和导入功能，虽然包括中国在内的各国正在制定或完善符合本国规范的 BIM 标准，但多数设计师尚不懂得如何善用交换标准，而且很多企业仍习惯使用专有格式进行数据交换。标准的不完善或没有被合适地应用，对于业主来说，在交易和实施管理上，有可能造成短期或长期投资 BIM 模型的风险。

从以上 BIM 实施的难度来看，业主要明白 BIM 仅是一种管理手段和信息处理方法，采用 BIM 技术并不能确保项目实施成功。BIM 是一套技术，涉及需要由团队支持的工作程序、管理手段和配合度高的业主，BIM 不会代替出色的管理方式、一个良好的项目团队以及相互尊重的工作文化，业主或管理者在采用 BIM 时必须要思考这些问题。

4.3 BIM 对设计师的价值

4.3.1 应用价值分析

目前设计企业向业主提供的设计成果主要是二维图纸和计算机效果图，由于计算机效果图通常需要额外制作而不是直接可以从设计图纸得到，所以需要更多的时间和成本。这就产生了两种情况：如果业主直接看二维设计图纸，就需要业主具备一定的专业知识才行，这在业内并非都能实现；如果看计算机效果图的话，虽然较为直观，但毕竟制作成本较高、时间周期较长，因此数量不会太多，无法面面俱到。于是这样的沟通方式往往会造成双方理解上的差异，最终导致业主想要的产品与设计师的设计成果出现偏差，到了施工后才发现问题，并进行修改、返工，导致工期延误、成本增加的现象一直层出不穷。

BIM 模型软件基于三维技术集成设计环境，无论二维图纸还是三维模型都可以即时、准确地反映设计内容。业主与设计师在这样的平台上直接进行交流与沟通，既直观又形象，不仅实现了无障碍交流，时间成本也大大减小，同时可以最大限度地避免双方设计理解的差异，从而推进项目开发沿着正确的方向前进。

从 BIM 的应用价值链中分析，设计师在 BIM 应用中贡献最大。建筑物的性能基本上是由设计决定的，利用 BIM 模型提供的信息，从设计初期即可对各个发展阶段的设计方案进行各种性能分析、模拟和优化，从而得到具有最佳性能的建筑物。利用 BIM 模型也可以对新形式、新结构、新工艺和复杂节点等施工难点进行分析模拟，从而改进设计方案。利用 BIM 模型还可以对建筑物的各类系统（建筑、结构、机电等）进行空间协调，保证建筑物产品本身和施工图没有常见的错、漏、碰、缺现象。同时设计用的 BIM 模型还可以给施工企业提供方案计划分析，提供给业主进行运营维护管理。

BIM 建筑信息模型这一平台的建立使得设计师从根本上改变了二维设计信息割裂的问题。在传统的二维模式下，建筑平面图、立面图、剖面图都是分别绘制的，如果在平面图上修改了某个窗户，那么就要分别在立面图、剖面图上进行与之相应的修改。这在目前普遍设计周期较短的情况下，难免出现疏漏，造成有些图改了有些图没改的低级错误。而 BIM 的数据则采用唯一、整体的数据存储方式，无论平面、立面还是剖面图，其针对某一部位采用的都是同一数据信息，这使得修改变得简便而准确，不易出错，同时也极大地提高了工作效率。

1. 概念设计

在前期概念构思阶段，建筑师面临项目场地、气象气候、规划条件等大量设计信息，对于这些信息的分析、反馈和整理是建筑师初期一件非常有价值的工作。通过对 BIM 信息技术平台及 GIS 等分析软件的利用，建筑师可以更便捷地对设计条件进行判断、整理、分析，从而找出关注的焦点，充分利用已有条件，在设计最初阶段就能朝着最有效的方向努力并作出最适当的决定，从而避免潜在错误的发生。

在三维设计出现前，建筑师只能依靠透视草图或实体模型来研究三维空间，这些方式有自己的优势，但也存在一些不足。如绘制草图，可以随心所欲、流畅地表达设计意图，但是在准确性和空间整体感上却受到很大限制。实体模型在研究外部形态时有很大作用，但是其内部空间无法观察，难以提供对空间序列关系的直观体验和表达。BIM 建筑信息模型以三维设计为基础，采用虚拟现实物体的方法，让计算机取代人脑完成由二维到三维的转化，这样建筑师可以将更多的精力投入到设计本身，而不是耗费大量精力在二维图纸的绘制上。

在过去，概念设计几乎完全依赖主持设计师的专业和经验，并与其他的设计团队成员进行沟通得到反馈意见。在这种情况下，因为设计方案被业主否定以后需要尽快设计替代方案，使得设计团队之间的沟通变得紧迫，所以对反馈意见的评估未必恰当。诸如铅笔等能快速进行讨论和认知的工具变成了概念设计的主导工具，其中的徒手素描是记录和内部沟通最主要的文件。可能有的建筑师会认为在概念设计阶段不需要 BIM，因为它的复杂度和认知度太高，但像 BIM 所支持的一些轻巧工具，例如 SketchUp、Rhinoceros 等已经被接纳为概念设计的工具，这些 BIM 工具可以快速生成复杂体面的建筑外观，加速了设计团队在空间和视觉上的沟通。此外，在概念设计阶段应用 BIM 还可以对诸如结构、外部墙体、能源、空调、灯光和日照环境等进行初步分析，以便为下一步的建筑设计提供数据模型基础。

2. 建筑设计

当设计从概念阶段持续进行时，就需要更详细的系统规范和辅助设计工作，也就是说进入了建筑设计阶段。所有的建筑物必须要满足结构、环境状况、给水排水、防火、电气或其他供电系统、通信以及其他使用的基本功能，每个功能和其支持的系统都要尽早确定是否符合规范和业主要求。在 BIM 出现以前，过去三十多年发展的大量计算机分析软件中很大一部分都以建筑物理学为基础，包含结构静力学、动力学、流体力学、热力学和声学，很多设计工具都需要建立 3D 模型。早期创建 3D 模型是很繁杂的工作，需要用几何线条、坐标和节点来定义 3D 几何模型，而且还需要辅助文字作为说明。

早期的 3D 模型不包含非几何信息，因此和 BIM 创建的 3D 模型有本质区别。BIM 整合了基于数据库的三维模型，可以将建筑设计的表达与现实中的信息集中化、过程集成化，从而大大提高生产效率，减少设计错误。就国内设计现状而言，当前的主流方式还是以采用 AutoCAD 绘制平面图、立面图、剖面图以及节点详图为主要方法，这些图纸在绘制时往往有很多内容是重复的，但即使这样还会有很多内容无法表达，需要借助一些说明性的文字或者详图才能解释清楚。同时，在这样的工作量下产生的图纸数量也是庞大的，这也成为提高项目集成度和协作设计的重大障碍。在 BIM 软件平台下，以数据库代替绘图，将设计内容归为一个总数据库而非单独的图纸，该数据库可以作为项目内所有建筑实体和功能特征的中央存储库，随着设计的变化，构件可以将自身参数进行调整，从而适应新的设计。

通过 BIM 的参数化建模方式，建筑师创建的每个建筑构件不仅仅是几何信息，还融合了专业知识和构件属性信息。构件不再是仅用于表现本身的形状，而是一个个信息储存的载体，这些不同的载体结合起来就构成完整的建筑信息模型。“一处修改、处处更新”的关联性机制大大减轻了建筑师的设计强度，他们可以将更多的心思用于设计作品本身的创新和品质的提升上。

此外，绿色建筑设计是一项跨学科、跨阶段的综合设计过程，而 BIM 的产生也正好迎合了这一需求，实现了在单一数据平台上各专业的协调设计和数据集中。通过 BIM 结合相关专业软件的应用，可以进行建筑的热工分析、照明分析、自然通风模拟、太阳辐射分析等，为绿色建筑设计带来了便利。

建筑设计创建的基于 BIM 的模型由于包含了丰富的数据信息，业主对建筑方案不满意时可以由建筑师自由地协调，直到其满意为止，不需要耗费建筑师大量的时间和精力。同样，丰富的模型也为下游专业例如结构设计、水暖电设计的工作奠定了良好的基础。即使设计方案发生变化，由于自动关联修改机制，各专业可以随时捕捉更新的信息，并对与自己专业设计相关的内容进行适当地调整。

3. 结构设计

在建筑设计初步阶段，结构设计就可以同步开展起来，目前在国内设计单位，结构设计采用的软件工具与建筑设计一样，主要依靠 AutoCAD 软件进行施工图绘制。首先由建筑师确定建筑的总体设计方案及布局，然后专业的结构工程师根据建筑设计方案进行结构设计，建筑和结构双方的设计师要在整个设计过程中反复相互讨论，不断修改。在设计院里，建筑师拿着图纸找结构设计师改图的场景屡见不鲜。

将 BIM 模型应用到结构设计中之后，BIM 模型作为一个信息数据平台，可以把上述结构设计过程中的各种数据统筹管理，BIM 模型中的结构构件同时也具有真实构件的属性及特性，并记录了项目实施过程的所有数据信息，可以被实时调用、统计分析、管理与共享。结构设计的 BIM 应用主要包括结构建模及计算、规范校核、三维可视化辅助设计、工程造价信息统计、输出施工图等，大大提高了结构设计的效率，将设计纰漏出现的概率降到了最低。

此外，用于结构分析和计算的各类有限元软件的模型数据格式均不相同，虽然某些有限元软件例如 ETABS、SAP2000 已经宣称支持 BIM，但仍是一种单一的行为，支持度也不高。当前，不同有限元软件模型之间的转换仍是一种点对点的转换模式，缺乏一种开放的中间共享的转换平台。在针对复杂结构的分析和计算中，结构工程师有可能会同时采用几种不同的有限元软件进行分析和对比，如果这些有限元软件所建立的模型能够互相转换，那么工作强度可以大大降低，分析精度可以得到提高。

因此，通过利用 BIM 可以建立一种中间数据共享平台，这种平台的底层数据库要将不同有限元软件的数据格式通过高级程序语言（如 C + +）形成通用的数据转换标准。采用共享平台以后，各个有限元软件所建立的模型可以为其他有限元软件所共用，结构工程师可以集中精力用于模型的精细化分析。图 4-3 演示了传统点到点的结构分析模型转换模式和基于 BIM 共享平台的结构分析模型转换模式。

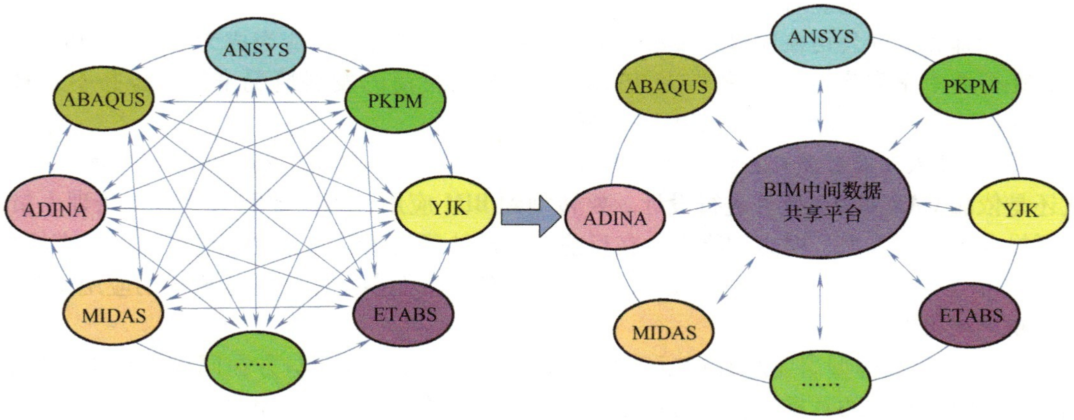

图 4-3 结构分析模型转换模式

4. 水暖电设计

建筑机电设备专业通常称为水暖电专业，这三个专业是建筑工程和暖通、电气电信、给水排水的交叉学科。它们的共同特点是：设备选型和管线设计所占比重极大；在设计过程中要同时考虑管线及设备的安装顺序，以保证足够的安装空间；还得考虑设备及管线的工作、维修、更换要求。传统水暖电设计主要依靠 CAD 进行二维设计，这使得管线综合问题在设计阶段很难解决，只能在各专业设计完成后反复协调，将各方图纸进行比对，发现碰撞后提出解决方案，修改后再确定成图。

将 BIM 三维模型引入水暖电设计后流程如下：①通过引入 BIM 模型，建立负荷空间计算单元，提取体积、面积等空间信息，并指定空间功能和类型，计算设计负荷，导出模型数据，进行初步分析；②建立机电专业模型，进行机电选型，在建筑模型空间内由设备、管道、连接件等构件对象组合成子系统，最后并入市政管网；③整理、输出、分析各项数据，三方软件进行调整更新原数据，并利用现有 BIM 软件可以对系统进行一些初步检测或使用其他软件调用分析后再导入进行设计更新，从而实现数据共享、合作设计；④通过碰撞检测功能对各专业管线碰撞进行检测，在设计阶段就尽量减少碰撞问题，根据最后汇总进一步调整设计方案；⑤综合建筑、结构以及水暖电各专业的建筑信息模型，可以自动生成各专业的设计成果，如平面图、立面图、系统图以及详图等。

BIM 对于水暖电专业设计的价值除了通过三维模型解决空间管线综合分析及碰撞问题外，还在于能够自动创建路径和自动计算，具有极高的智能性。

4.3.2 应用难度分析

虽然 BIM 提供了实现新技术新优势的潜能，但这些优势并非随手可得，具备分析和详细信息的 3D 模型的发展需要涉及更多公司领导层的决策。当考虑到需要购买新系统、需要培训员工新思维、需要指定新的工作流程时，就需要支出一笔不菲的费用，而且有可能随着技术应用的深入，投入的费用成倍增加。很多设计公司可能会怀疑这样的投入是否值得，不应用 BIM 好像也不影响公司当前的业务。但是，随着大多数公司开始尝试 BIM 带来的好处时，设计公司必须要面对这些现状，是果断革新采用新技术，还是因循守旧继续传统的工作方法，无疑对公司未来的生存有着决定性的影响。

设计师和设计公司在项目众多参与方中是技术力量最强的，应当成为 BIM 应用的主力军，在行业中率先实现 BIM 的普及应用。但从国内目前的发展情况来，形势并不乐观，BIM 在设计公司的应用主要存在以下一些困难：

1）虽然大型设计公司已经开始采用 BIM，但多数中小型设计公司目前的主流业务方式还是依靠 CAD 等 2D 软件进行设计。要转型到 BIM 应用，就需要购买软件、培训人员，需要投入巨大的人力、财力和物力。在目前项目设计费越压越低、项目越来越多的市场环境下，转型一旦失败可能会入不敷出，这样的风险使得很多设计公司对 BIM 的应用比较被动，缺乏积极性。

2）BIM 信息模型需要对所有项目参与方公开，所有项目参与方在同一模型中进行数据交流，输入相关的数据，获取对自己有用的信息。项目参与方数量越多，交流的信息量越大，产生的价值和效益也越高。而设计公司出于对自身知识产权和利益的保护，并不愿完全对外公开设计基础数据资料，这与 BIM 的应用理念背道而驰，这样的情况使得设计公司即使参与了 BIM 也无法达到最佳效果。

3）一个工程项目的设计过程中，不同专业的设计师可能采用不同的设计软件。例如，建筑师可能采用 Revit 或 ArchiCAD 进行建筑设计，结构工程师可能采用 PKPM 或 YJK 进行结构计算分析，设备师可能采用 Design Master 进行机电设计，节能师可能采用 Ecotect 对建筑进行耗能分析。尽管这些软件已经支持与 BIM 格式模型相互转换，但出于商业秘密，并没有公开其数据模型转换接口。面对设计阶段种类众多的软件，统一的 BIM 数据模型共享平台很难建立，BIM 的总体应用价值也很难得到体现。

4）每个项目的设计都不是由个人完成的，而是由一个设计团队合作完成。在 BIM 应用中会遇到协作过程中出现的问题，如信息模型在集成过程中的错、漏比较多，而整体模型的质量达不到标准，就无法在后期中合理地应用。信息模型出现质量问题的原因主要有：第一，建模前设计团队中的标准不统一；第二，由于专业的局限性，对二维图纸的理解有误；第三，由于项目时间紧迫，建模过程中可能出现失误。这些问题也在一定程度上加大了应用 BIM 的难度。

5）目前大多数业主对 BIM 的了解尚浅，无法提出合理的 BIM 需求。项目启动前的需求无法明确，不仅在项目实施过程中的范围不清晰，还容易导致所完成的设计成果达不到业主满意度。业主便会根据完成的成果提出变更要求，这样业主和设计师就会陷入不断变更的循环中，这也导致了应用 BIM 的价值难以得到体现。

4.4 BIM 对承包商的价值

4.4.1 应用价值分析

当前，中国土木工程建设项目数量之多和规模之大举世瞩目，项目高度不断攀升，项目复杂程度也不断提升。经过三十多年的项目管理实践，以施工企业为主体的总承包模式已成为我国很多大型建设项目工程管理的一种主流模式。在项目管理的专业化要求不断提高的今天，作为项目的主要执行者，承包商发挥了非常重要的作用，他们既是工程项目的实体构造者，也是项目管理的执行者和项目最终目标的实现者。因此，如何利用 BIM 等先进技术提升施工企业整体实力是当前整个建筑行业面临的一项核心问题。

承包商可以利用 BIM 的优势来节省时间与成本，一个准确的建筑模型可以为施工团队所有参与者带来益处。BIM 可以让建造程序事前得到有效规划，确保程序的顺畅，减少差错和错误发生的可能性。承包商和业主也可以考虑让分包商与制造商参与 BIM 的工作，集成化项目交付 IPD（Integrated Project Delivery）就是一种相互连接的合约模式，要求业主、设计师、总承包商、分包商、制造商从项目的初始阶段就一起工作，是利用 BIM 作为协同工作的最佳方式。

BIM 是一项在整个工程建设过程中通过建立、应用及传递建筑数字信息来提高设计、施工及运营水平的全新技术。由于 BIM 技术贯穿于整个项目的全生命期，因此只有项目各方的共同参与和协作才能最大限度地发挥其作用。尤其是作为项目主要实施者的承包商，如何将 BIM 技术推广至企业内部的各个部门，并应用在项目施工的各个阶段，是承包商调整未来规划、提升企业整体实力的关键。

1. 应用流程

正常情况下，若前期的设计阶段并没有为项目施工建立合适的 BIM 信息模型，承包商可以自己主导施工建模过程，在 BIM 模型中增加施工信息，使得信息模型能够用于施工。当然，技术出众的承包商可以从头开始创建适合自己的施工信息模型，来协助工程的协调、冲突检测、成本估算、采购等。图 4-4 展示了对于一般承包商如何从 2D 图纸开始创建 BIM 建筑信息模型的工作流程。

这里特别要注意的是，图 4-4 所反应的承包商创建的 3D 模型可能仅仅为一个项目作可视化表现，并不包含参数化的构件或构件之间的关系。这种情况下，模型的使用可能会

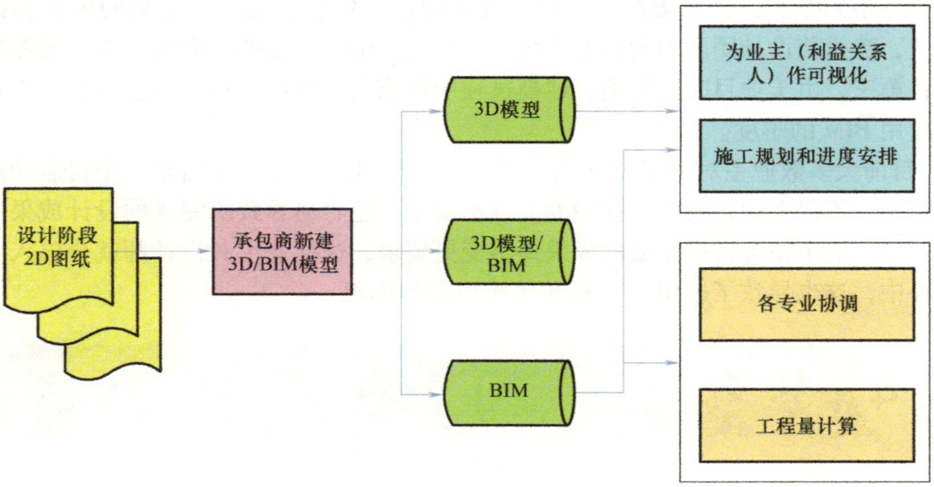

图 4-4　基于 2D 的 BIM 或 3D 模型创建流程

被限制在冲突检测、可施工性分析、可视化表现，以及 4D 动画演示几个方面。在其他情况下，承包商可能会在模型中增加一些构件属性和关联信息，用于不同工种的施工协调和工程量计算。

图 4-5 展示了另一种 BIM 应用流程。这种方式是由项目团队在项目的执行过程中，通过整合 2D 模型形成 3D 模型，或直接创建 BIM 模型。如果承包商前期的流程是利用 2D 模型工作，承包商可以将 2D 模型转换到 BIM 的 3D 模型中。一般来说，项目团队不同参与者会形成各自的工作模型，再通过合并形成一个统一的信息模型。分享 3D 模型可以让承包商进行工程协调、规划、工程量计算、虚拟施工等，这个分享的 3D 模型将变成所有工种施工作业的基础，相比 2D 模型而言不仅省时省力，而且更加精确。随着执行和应用 BIM 的机会越来越多，新的工作流程也将会诞生，例如，前面提到的集成化项目交付 IPD 就是当 BIM 被正确使用后作为一种业务流程的较好的方式。

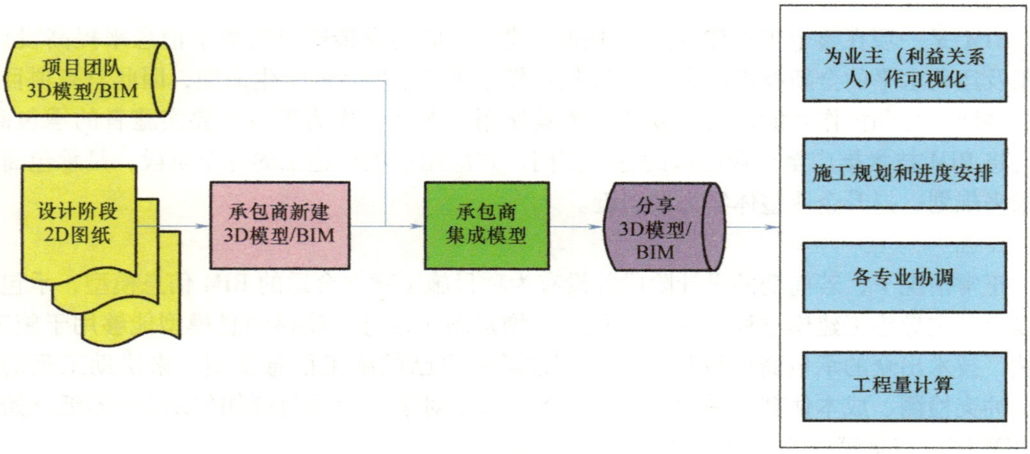

图 4-5　混合的 BIM 或 3D 模型创建流程

2. 碰撞检测

在大型复杂项目的设计和施工中，设备管线的布置由于系统繁多、布局复杂，常常出现管线之间或管线与结构构件之间发生碰撞的情况，这将会给施工带来麻烦。传统的施工流程中为了避免上述问题的发生，一般通过二维管线综合设计来协调各专业的管线布置，但只是将各专业的平面管线布置图进行简单的叠加，按照一定的原则确定各种系统管线的相对位置，进而确定各管线的原则性标高，再针对关键部位绘制局部的剖面图。二维管线综合设计方式的局限性是：①管线交叉的地方只能靠人眼观察，难以进行全面的分析，碰撞问题无法完全暴露及避免；②管线交叉的处理均为局部调整，很难将管线的连贯性考虑进去，可能会顾此失彼，解决了一处碰撞，又带来别处的碰撞；③管线标高多为原则性确定的相对位置，仅局部绘制剖面的位置有精确定位，大量管线没有全面精确地确定标高；④多专业叠合的二维平面图纸图面复杂繁乱，不够直观；⑤虽然以各专业的工艺布置要求为指导原则进行布置，但由于空间、结构体系的复杂性，有时无法完全满足设计原则，尤其在净空要求非常高的情况下。

对于大型复杂的工程项目，采用 BIM 技术进行三维管线综合设计有着明显的优势及意义。在 BIM 的建模过程中就可以发现大量隐藏在设计中的问题，这些问题往往不涉及规范，但跟专业配合紧密相关，或者属于空间高度上的冲突，在传统的单专业校审过程中很难被发现。应用 BIM 实现的价值主要有：①三维可视化、精确定位。采用三维可视化的 BIM 模型可以使工程完工后的状貌在施工前就呈现出来，表达上直观清楚。模型均按真实尺度建模，传统表达中省略的部分（如管道保温层等）均得以展现，从而将一些看上去没问题，而实际上却存在的深层次问题暴露出来。②碰撞检测、合理布局。传统的二维图纸往往不能全面反映个体、各专业、各系统之间的碰撞可能，同时由于二维设计存在不可预见的分散性，也会使设计人员疏漏掉一些管线碰撞的问题。而利用 BIM 可以在管线综合平衡设计时，利用其碰撞检测的功能，将碰撞点尽早地反馈给设计人员，与业主、顾问进行及时的协调与沟通，尽量减少现场的管线碰撞和返工现象。这不仅能及时排除项目施工环节中可能遇到的碰撞冲突，显著减少由此产生的变更，更可以大大提高施工现场的生产效率，降低由于施工协调造成的成本增加和工期延误。③设备参数复核计算。在机电系统安装过程中，由于管线综合平衡设计以及精装修调整会将部分管线的行进路线进行调整，由此增加或减少了部分管线的长度和弯头数量，这就会对原有的系统参数产生影响。运用 BIM 绘制好机电系统的模型后，接下来只需轻点鼠标就可以让 BIM 软件自动完成复杂的计算工作，模型如有变化，计算结果也会关联更新，从而为设备参数的选型提供正确的依据。

BIM 模型建立之后，承包商还需要确认模型的细化程度，必须要包含管线、风管、结构构件、附属配件，以及其他类型组件的细节，这样冲突检测的价值才能体现。有时候一些非常小的模型错误所导致的碰撞在施工中并不会造成问题，这一类错误可以排除。然而，如果模型细节不够精确，可能到现场施工时仍有很多问题没有被察觉，到那个时候再进行处理所花费的代价是昂贵的，BIM 也失去了其应用价值。目前市场上主要存在两种类型的碰撞检测途径：①BIM 设计工具的碰撞检测；②基于 BIM 集成的碰撞检测工具进行检测。BIM 设计工具的碰撞检测仅仅提供了一些基本功能，依据建筑的复杂程度不同可能会产生一些错误的分析结果。BIM 集成的碰撞检测工具允许用户从广泛的模型软件中导入

3D 模型并直观地进行可视化分析，例如，Autodesk 公司的 Navisworks Manage 软件就是一种典型的 BIM 集成的碰撞检测工具。这类工具所提供的检测分析结果通常是很精确的，并且可以辨识出更多类别的硬冲突（实体间的碰撞）和软冲突（空间间隙碰撞），如图 4-6 所示。

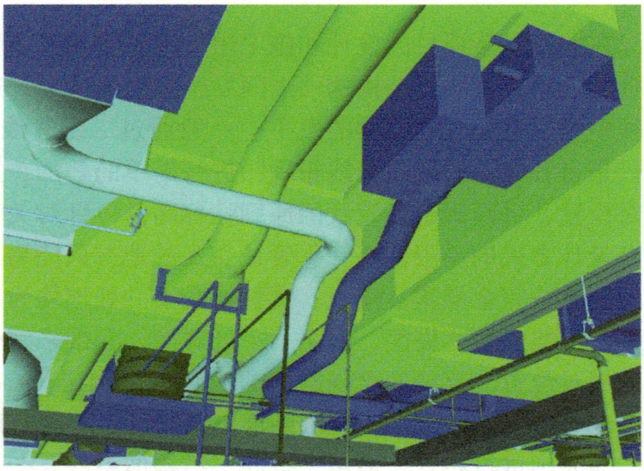

图 4-6　虚拟管线碰撞检测

3. 造价管理

我国现有的工程造价管理在项目实施过程中多是采用阶段性造价管理，并非连续的全过程造价管理，这样致使各阶段的数据不够连续，各阶段、各专业、各环节之间的协同共享存在障碍。随着工程结构造型越来越独特，体量和投资越来越大，传统的造价管理模式已经很难适应行业发展的需要。

从 BIM 技术自身的特点来看，BIM 可以提供涵盖项目全生命期及参与方的集成管理环境，基于统一的信息模型进行协同共享和集成化的管理。对于工程造价来说，可以使各阶段数据流通，方便实现多方协同工作，为实现全过程、全生命期造价管理以及全要素的造价管理提供了可靠的基础和依据。

从项目的全生命期或者造价的全过程来说，每个阶段都会产生 BIM 模型，即以模型为载体。每个阶段都会附加和产生各个阶段的信息和数据，在这些信息和数据之上，有了模型这个载体，便有助于数据的积累和沉淀。同时，这些数据通过 BIM 造价软件进行加工、深化，能够更好地提取关键指标到数据库中。通过 BIM 应用，将进度、预算、资源、施工组织等关键信息集成进来，让项目管理者在施工之前提前预测项目建造过程中每个关键节点的施工现场布置、大型机械及措施布置方案，还可以预测每个月、每一周所需要的资金、材料、劳动力情况，提前发现问题并进行优化，真正做到前期指导施工、过程把控施工、结果校核施工，拒绝信息的割裂，从而实现项目的精细化管理。

BIM 对工程造价全过程管理的显著效果，概括来说主要有：提高了工程量计算的准确性，可以更好地控制设计变更，以及提高项目策划的准确性和可行性。造价数据的积累与共享可以提高项目造价数据的时效性，使造价过程模拟成为可能。例如，在提高效率方面，对于同一栋建筑，传统的手工算量可能需要 15d，手工建模算量需要 7d，CAD 导图算量需要 3d，而 BIM 模型算量仅需要 30min。在准确率方面，以 Revit 模型导入为例，可以 100% 导出相应楼层设计模型的所有构件，土建构件的工程算量误差率统计约为 0.2%。

4. 施工管理

基于 BIM 的集成化项目交付 IPD 模式是施工管理的一种新模式，其核心理念是采用集成的、并行的工作方式代替传统的基于序列化的、顺序进行的施工过程管理。要实现 IPD 模式，就需要把项目主要参与方在设计阶段就集合在一起，着眼于项目的全生命期，利用 BIM 进行虚拟设计、施工、维护和管理。通过 BIM 和 IPD 应用，项目各参与方可以共享信息，并基于网络技术实现文档、图档和视档的提交、审核、审批及利用。项目各参与方还可以通过网络协同工作，进行工程洽商、协调，实现施工质量、安全、成本和进度的管理与监控。

正如第 3 章所述，虚拟施工是预先进行施工管理的有效方式，实现虚拟施工需要将 BIM 与 4D 技术结合起来，实现动态、集成和可视化的 4D 施工管理。将 3D 模型与施工进度相结合，并与施工资源和场地布置信息集成一体，建立 4D 施工信息模型，可以实现建设项目施工阶段工程进度、人力、材料、设备、成本和场地布置的动态集成管理及施工过程的可视化模拟。由于虚拟施工只是对实际的一种模拟，本身并不消耗任何施工资源，但可以提供可视化分析结果用于发现施工过程中潜在的问题，因此，可以较大程度地降低实际施工中出现的返工成本和管理成本，增强管理者对施工过程的控制能力。

4.4.2 应用难度分析

对于承包商来说，在企业经营中应用 BIM 的远景无疑是光明的。但就现实的情况来看，承包商首先要从传统的经营思维上作出改变，其次要具备一定的魄力能够投资迎合 BIM 这类新技术。任何一个正在观望或考虑使用 BIM 的承包商，必须要清楚引入一种新技术的投资既包括资金投入也包括工作方式的改变。从依据施工图纸工作转移到建筑信息模型上并不容易，为了学习和发掘 BIM 所提供的机会，几乎所有与传统相关的作业程序及商业合作关系都可能面临较大的改变。

从工程建设中施工费用占据投资很大比例来说，承包商应用 BIM 为建设行业产业升级、提高效率、节约投资带来的效果是最为明显的，但是短期内 BIM 在施工企业中的实际应用会遇到不少的障碍，主要有以下几个方面：

1）BIM 信息模型共享原则与施工企业的保密规则相冲突。建筑信息模型的数据将对业主、设计、施工、监理等各参与方完全公开，整个施工过程将变得更加透明，原有的一些监管盲点将被彻底扫除，而这些盲点原本可能是施工企业的重要利润点。这样一来，BIM 的应用在大大减轻业主、设计、监理工作负担的同时，也一定程度上触碰到了承包商的利益。对于施工利润本来就比较微薄，工程投标一年比一年难的承包商来说，当然会不自觉地抵触 BIM 的应用。

2）BIM 信息模型的应用对人员素质、技术力量有一定的要求。目前国内施工企业的招投标规范程度还不够理想，许多工程经过多次分包转包，到了施工一线的基层工作人员素质已参差不齐，并非都能具备 BIM 应用的能力。因此，施工一线高技术人才的缺失也成为 BIM 应用落到实处的一大障碍。

3）设计、施工两个环节不能连通，一体化设计与施工很难实现。国内当前的现状是 BIM 很难在设计、施工两个环节中顺利连通，而且两个环节的关注点也不同。国内设计企业和施工企业分开的现状，导致设计过程中没有或很少有施工方的参与，施工关注点没有得到很好的重视，即使把设计模型给了施工企业，其可利用度也非常低。此外，设计主要考虑的是建筑的功能性和安全性，施工考虑的是怎样根据设计图纸将项目建造起来，包括如何进行施工规划，如何购买施工机械和材料，如何进行施工人员安排等。设计和施工分开化的现实在一定程度上也阻碍了 BIM 的应用。

4.5 BIM 与新兴技术

4.5.1 云计算

众多的 BIM 软件对于计算机硬件都有极高的要求，且随着 BIM 软件版本的不断升级，计算机的配置也需要随之不断攀升，这使建筑企业往往望而却步，因此 BIM 的广泛应用严重受阻。于是建筑行业内开始考虑将“云计算（cloud computing）”引为己用，有力支撑 BIM 的硬件环境。

云计算技术是分布式计算技术的一种，其最基本的概念是通过网络将庞大的计算处理程序自动分拆成无数个较小的子程序，再交由多部服务器所组成的庞大系统经搜寻、计算分析之后将处理结果回传给用户。通过这项技术，网络服务提供者可以在数秒之内处理数以千万计甚至亿计的信息，从而达到和“超级计算机”同样强大效能的网络服务效果。

云计算通过网络把多个成本相对较低的计算实体整合成一个具有强大计算能力的完美系统，并借助 SaaS（Software-as-a-Service，软件即服务）、PaaS（Platform-as-a-Service，平台即服务）、IaaS（Infrastructure-as-a-Service，基础设施即服务）、MSP（Managed Service Provider，管理服务提供商）等先进的商业模式把这种强大的计算能力分布到终端用户手中，如图 4-7 所示。云计算的一个核心理念就是通过不断提高“云”的处理能力，进而减少用户终端的处理负担，最终使用户终端简化成一个单纯的输入输出设备，并能按需享受“云”的强大计算处理能力。美国 Little 多样化建筑设计咨询公司开发的云工作站是美国建筑业首个为 BIM 应用提供同步、实时及标准软件应用的硬件环境。

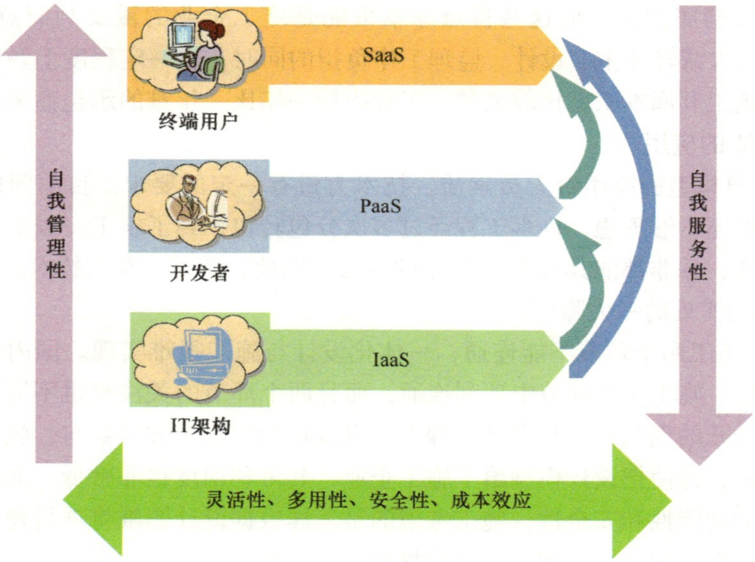

图 4-7　云计算框架

云计算对于促进 BIM 的深度应用具有明显优势，主要体现在以下几点。

（1）降低了软件升级费用和计算机高配置需求　由于 BIM 应用要求实现模拟、分析、渲染、3D 建模等多元化的服务功能，笔记本式计算机更新速度以两年为周期都不能满足不断升级的软件对于硬件的配置要求；但以云计算为平台，其用户终端笔记本式计算机的处理负担被极大地减少、无须高配置，且云工作站的更新周期为 4 ~5 年，提高了经济效应。此外，虚拟化技术（virtualization）是建立高性能云计算工作站的另一核心技术，其不但提高了硬件及网络性能，而且降低了各种费用。

（2）不受地域、空间、不同公司限制的协同工作　云计算平台可以完全实现不同地域、不同空间的工程人员共享数据信息，使在家工作成为可能。工程人员可以在 Windows 操作系统、MAC 系统、甚至 iPhone 通过远程桌面协议（RDP）连接到企业云工作台，不受任何地域和空间限制。另外，由于 BIM 应用需要由来自不同公司的项目参与方（设计方、施工方、管理方等）利用同一个 BIM 模型协同工作，如果没有云计算平台，不同公司的参与方只能在特定的时间通过 FPT 服务器或者项目网站交换 BIM 模型数据信息。云计算平台还可以使各方各分支机构的 IT 基础设施合并在一起，除实现上述不同公司协同工作之外，其亦可实现同公司内各分支机构的协同工作，从而彻底消除地域、空间的障碍。

（3）确保工作连续性、数据恢复能力与安全性　云计算平台能将全部信息进行备份，且具有数据恢复的空间。如一台云计算机出现问题，其会自动通知接入的终端用户更换到另一台云计算机继续工作，同时转移出去信息和数据。此外，如果是终端计算机出现问题，只要更换一台即可，因为数据信息和软件均在云工作台，数据的安全性得到了保证。IT 人员无须维护个人计算机以确保软件的各项功能应用，而只需维护云工作站的正常运行即可。

4.5.2 物联网

物联网 IoT（Internet of Things）是互联网、传统电信网等信息的承载体，是让所有能行使独立功能的普通物体实现互联互通的网络。物联网的概念有两层意思：其一，物联网的核心和基础仍然是互联网，是在互联网基础上延伸和扩展的网络；其二，其用户端延伸和扩展到了任何物品与物品之间进行信息交换和通信，也就是物物相息。

国际电信联盟对物联网的定义是：通过二维码识读设备、射频识别（RFID）装置、红外感应器、全球定位系统和激光扫描器等信息传感设备，按约定的协议把任何物品与互联网相连接，进行信息交换和通信，以实现智能化识别、定位、跟踪、监控和管理的一种网络。

物联网是继计算机、互联网和移动通信之后的又一次信息产业的革命性发展，物联网已经被列为国家重点发展的战略性新兴产业之一。由于物联网产业具有产业链长、涉及多个产业群的特点，因此，其应用范围几乎覆盖了各行各业。

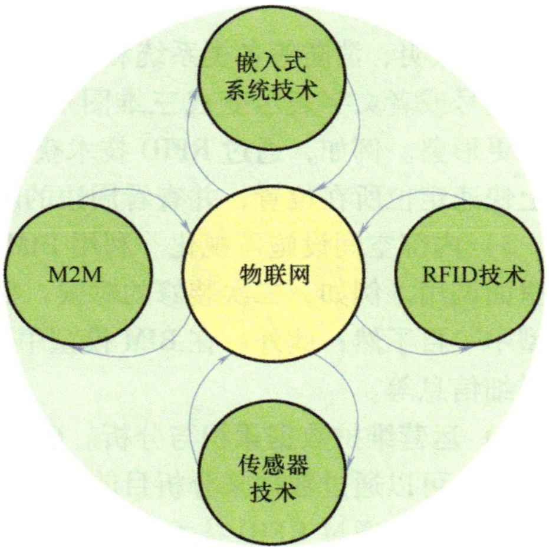

图 4-8　物联网的关键技术

物联网应用中有四项关键技术（见图 4-8）：

1）M2M，可以解释成为人到人（Man to

Man）、人到机器（Man to Machine）、机器到机器（Machine to Machine）之间的互联，从本质上而言，在人与机器、机器与机器的交互中，大部分是为了实现人与人之间的信息交互。

2）传感器技术。由于绝大部分计算机处理的都是数字信号，因此，就需要传感器把模拟信号转换成计算机可以处理的数字信号。

3）RFID 技术，也是一种传感器技术，RFID 技术是融合了无线射频技术和嵌入式技术为一体的综合技术，在自动识别、物品物流管理、建筑运维管理中有着广阔的应用前景。

4）嵌入式系统技术，是综合了计算机软硬件、传感器技术、集成电路技术、电子应用技术为一体的复杂技术。

如果把物联网用人体做一个简单比喻，传感器相当于人的眼睛、鼻子、皮肤等感官，网络就是神经系统用来传递信息，嵌入式系统则是人的大脑，在接收到信息后要进行分类处理。这个例子很形象地描述了传感器、嵌入式系统在物联网中的位置与作用。

当前，在许多所谓的“智能建筑”中，各个系统基本是独立采集数据，进行独立管理，无法相互联动，导致所谓的智能建筑其实并不足够智能。因此，在建筑业中，将 BIM 与物联网相互融合，可以实现智能建筑向智慧建筑质的飞跃。

BIM 是物联网应用的基础数据模型，是物联网的核心和灵魂。没有 BIM，物联网在建筑业的应用就会受到限制，就无法深入建筑物的内核。因为许多构件和物体是隐蔽的，存在于肉眼看不见的深处，只有通过 BIM 数字模型才能一览无遗、展示构件的每一个细节。这个模型是三维可视和动态的，涵盖了整个建筑物的所有信息，然后与楼宇控制中心集成关联。在整个建筑物的生命周期中，建筑物运营维护的时间段最长，所以建立 BIM 数字模型显得尤为重要和迫切。结合物联网的特征，BIM 与物联网结合对建筑物运营维护阶段的价值最大，主要表现在以下几个方面：

1）设备远程控制。把原来商业地产中独立运行并操作的各种设备，通过 RFID 等技术汇总到统一的平台上进行管理和控制。一方面了解设备的运行状况，另一方面可以进行远程控制。例如，通过 RFID 技术获取电梯运行状态，通过远程控制系统打开或关闭照明系统等。

2）照明、消防等各类系统和设备空间定位。给予各类系统和设备空间位置信息，把原来编号或者文字表示变成三维图形位置，这样一方面便于查找，另一方面查看也更直观、更形象。例如，通过 RFID 技术获取大楼的安保人员位置，当消防报警时可在 BIM 模型上快速定位所在位置，并查看周边的疏散通道和重要设备。

3）内部空间设施可视化。利用 BIM 建立的可视三维模型，所有数据和信息可以从模型里面调用。例如，二次装修的时候，哪里有管线，哪里是承重墙不能拆除，这些在 BIM 模型中一目了然；此外，在 BIM 模型中还可以看到不同区域属于哪些租户，以及这些租户的详细信息等。

4）运营维护数据累积与分析。建筑物运营维护数据的积累，对于管理来说具有很大的价值。可以通过数据来分析目前存在的问题和隐患，也可以通过数据来优化和完善现行管理。例如，通过 RFID 技术获取电表读数状态，并且累积形成一定时期能源消耗情况；通过累积数据分析不同时间段空余车位情况，进行车库管理等。

BIM 与物联网对于建筑物运营维护来说是缺一不可。如果没有物联网技术，运维管理还是停留在目前的靠人为简单操控的阶段，无法形成一个统一高效的管理平台。如果没有 BIM 技术，运维管理无法与建筑物数字模型相关联，无法在三维空间中定位，也无法对周边环境和状况进行系统的考虑。基于 BIM 核心的物联网应用，不但能够实现建筑物的三维可视化的信息模型管理，而且为建筑物的所有组件和设备赋予了感知能力和生命力，从而将建筑物的运营维护提升到智慧建筑的全新高度。

4.5.3 大数据

大数据（Big Data）概念是指无法通过常规软件工具在合理的时间范围内进行捕捉、管理和处理的数据集合，是需要新型的处理模式才能从各种各样类型的海量数据中，快速获取有价值的信息。

大数据技术的战略意义不在于掌握庞大的数据信息，而在于对这些含有意义的数据进行专业化处理。换言之，如果把大数据比作一种产业，那么这种产业实现盈利的关键，在于提高对数据的“加工能力”，通过加工实现数据的“增值”。

大数据需要特殊的技术，以便有效地处理海量的数据和信息。适用于大数据的技术，包括大规模并行处理数据库、数据挖掘技术、分布式文件系统、分布式数据库、云计算平台、互联网和可扩展的存储系统等。

2015 年 9 月，国务院印发《促进大数据发展行动纲要》，明确要求推动大数据发展和应用。其目标是：在未来 5 至 10 年内打造精准治理、多方协作的社会治理新模式；建立运行平稳、安全高效的经济运行新机制；构建以人为本、惠及全民的民生服务新体系；开启大众创业、万众创新的创新驱动新格局；培育高端智能、新兴繁荣的产业发展新生态。

如果从大数据的概念来分析建筑业，那么建筑业也是一种大数据行业，其具备四种特征：①大量，一个工程中往往会有海量的数据，且数据之间的关系极其复杂；②高速，实时、动态的数据更新，工程的成本与市场价格变化息息相关；③多样，每一个工程都有自己的属性，如专业技术数据、工程含量、经济数据等；④价值，一个工程往往耗资千万甚至上亿，其中包含了无数的交易数据和成本数据，数据的正确使用可以给工程带来巨大的利益。

在建筑业，基于 BIM 的大数据应用，其核心就是能够从海量的数据中挖掘、提炼，形成稳定、有效的底层数据库。该数据库存储着与建筑活动相关的有效信息，使得工程各参与方能够得到必要的决策依据。因此，离散的数据和信息是没有任何利用价值的。基于 BIM 的大数据处理技术，其有效性需要具备以下三个前提条件：

1）数据采集具有海量性、代表性。海量性和代表性并不矛盾，海量性关乎数据的粒度，也就是数字化描述的详细程度。在工程的各个阶段，数据应具备足够的详细程度，这样才能有效形成大数据，从而发挥大数据的特点。另外，数据的采集过程并非毫无针对性，对于 BIM 数据而言，重点选取有工程意义的典型数据，采取必要性原则，符合当前的技术处理能力。

2）数据具备强关联性。强关联性要求数据之间具有多重和广泛的联系，经常用来形容这一特性的专有名词是“数据维度”。数据库中所反映的是建筑整体特征信息，这些信息可以从多个维度去提取，从而形成不同价值取向的信息链，而某单一信息在不同维度的信息链当中，其利用价值也不尽相同。例如一部电梯，建筑师会关注其空间尺寸、运载能力、外观式样等信息，而从制造的维度上看，其价格、材质、构造、运转机能等才是核心信息。数据的强关联性，决定了 BIM 数据无法按照传统的方式进行分割，举例来说，传统的设计阶段划分为建筑、结构、设备等专业，从数据的输入角度上看尚可这样划分，然而从数据交付和传递的角度上看，按照专业划分 BIM 模型的理论亟待商榷。

3）数据具备时效性。必须要强调 BIM 大数据的动态发展特征，把信息的全生命期与建筑的全生命期对应起来。在这个过程中，BIM 数据库内的信息集合不断被增补、修改、强化。既然 BIM 大数据主要服务于决策，那么数据库的信息强度要代表当前对建筑以及相关行为的描述和理解。

当前，随着云计算、物联网等新兴技术的应用越来越广泛，基于 BIM 的大数据应用在智慧城市建设中也将起到越来越重要的作用。数据是智慧城市的源泉和动力引擎，在智慧城市建设中，只有不断地盘活数据存量、充分利用数据增量才能不断提高智慧城市的智慧水平，从经验管理向科学管理迈进。在城市管理中，以大数据技术为支撑，可以提高政府部门的协同工作能力，降低管理成本；在城市规划中，通过挖掘城市地理、气象等自然信息和经济、社会、文化、人口等人文社会信息，可以为城市规划提供决策支持，并提升城市规划的科学性和前瞻性。

但同时也必须意识到，虽然很多提供 BIM 技术的国外公司在大力推广云存储、云数据处理等云服务，但将数据放于这些服务器上很可能不安全，很可能不利于我国建筑相关数据的管理。因此，目前我国很多工程的 BIM 数据都没有采用云服务的形式，但从另一个角度来说，降低了 BIM 技术的利用效率。

4.6 BIM 的未来

进入到 21 世纪，随着科技的进步，人类越来越注重经济与社会的可持续发展，可持续发展是对环境友好且注重长远发展的一种模式。倡导可持续发展对建筑业尤其重要，目前，中国建筑业整体规模处于世界领先地位，长期粗放型的经营模式已经对环境产生了很大的破坏。中国有近 14 亿庞大的人口数量，如果环境持续恶化，未来的子孙后代将找不到安身之所，因此，通过新技术对建筑业传统的经营模式进行革新是刻不容缓的。由于 BIM 理念与可持续发展似乎不谋而合，因此，它也就具备了强大的生命力。BIM 不仅是一种提高工作效率的替代技术，更是一种全新的、规范建筑活动的工作模式；BIM 不是一件事或几种类型的软件，它涉及的是整个建筑活动质的变革。

随着绿色建筑理念的发展，BIM 逐渐成了人类对环保建筑追求的期望。虽然，现阶段的 BIM 应用还有诸多不成熟，还存在诸多问题，但它是一种正在发展的新技术，未来的应用也将越来越广泛。近年来人类目睹了许多 BIM 远景想法已经得以实现，以及建筑业受其影响发生的潜移默化的改变，可以预测在未来的 5 ~ 10 年内，BIM 将完全有可能成为建筑业主要的技术和手段，BIM 的成功案例将会越来越多。

4.6.1 驱动力与潜在障碍

1. 发展驱动因素

经济、科技和社会因素可能推动未来 BIM 工具和工作流程的发展，这些因素包括：全球化、专业化、国际间可持续发展的驱动力，以及工程和建筑服务的商品化、施工方法的精益化、设计施工统包、合作团队的增加和设施管理信息的需求等。

全球化将逐渐消除国际贸易壁垒，使得工程项目施工时可以在全球范围内选择性价比更优的建筑组件生产基地和制造商，建筑组件可以运送至很远的距离并得到正确的安装，同时，对高度精确和可靠设计与安装信息的需求也会增加。设计服务的专业化和商品化是另一种经济的驱动力，将有利于 BIM 的应用。作为更好的技术，如产生渲染图或执行可视化分析以及远距离协同工作等，BIM 将充分发挥上述优势。

可持续发展是对建设成本、建造价值、施工质量一种新的审视，建筑和设施的真实成本目前来说并没有被市场化，可持续发展可以改变这种现状。绿色建筑的发展和零能源消耗压力的驱动，将会彻底改变建筑材料的价格、运输成本以及建筑运营方式。建筑师和工程师将被要求提供更多的节能建筑，使用可以回收的建筑材料，这意味着整个建筑活动需要得到更准确、更广泛的分析，而 BIM 恰恰支持了这些功能。

设计与施工一体化的项目，或使用 IPD 模式交付的项目要求设计和施工之间要密切合作，这种合作也会推动 BIM 的应用和发展。此外，软件厂商的商业利益以及不同软件产品之间的竞争，将是 BIM 系统强化和发展的根本动力。BIM 的内在价值、对信息模型的处理品质等吸引业主青睐的特征也是推动其发展的重要经济驱动力，其中包括对模型品质、建筑产品、可视化工具、成本估算、决策等环节的提升，以及能够在设计和施工中减少浪费，降低建设和生命期维护成本。再加上维护和运营模式的价值，BIM 所带来的滚雪球似的价值效应，使得更多业主会在他们的项目中要求使用 BIM。

计算机运算能力的进步和信息技术的持续发展，使得远端感应技术、计算机控制技术、信息交换技术以及其他技术会越来越先进，软件开发商利用自身的竞争优势，可以充分打开 BIM 发展的局面。此外，另一种可能促进 BIM 进一步发展的技术是人工智能 AI（Artificial Intelligence）。对于以专家系统为目标的发展，如法规查核、品质评价、规范协调、设计指南等，BIM 也是一种方便的应用平台，而且这些努力已正在进行中，假以时日，将成为一种标准的方法。

信息标准化是 BIM 发展的另一种驱动力。建筑类型、空间类型、建筑构件定义的一致性以及建筑专有名词的无歧义性，将有利于电子商务以及日益复杂和自动化的工作流程。当然，信息标准化也可以推动私有或公有的参数化建筑构件数据库的管理与使用，以及其内容的创新。无所不在的信息读取和构件数据库的完备，使得具备综合功能的计算机模型更有吸引力。

移动式计算机运算、位置识别和遥感技术的日益强大将使得 BIM 建筑信息模型在施工现场的作用更大，也有助于更快、更准确地施工。此外，GPS 导航已经成为自动化的土方工程设备控制系统的重要组成部分，类似的 BIM 和 GPS 的结合也将更多应用于施工过程中。

2. 潜在障碍

正如本章前面 BIM 应用难度分析中所述，BIM 的进步在未来的十年也仍将面临诸多障碍。这些障碍包括技术上、法律法规上的壁垒，习惯于传统的商业模式和就业模式，以及需要投入大量的专业教育等。

例如，设计和施工是一种特别强调协同工作的过程，BIM 比 CAD 更能实现紧密的协同合作。但是，这需要对传统设计、施工领域的工作流程和商业关系作出改变，以增加彼此责任和促进协作。就目前来说，BIM 工具和 IFC 文件格式尚未充分解决支持管理和模型发生变化的更新机制，也没有充分具备处理团队合作中合约责任问题的能力。

此外，不同设计师和承包商的经济利益可能是另一种障碍。在建筑活动运作的商业模式中，目前只有设计师能取得小部分 BIM 的经济效益。从 BIM 的价值链来看，承包商和业主虽是主要的利益获得者，但尚未有一种明确或直接针对设计师可建立丰富信息模型的机制存在。同样对建筑性能化设计有利的 BIM 合约，可能并没有在正式合约中出现。

开发商往往喜欢在体量很大的工程项目中才应用 BIM，其中对 BIM 的挑战是其要具备针对专项工程的专门功能，这些专门功能包括对项目可行性分析的概念设计，以及不同承包商和预制系统所需要的专门软件等。针对 BIM 软件的开发多是资本密集型的厂商，为了专门满足某些建筑承包商需要的先进工具，这些厂商可能要承担很大的商业风险，只有一些具备雄厚资金实力的软件开发商才能提供资金，使得用于专项工程的专用软件的投资开发成为可能。

目前 BIM 主要的技术障碍是需要提供用于互协作的成熟的工具。标准的发展似乎比预期要慢，很大程度上是因为缺乏一种商业模式，这些模式可以允许资本自由进入市场。例如，美国的钢结构协会、预应力混凝土协会、总承包商协会等产业团体正慢慢认识到这方面的需求，正在加强这一方面的合作。同时，缺乏有效的互协作对协同设计来说仍然是一个严重的障碍。

3. 工具的发展和图纸的作用

影响 BIM 工具未来发展的趋势是什么？除了可以预期的是所有的软件将会对人机界面进行改善外，BIM 工具期待在以下几个方面作出显著的增强：

1）进一步改进数据的导出和导入能力，例如 IFC 标准的数据交换能力。市场的发展需要这一改进，软件供应商也应遵守这种规律提供共享的数据接口。但为了自己的商业利益，软件商们也将继续有第二种选择，即在每个 BIM 应用平台上尽可能扩大其公司产品的应用范围，使日益复杂的建筑设计和施工在同一平台上使用其公司内部的相关工具，而不需要进行外部的数据转换或交换。

2）为特定建筑类型（如单个家庭住房）打造的精简版 BIM 工具，已经面世一段时间。如果这些精简版 BIM 工具的数据可以导入到专业的 BIM 工具中，只要将模型数据传输到实际设计和施工的专业人士项目中去，就可以使每个人都能够建造自己梦想的建筑物。

3）一些远离计算机桌面、利用网络的简易客户端工具将成为应用趋势。这些应用工具将利用后端 BIM 模型服务器来提供前端服务，新一代的 BIM 工具将支持随时随地进行设计的功能，包括平板电脑和智能手机应用工具界面的开发。

4）一些 BIM 工具将更加支持复杂建筑的整体布局和细部设计，也有望类似 20 世纪 80 年代 CAD 技术的相同方式进入市场。4D 进度软件将会制订更详细的装配、安装、建造过程，并支持模拟扩展功能。虚拟规划工具，如 Delmia 在航空航天和制造业已被用于执行虚拟的“首航”研究，也将会更广泛地应用于建筑业，用来发现细节工作中潜在的问题，以便降低建造成本。

图纸是二维时代设计产品的最终成果表达形式，其根本是以纸的形式为媒介，是各种绘图符号和制图规范的演变。图纸在建筑活动中起到很重要的作用，设计师用它来表达设计作品，承包商依靠它指导施工，业主依据它来进行运维管理。面对优越的三维建筑信息模型，图纸最终可能会完全消失，从而让位给计算机屏幕和各种终端显示设备。因为这些设备可用于更有效地指导工作复杂的图形，也可以通过三维建筑信息模型进行实时提取和查看。

在设计领域，可视化格式将取代绘图格式，为参与的各方如业主、咨询顾问、投资者、居住者等制订不同的形式，这些形式包括标准的虚拟可视化影片并配以声音和触觉反馈内容。用户控制的虚拟视觉将成为对模型进一步审视的手段，例如，业主可能需要的空间数据、开发商可能要查询的出租率等。充分整合这些服务以及收费体系，将增加建筑服务的价值。

4.6.2 精益建设与提高就业技能

1. 精益建设

建筑业一直提倡的精益建设（lean construction）与 BIM 是相得益彰的，可以携手一起促进行业进步。精益思想用于建筑设计时，意味着通过消除对业主没有直接价值的不必要过程和阶段来减少浪费，诸如减少出图、降低错误和重复工作、缩短工期等，而这些目标通过 BIM 都是可以实现的。

为具有洞察力的消费者生产高度客制化的产品是精益生产的主要驱动力。针对个体产品生产周期的减少，是必不可少的组成部分，因为它有助于设计者和生产者更好地应对客户不断变化的需求。在减少设计和施工时间方面，BIM 被认为可以发挥至关重要的作用，但其主要影响是可以有效地分解设计的持续时间。概念设计快速地发展、通过可视化和成本估算与业主的高效沟通、与工程顾问同时进行设计发展与协调、减少错误并自动化产生文件、促进预制的发展等都有助于发挥 BIM 的作用。因此，BIM 将成为建设领域不可或缺的工具，不仅是因为其能够带来直接的好处，更多的是它有助于促进精益设计和施工。

明确界定管理和工作程序是精益建设的另一个方面，因为它们允许结构式实验以便改善系统。例如，美国的一些建设公司（Mortenson，Barton　Malow 等）已经率先在其项目中定义并使用 BIM 标准，公司经营方式的规范将成为建设企业业务成功拓展中的重要组成部分。

建设企业近期的目标可通过建筑信息模型 BIM 将企业资源计划 ERP（Enterprise Resource Planning）进行集成。信息模型将成为劳动力与材料数量、施工方法、资源利用率的核心信息源，将发挥举足轻重的作用，并集成用于施工控制自动化所需的信息。这些集成系统的早期版本已在 2015 年以插件的形式出现并添加到 BIM 设计平台中。对于施工管理，被添加到建筑平台中的应用工具可能会有功能上的限制，这是因为对象类之间的关系和施工所需要的集成信息存在差异。施工所需要的 BIM 平台，在建筑设计和详细等级上会存在互补性的限制。在形成集成的建筑信息模型之后，专用的应用工具将会完全成熟，可能会以以下三种方式组合发展：

1）细部构件生产供应商将其对象添加到模型工作包和资源中，并根据施工企业的做法，具备可以迅速细化的参数功能。植入这些系统后，其将成为施工计划的应用工具（进度、计量、估价等）和施工管理（采购、生产计划与控制、品质控制等）系统，结果将是非常详细的施工管理模型。针对多个项目，可以多种模型在全公司范围内设置管理。

2）以企业资源计划 ERP 为标准的应用系统可以设定活动链接，以便与 BIM 模型进行连接。虽然这类应用系统仍保留以外部形式连接的接口，但提供了应用 BIM 的工具界面。

3）全新的以施工为主的 ERP 应用系统植入到施工信息模型中，紧密集成施工所需的功能以及业务和生产管理功能，如会计、结算和订单跟踪等。

不管采取上述什么路线，都将会为施工企业带来更为先进的工具和施工管理能力，以及针对公司单独的项目集成职能部门信息的能力。例如，典型的例子就是可以实现劳动力和设备在多个项目中的平衡分配，以及协调小批量交付等就是可以实现的典型例子。

一旦建筑信息模型 BIM 与 ERP 系统完全集成，自动数据采集技术如激光扫描、GPS 定位等都将在现有施工、工作检测与物流中成为普遍的模式。这些工具将取代现有的测量方法、大型建筑的布局，模型植入也将成为一种标准做法。

随着全球化趋势的发展和 BIM 功能的提升，将使建设活动与商业信息高度集成，促进预制建筑的发展，促进建筑业与相关联的制造业形成更紧密的关系，从而使现场工作量降至最低，但这并不代表就是大规模生产，而是转向对高度定制化产品的精益生产。尽管每栋建筑都会有自己独特的设计特征，但 BIM 可以确保每个构配件在交付时即具备高度的匹配性，以便于现场精确地组装。需要注意的是，对于地下结构部分仍然以现场施工为主。

2. 提高技能和就业能力

由于 BIM 是一种远离图纸生产的革命性转变，因此所需的技能组成是完全不同于 CAD 的，设计人员所熟悉的二维 CAD 时期为制作设计和施工图纸所需要的特定符号和语言将不复存在。无论是在纸张或屏幕上，制作二维表示图都是费力费时的行为，而 BIM 要求的是对建筑物进行最友好的建造，即任何人都可以理解的“所见即所得”原则。因此，对于熟练的建筑师和工程师，直接针对模型处理是合理的，而不是指导别人为他们做这类工作。如果仅将 BIM 看作是一种复杂的或升级版 CAD 的话，设计师对设计方案能够快速地讨论和评估的能力将会被忽视。

建筑的细节，在以前的建筑学院教学中是以概念性的建筑实体模型方式表现的，这种概念性很容易被 BIM 工具所提供的虚拟模型所取代。然而，在建筑思想和教育界，BIM 涉及抽象思维的新方法和新途径，建筑学院正在探索这些问题，但尚未取得显著性的成果。

对于土木工程专业的学生来说，似乎 BIM 的学习不是那么容易。但早期 BIM 教学的经验表明，与需要准备和学习投影工程图学、制图标准和操作 CAD 工具的综合技能比较来说，BIM 学习是相对容易的。BIM 对学生来说，显得相当直观和更接近他们对世界的感受。如果大学的建筑和土木工程学院在学生进入专业学习的第一年就开始讲授 BIM 技能，那么这些学生毕业以后实现从学生到设计师角色的转变并能够建造和管理自己的 BIM 模型只是时间早晚的问题。如果一些大学的建筑和土木工程学院能够从现在开始就进行 BIM 技能的讲授，五到十年以后，精通 BIM 的专业人员在设计院和施工公司的比例将大幅度提高，并将成为司空见惯的事情。

在 BIM 全面普及之前，BIM 应用者的等级将从草图绘制到详图绘制和设计师角色转换过渡。其中，初级应用者最容易成功转型。在传统的分类中，多数设计公司的职员都按设计师和文档管理员进行分类，但当设计师能够直接处理模型时，就会逐渐不需要文档管理员的工作了。在先进技术普及的早期，一般是由少数熟练者使用，由于供给和需求的不平衡，这些早期应用者将获得高薪报酬。随着时间的推移和技术的普及化，这种影响将逐渐减缓，从长远来看，通过 BIM 产生的更大生产力必将导致设计人员平均工资的集体上升。

当然，随着时间的增加，BIM 工具应用界面也将变得更加直观。伴随着其他信息技术的发展，BIM 操作系统将获得更好的装备，到那个时期，设计师直接建模将成为常态。虽然这些角色都是直接建立在当前 BIM 工具应用的基础上，但产生集成平台环境所需要的可持续性、成本估算、制造、BIM 工具与其他工具的结合，将会促使新的专门性角色产生。目前与能源有关的设计问题，通常由设计团队内的专家来处理，同样，与新材料相关的价值工程分析也将由专门人员来完成。在这种情况下，许多新的角色将会出现在设计和制造领域，他们将会解决专门性的和日益增长的多样化问题，这是一般设计师和承包商所不能胜任的，他们将成为设计与施工服务领域的新成员。

思　考　题

4-1　BIM 对业主的价值是什么，如何理解其应用难度？

4-2　BIM 对设计师的价值是什么，如何理解其应用难度？

4-3　BIM 对承包商（施工企业）的价值是什么，如何理解其应用难度？

4-4　结合所学知识阐述 BIM 对建设活动中其他参与方（例如政府管理机构、供应商、招投标公司等）的应用价值。

4-5　结合所学知识阐述你对 BIM 的 IPD 模式的理解。

4-6　什么是云计算、物联网、大数据？如何与 BIM 进行结合？

4-7　请查阅网络或文献列举两个 BIM 应用风险的例子，以及如何降低这种风险？

4-8　就 BIM 未来的发展，结合所学知识从个人角度谈谈你的看法。

参 考 文 献

[1] 李云贵，邱奎宁，王永义. 我国 BIM 技术研究与应用 [J]. 铁路技术创新，2014 (2)：36-41.

[2] 何关培. 我国 BIM 发展战略和模式探讨（一）[J]. 土木建筑工程信息技术，2011，3 (2)：114-118.

[3] 何关培. 业主 BIM 应用特点分析 [J]. 土木建筑工程信息技术，2012，4 (4)：32-38.

[4] 马智亮. 追根溯源看 BIM 技术的应用价值和发展趋势 [J]. 施工技术，2015，44 (6)：1-3.

[5] 马智亮，张东东，马健坤．基于 BIM 的 IPD 协同工作模型与信息利用框架［J］．同济大学学报（自然科学版），2014，42（9）：1325-1332.
[6] 马智亮．我国建筑施工行业 BIM 技术应用的现状、问题及对策［J］．中国勘察设计，2013（11）：39-42.
[7] Aryani Ahmad Latiffi，Juliana Brahim，Mohamed Syazli Fathi. The development of building information modeling definition［J］．Applied mechanics and materials，2014，567：625-630.
[8] Smart Market Report. 中国 BIM 应用价值研究报告［R］．Dodge Data & Analytics，2015：1-56.
[9] David Bryde，Marti Broquetas，Jurgen Marc Volm. The project benefits of building information modeling［J］．International journal of project management，2013，31：971-980.
[10] Ken Stowe，Sijie Zhang，Jochen Teizer. Capturing the return on investment of all- in building information modeling：structured approach［J］．Practice periodical on structural design and construction，2015，20（1）：478-482.
[11] Alfa Hamdi，Fernanda Leite. Conflicting side of building information modeling implementation in the construction industry［J］．Journal of legal affairs and dispute resolution in engineering and construction，2014，6（3）：521-528.
[12] 檀凯兵，郭婧娟．BIM 应用的投资回报率研究［J］．工程管理技术，2015，13（3）：122-126.
[13] 赵金煜，尤完．基于 BIM 的工程项目精益建造管理［J］．项目管理技术，2015，13（4）：65-70.
[14] 包剑剑．基于 BIM 的建筑供应链信息集成管理模式研究［D］．南京：南京工业大学，2013：42-58.
[15] 张辉．我国工程项目管理中 BIM 技术应用的价值、难点与发展模式［J］．建筑技术，2013，44（10）：870-873.
[16] 纪博雅，戚振强．国内 BIM 技术研究现状［J］．科技管理研究，2015（6）：184-189.
[17] 张建新．建筑信息模型在我国工程设计行业中应用障碍研究［J］．工程管理学报，2010，24（4）：387-392.
[18] 何清华，钱丽丽，段运峰．BIM 在国内外应用的现状及障碍研究［J］．工程管理学报，2012，26（1）：12-16.
[19] 许杰峰，雷星晖．基于 BIM 的建筑供应链管理研究［J］．建筑科学，2014，30（5）：85-89.
[20] 何关培．我国 BIM 发展战略和模式探讨（二）［J］．土木建筑工程信息技术，2011，3（3）：112-117.
[21] 黄锰钢，王鹏翊．BIM 在施工总承包项目管理中的应用价值探索［J］．土木建筑工程信息技术，2013，5（5）：88-91.
[22] 纪博雅，金占勇，戚振强．基于 BIM 的工程造价精细化管理研究［J］．北京建筑工程学院学报，2013，29（4）：76-80.
[23] 宋麟．BIM 在建设项目生命周期中的应用研究［D］．天津：天津大学，2013：21-42.
[24] Reijo Miettinen，Sami Paavola. Beyond the BIM utopia：approaches to the development and implementation of building information modeling［J］．Automation in construction，2014，43：84-91.
[25] Salman Azhar，Malik Khalfan，Tayyab Maqsood. Building information modeling（BIM）：now and beyond［J］．Australasian journal of construction economics and building，2012，12（4）：15-28.
[26] 何关培．施工企业 BIM 应用技术路线分析［J］．工程管理学报，2014，28（2）：1-5.
[27] 杨璞．建筑信息模型应用研究［D］．合肥：合肥工业大学，2013：53-61.
[28] McGraw Hill. The business value of BIM for owners［R］．McGraw Hill Construction，2014：15-54.
[29] 刘照球，万福磊，李云贵．BIM 内涵及其在设计与施工中的价值分析［J］．建筑科学，2014，30（7）：80-85.

[30] 张建平，李丁，林佳瑞. BIM 在工程施工中的应用 [J]. 施工技术，2012，41 (371)：10-17.
[31] 刘照球，李云贵. 土木工程专业 BIM 技术知识体系和课程架构 [J]. 建筑技术，2013，44 (10)：913-916.
[32] 刘献伟，高洪刚，王续胜. 施工领域 BIM 应用价值和实施思路 [J]. 施工技术，2012，41 (377)：84-86.
[33] 潘多忠. BIM 技术在工程全过程精细化项目管理中的应用 [J]. 土木建筑工程信息技术，2014，6 (4)：49-54.
[34] Su-Ling Fan，Miros_aw J. Skibniewski，Tsung Wei Hung. Effects of building information modeling during construction [J]. Journal of applied science and engineering，2014，17 (2)：157-166.
[35] Xun Xu，Lieyun Ding，Hanbin Luo. From building information modeling to city information modeling [J]. Journal of information eechnology in construction (ITcon)，2014，19：292-307.
[36] Huier Xu，Jingchun Feng，Shoude Li. Users-orientated evaluation of building information model in the Chinese construction industry [J]. Automation in construction，2014，39：32-46
[37] 张建平，刘强，张弥. 建设方主导的上海国际金融中心项目 BIM 应用研究 [J]. 施工技术，2015，44 (6)：29-34.
[38] 何关培. 现阶段不同类型企业 BIM 应用的关键问题是什么? [J]. 土木建筑工程信息技术，2014，6 (1)：9-13.
[39] 何关培. 什么是企业开展 BIM 应用的成功路线? [J]. 土木建筑工程信息技术，2013，5 (5)：75-78.
[40] 何关培. 如何解开设计院 BIM 应用的收益困惑? [J]. 土木建筑工程信息技术，2013，5 (4)：7-9.
[41] Vishal Singh，Jan Holmstrom. Needs and technology adoption：observation from BIM experience [J]. Engineering，construction and architectural management，2015，22 (2)：128-150.
[42] Hyojoo Son，Sungwook Lee，Changwan Kim. What drives the adoption of building information modeling in design organizations? An empirical investigation of the antecedents affecting architects´behavioral intentions [J]. Automation in construction，2015，49：92-99.
[43] M. Moin Uddin，Atul R. Khanzode. Examples of how building information modeling can enhance career paths in construction [J]. Practice periodical on structural design and construction，2014，19 (1)：95-102.
[44] Peeraya Inyim，Joseph Rivera，Yimin Zhu. Integration of building information modeling and economic and environmental impact analysis to support sustainable building design [J]. Journal of management in engineering，2015，31：1-10.
[45] 毕振波，王慧琴，潘文彦，等. 云计算模式下 BIM 的应用研究 [J]. 建筑技术，2013，44 (10)：917-919.
[46] 魏来. BIM、信息化、大数据、智慧城市及其他 [J]. 城市住宅，2014，6：14-16.
[47] 陈兴海，丁烈云. 基于物联网和 BIM 的城市生命线运维管理研究 [J]. 中国工程科学，2014，16 (10)：89-93.
[48] Johnny Wong，Xiangyu Wang，Heng Li. A review of cloud-based BIM technology in the construction sector [J]. Journal of information technology in construction (ITcon)，2014，19：281-291.
[49] Chuck Eastman，Paul Teicholz，Rafael Sacks. BIM handbook：[M]. Hoboken：John Wiley & Sons Inc，2011：151-380.
[50] Karen M. Kensek. Building information modeling [M]. London：Routledge Taylor & Francis Group，2014：87-153.

第5章

BIM 结构设计模型转换应用

本章主要内容：

（1）以 BIM 主流软件 Revit 和国内主流结构设计软件 YJK 为范例介绍基于 BIM 的模型转换概念，分别从轴网布置、层信息、材料信息、洞口布置、基本构件布置（墙、柱、斜杆、梁、板）几个方面比较 YJK 结构设计模型在 Revit 中的实现原理和方法；

（2）以 YJK-Revit 转换程序为例，介绍了 YJK 与 Revit 结构设计模型数据相互转换的应用。

5.1 概述

正如第 2 章所述，Autodesk 公司的 Revit 是目前主流的 BIM 软件之一，此款软件采用了全三维的模型表述方式，可以使用户更加直观、准确地观察结构模型的细部特征，为判断结构设计与计算的准确性提供了基础。同时，Revit 以实体模型信息为桥梁，实现了三维实体构件和二维平面模型的实时联动，从而减少重复工作，提高设计效率。

全三维的设计模式、全专业的信息集成以及建筑全生命期的数据管理让 Revit 在建筑行业得到迅速普及。但是，Revit 提供的计算手段（robot structural analysis）存在不能适应中国规范、无法详细统计计算结果等问题，并不能满足国内结构工程师的设计习惯和设计要求。因此，Revit 结构建模目前还并不能完全代替通用结构设计软件在国内的应用地位。

为了解决 Revit 在结构设计部分的应用瓶颈，国内很多结构设计软件提供了 Revit 的数据转换接口，以实现结构模型与 Revit 模型的互联互通。本章主要以国内主流结构设计软件 YJK 为范例，介绍结构设计模型在 Revit 中的实现原理和方法，并适当介绍 YJK-Revit 转换程序实现结构模型互换的应用。

5.2 结构设计模型在 Revit 中的实现

目前 YJK 结构设计软件采用的主流建模方式是逐层输入标准层模型，然后再统一组装成全楼模型。一般的建模过程为轴线布置、构件布置、荷载布置和楼层组装。本节将主要从轴网系统、层信息、材料信息、构件布置这几个方面分析结构模型到 Revit 模型的转换原理和方法。

YJK 结构设计软件创建新项目时只需要在主界面单击“新建”按钮，选择工程文件保存路径，然后单击“确认”按钮即可，所有的结构预制属性都是在 YJK 中进行修改。而 Revit 新建模型时首先需要选中一个样板文件（后缀名为 rte 的文件），样板文件中涵盖了一些 Revit 族定义以及项目的基本设置（线性、文字样式等）。一般每个 BIM 设计单位会根据自身的设计要求定义不同的项目样板文件。

Revit 在安装过程中会下载一个默认的结构样板文件，英文名称为 Structural Analysis-DefaultCHNCHS. rte，它的存放路径可以在 Revit 左上角应用程序菜单中“选项”下的“项目样板文件”列表中找到。用户可以单击“新建”选中结构样板文件或者直接单击主界面的“结构样板”来打开一个默认的结构工程，这个项目中具有一些基本的工程设置，用户可以在这个项目中开始创建所需要的结构模型，如图 5-1 所示。

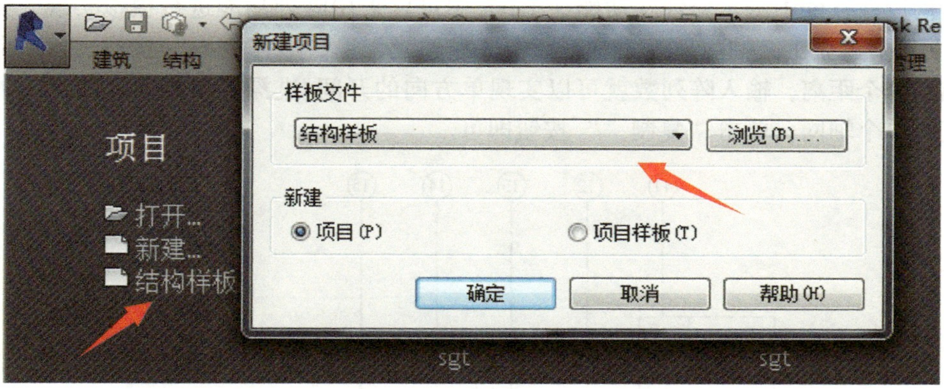

图 5-1　新建 Revit 项目

5.2.1 轴网系统

结构设计软件在建模之前需要先建立轴网系统，所有的结构构件均依附于轴网系统进行布置，后期模型的分析以及计算信息关系的建立都是建立在轴网系统之上，因此，在结构设计中，轴网的建立是一个非常关键的环节。

结构设计软件提供了圆弧轴网、正交轴网、两点直线、弧线等多种轴线布置方式，并且提供了节点布置的功能，可以在轴网系统中补充节点定位关系。如图 5-2 所示为 YJK 中的轴网输入系统。

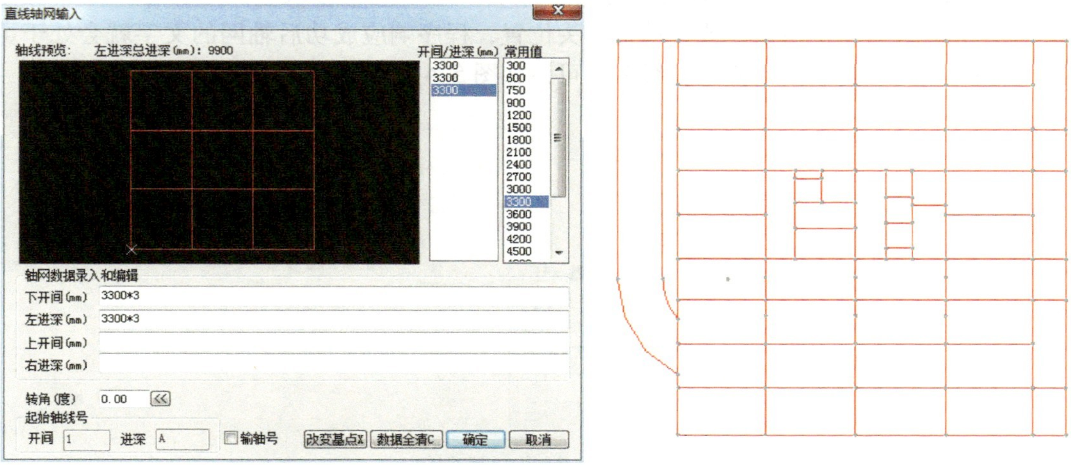

图 5-2　YJK 轴网系统

Revit 中的轴网系统主要用于构件的定位，并不作为构件之间连接关系的判断依据，并且没有节点的概念，因此 Revit 的轴网布置相对自由一些。

Revit 中布置轴网需要首先双击左侧项目管理器中的一个视图平面，将当前视图切换到二维平面，然后单击“结构”→“轴网”，绘制单个轴线的起点和终点即可完成轴线的生成。

结构设计软件中的正交轴网功能在 Revit 中可以采用阵列功能进行模拟实现，如果需要在 Revit 中建立正交轴网系统，首先选中基准轴线，单击“阵列”按钮，然后向一个方向拖曳一个距离，输入阵列数就可以实现单方向的开间/进深，如图 5-3 所示。如果只需要复制单个轴网，单击“复制”按钮即可。

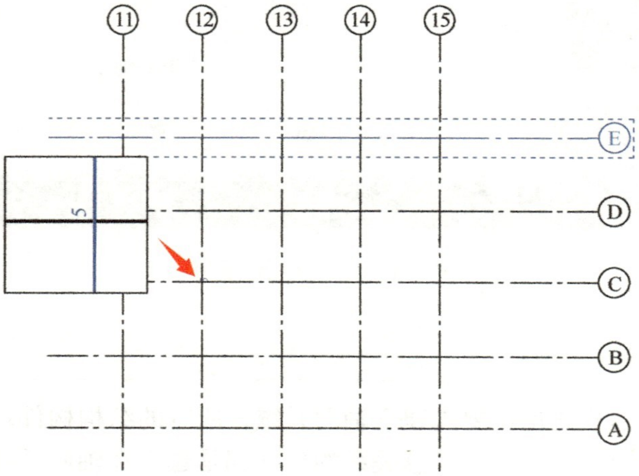

图 5-3　正交轴网

轴线标注方面，YJK 结构软件可以实现批量标注。选中单个轴线后填写轴线标号，程序可以自动分析轴线规律，对轴线系统中的其他轴线进行平行命名。

Revit 并不能自动识别平行轴线进行自动命名，如果需要修改轴网的标号，需要选中单根轴网并修改族实例参数，或者单击标头位置，程序响应成功后轴网的文字就会处于可编辑状态，用户只需要手动修改轴线名即可，如图 5-4 所示。

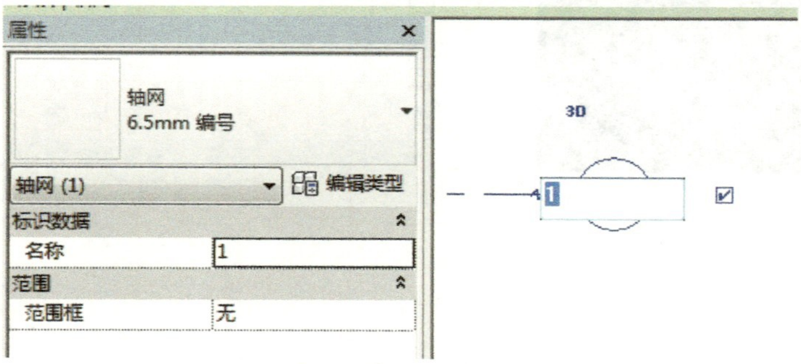

图 5-4　Revit 轴线命名

轴网在 Revit 当中是系统族，如果需要建立样式不同的轴网，需复制新的轴网类型。单击“结构”选项卡下的“轴网”按钮或者选中单根轴网执行“修改”→“轴网”命令，在“属性”栏中单击“编辑类型”按钮就可以调出“类型属性”对话框，在此对话框下单击“复制”按钮就可以在既有轴网类型基础上生成新的轴网类型。用户可以在“类型属性”对话框中对轴网的中段显示、线宽、填充图案以及是否两端显示等属性进行设置，如图 5-5 所示。

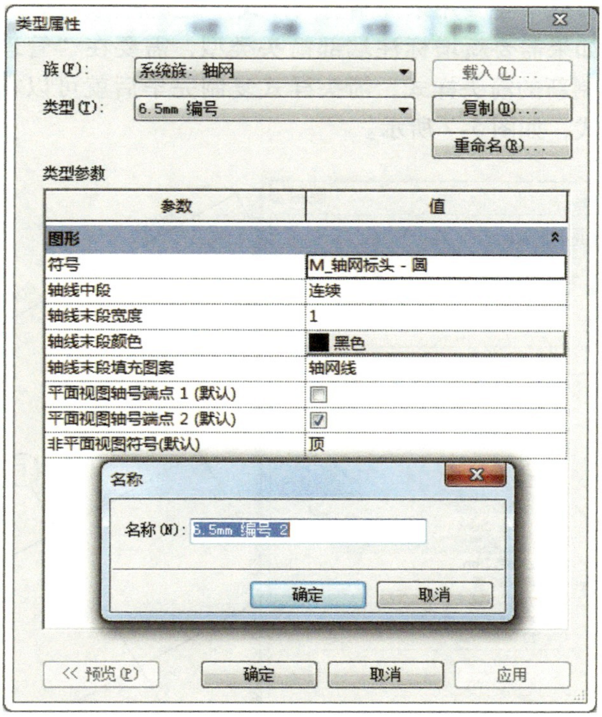

图 5-5　Revit 轴网族

轴网布置完成后在法向切割的立面上就可以看到轴网的 Z 向作用范围。通过调整轴网的 Z 向标高，可以调整单根轴网的分层显示区域，如图 5-6 所示。

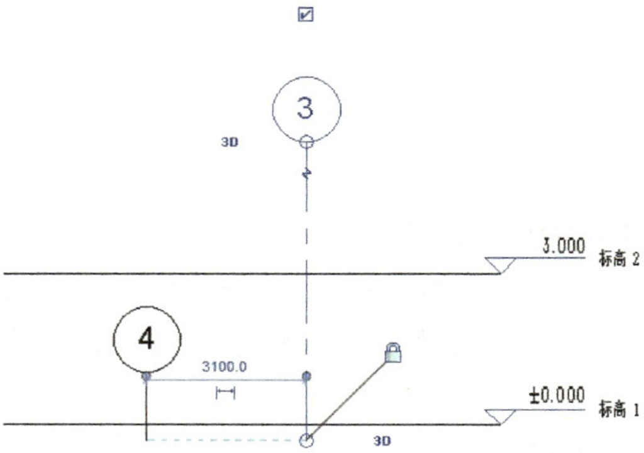

图 5-6　Revit 轴网作用范围

轴网系统建立后就需要进行轴网尺寸的标注，YJK 结构软件可以自动生成平行轴网的尺寸标注，Revit 中则需要用户逐个单击生成。Revit 中提供了对齐、线性、角度等多种尺寸标注的方法供用户选择。进行轴线尺寸标注首先需要在左侧“属性”栏中选择尺寸标注类型，然后在二维平面上单击需要标注的轴线，程序会自动生成标注尺寸。Revit 尺寸标注是系统族，因此用户只能通过复制生成新的尺寸标注。

尺寸标注包括图形、文字、等分线三个部分，图形部分主要控制标注的图样属性，包括线宽、尺寸界限、颜色、箭头等信息；文字部分主要控制标注的文字样式，包括宽度系数、文字大小等信息；其他部分的信息主要控制等分线的属性。尺寸标注不但可以用来标注尺寸，还可以用来实现尺寸的对齐与等分。对齐与等分的应用主要在载入族的绘制上，这部分的内容在本章 5.2.6 小节柱族绘制中会有详细的应用说明。

尺寸标注的参数大部分都是值属性，既可以通过手动填写，也可以通过下拉选择来确定参数内容。而记号参数（主要用来控制箭头样式）是族属性，这个参数主要用来控制尺寸标注的端部样式，如果需要新增标注端部箭头类型，需要在“管理”菜单下“其他设置”中的箭头部分复制新的箭头样式，箭头样式复制完毕后就可以在“记号”下拉列表中看到新增的记号样式，如图 5-7 所示。

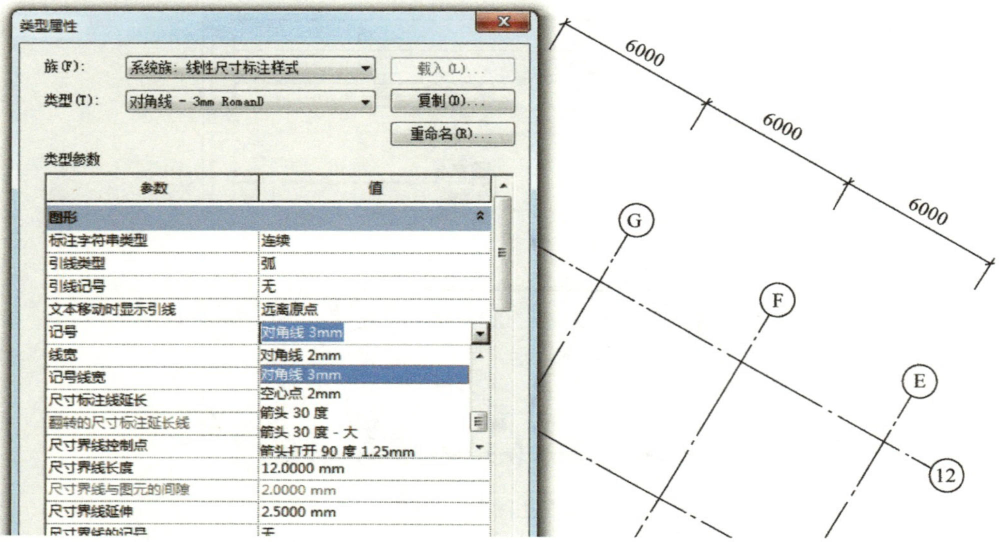

图 5-7　Revit 轴网箭头

5.2.2 层信息

YJK 结构模型有比较明确的层属性，模型基本都是依附在层上进行建立，其中标准层和自然层是两个比较关键的概念。用户建立结构模型时首先需要建立一个标准层，在标准层中布置轴网、构件以及荷载信息。程序还提供了基于标准层的楼层参数设置，用来设置各个标准层的荷载以及构件钢筋等级等内容。标准层建立完毕后就可以通过自然层组装来完成整体楼层的建模，自然层的信息完全来自于标准层。多个自然层可以对应一个标准层，同一标准层的自然层信息除了层高以外其他完全一致，如图 5-8 所示为 YJK 的楼层组装。

与 YJK 层概念对应的是 Revit 中的标高，Revit 的两个标高等同于 YJK 的一个自然层。建立 Revit 标高首选需要切换到 Revit 的立面视图上，然后单击“结构”菜单下的“标高”按钮，参考结构模型中的自然层层底标高和层高来建立标高。

标高建立完成后在“属性”栏中可以看到单个标高的实例参数，标高可以调整的参数信息有计算高度、名称等。如果标高是结构用途，需在标高的“标识数据”中勾选“结构”，如果是建筑用途则勾选“建筑楼层”。单击“编辑类型”可以对当前的标高类型进行编辑，主要调整内容是线形、符号以及标注点的信息，如图 5-9 所示。

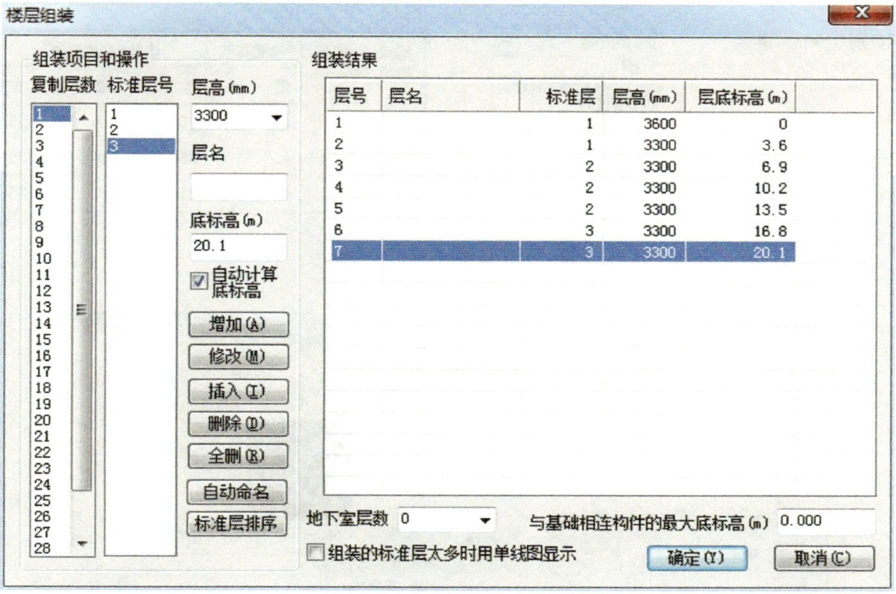

图 5-8　YJK 楼层组装

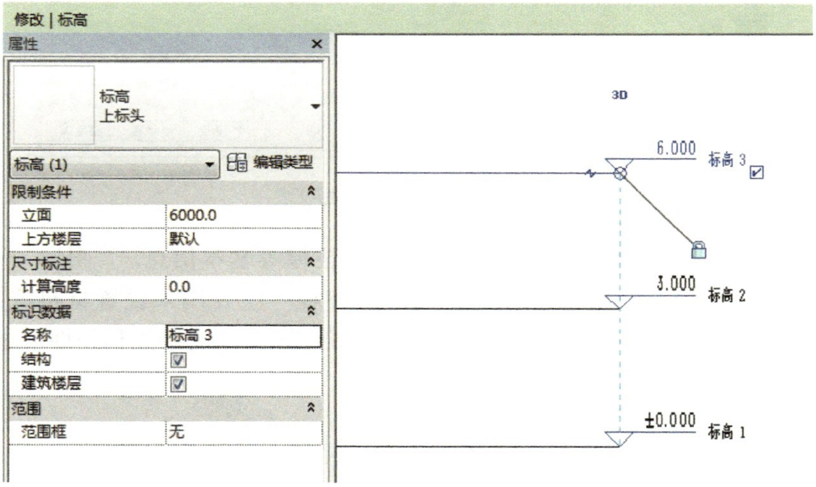

图 5-9　Revit 标高设置

5.2.3　材料信息

YJK 结构设计软件可以在构件截面中选择材料类别，如图 5-10 所示，材料类别主要包括混凝土、钢、砌体等，而混凝土等级可以在楼层组装的各层信息中设置。

Revit 中的材料信息都在“材质浏览器”中设置，如果需要新建一种材质，首先单击“管理”选项卡中的“材质”按钮，打开“材质浏览器”。单击左下的“ ”（添加材质）按钮选择新建或者复制一种新的材质，如图 5-11 所示。

材质信息的主要设置内容包括“标识”“图形”“外观”和“物理”四个方面，如

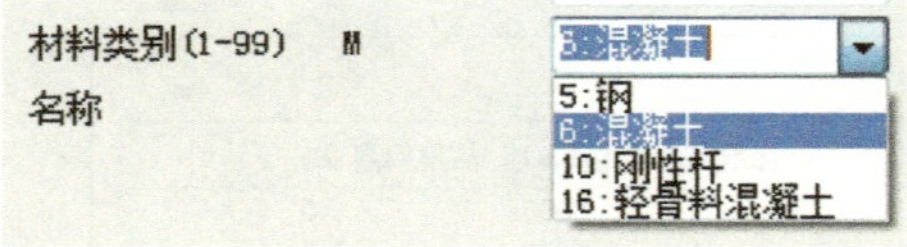

标准层号	板厚 /mm	楼面荷载		混凝土强度等级				
		恒	活	柱	梁	墙	板	支撑
1	120	4.2	2.5	25	20	25	20	25
2	120	4.2	2.5	25	20	25	20	25
3	120	4.2	2.5	25	20	25	20	25

图 5-10 YJK 材料信息

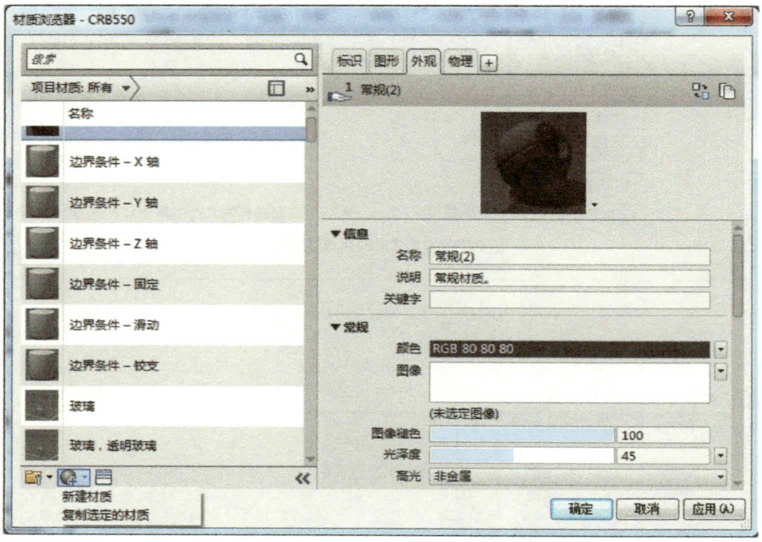

图 5-11 Revit 材质浏览器

图 5-12所示。“标识”主要用来设置材质的说明、注释等基本信息。“图形”可以设置应用该种材质构件的颜色、透明度以及填充图案。“外观”主要用来设置材料渲染之后的效果参数。“物理”则是设置材料的机构属性，例如抗压强度、泊松比和弹性模量等。

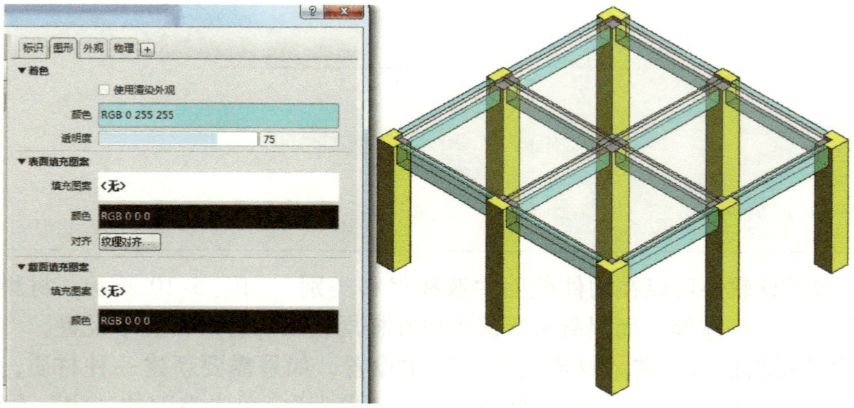

图 5-12 Revit 材质特性

将材质附加在构件上有三种方式，分别为对象样式、类型参数和实例参数。采用对象样式设置的方法进行设置时，首先需要单击“管理”选项中的“对象样式”按钮，在弹出的“对象样式”对话框中的“模型对象”标签下选择需要设置材质的类别，修改材料属性后此类别的构件将全部被设置成为当前材质，如图 5-13 所示。

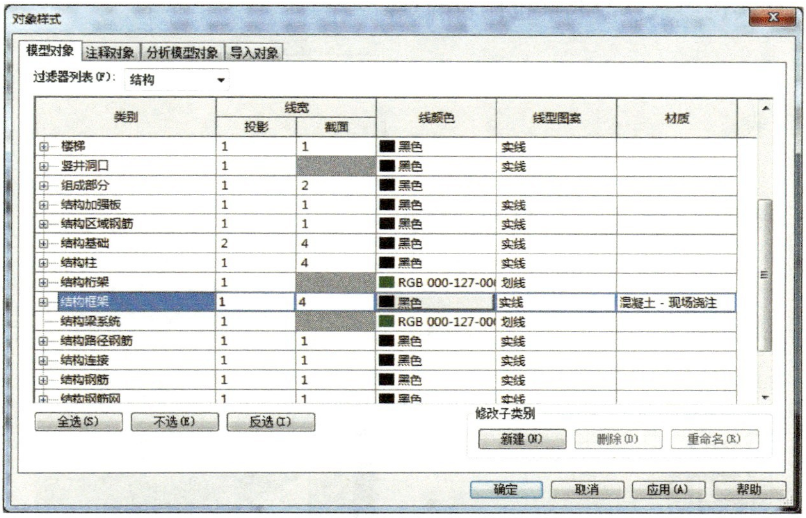

图 5-13　对象样式设置材质

材质属性还可以通过定义类型参数进行赋值。墙体和楼板的系统族材质默认在类型属性的结构部件中进行设置，结构框架和结构柱等载入族在编辑族的状态下可以添加一种材质的类型参数，这样创建模型后，同一个截面类型的构件就会使用同一种材质样式，如图 5-14所示。这种方式比较类似于 YJK 结构设计软件中的材料类别定义模式。

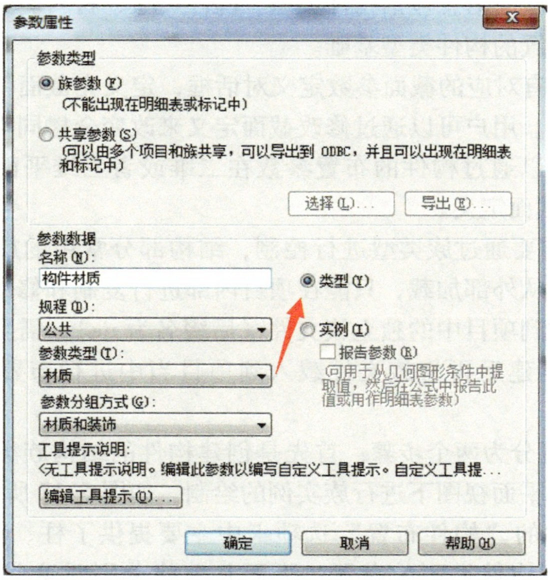

图 5-14　材质类型定义

对于载入族来说，材质属性还可以作为实例参数进行定义，具体的操作方法是：在编辑族的环境下添加材质类型的实例参数，这样在建立完成的结构模型中，每一个构件的参数中都可以设置材质信息，如图 5-15 所示。这种设置方法最为自由，可以针对单个构件定义材质信息。如果需要定义类似同种截面不同混凝土强度的材质信息，则可以选择这种方式。但是，族实例参数修改起来也比较麻烦。

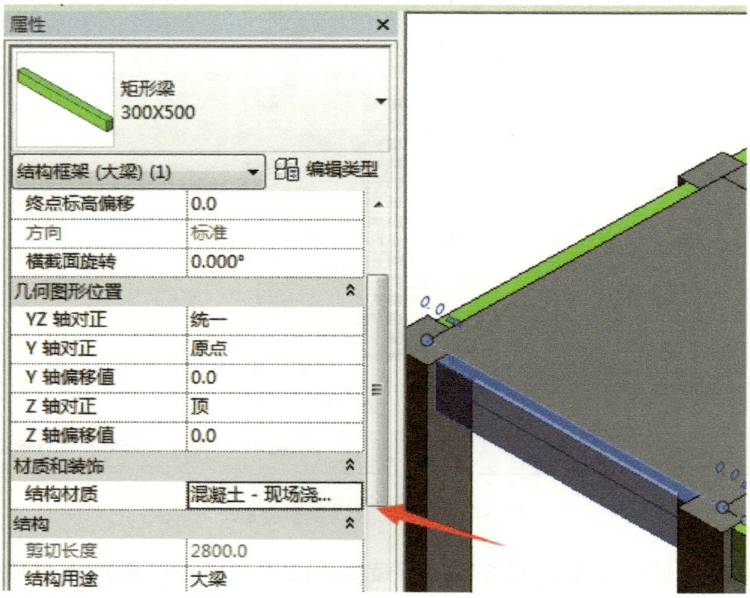

图 5-15　材质的实例参数

YJK 结构设计软件在定义完轴网系统后就可以开始进行构件的布置，布置构件之前需要首先定义截面信息，截面信息包括构件类型、构件尺寸、材料类别和名称信息。定义完成的截面将作为三维布置的构件类型基础。

YJK 的每类构件都有对应的截面参数定义对话框，定义完截面信息后这个截面就可以适用于全楼的构件布置。用户可以通过修改截面定义来改变全楼同类型的构件属性。截面定义完成后，用户就可以通过构件的布置参数在二维或者三维平面进行构件的布置，如图 5-16所示为 YJK 的截面定义。

Revit 的截面定义需要通过族类型进行控制，结构部分常用的族类型有两类：系统族和载入族。系统族不能从外部加载，只能在项目内部进行复制和修改属性，如墙体、楼板等。载入族是可以加载到项目中的独立族文件（后缀名为 rfa），需要用户在族编辑页面进行创建和修改，成功创建后再将族文件载入到项目当中进行布置，如结构框架、结构柱等。

Revit 下的构件布置分为两个步骤：首先是创建构件的结构族类型；其次是类型创建完成后就可以在相应的平面视图下进行族实例的绘制，如图 5-17 所示。

YJK 结构设计软件的“构件布置”选项卡中主要提供了柱、梁、墙、墙洞、斜杆、次梁以及楼板、板洞等构件类型的布置，下面几节将分别对这些构件的布置方式进行介绍。

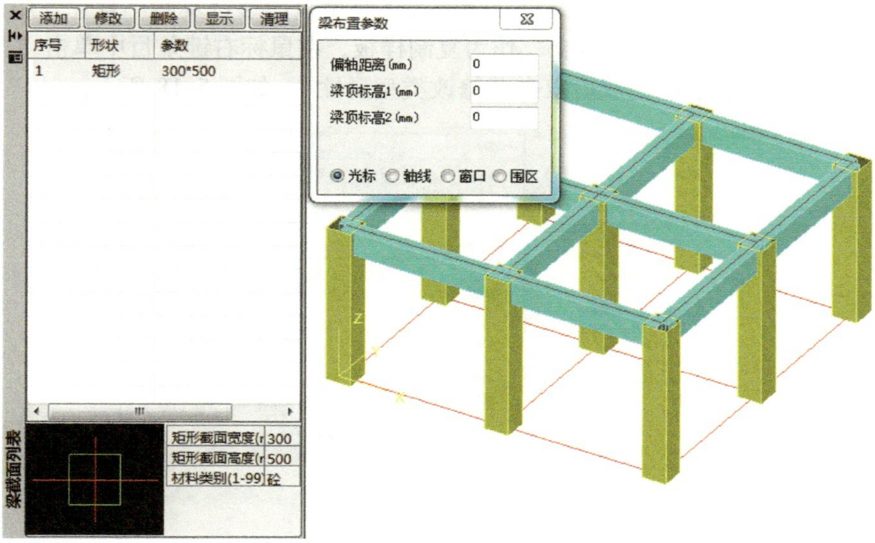

图 5-16　YJK 的截面定义

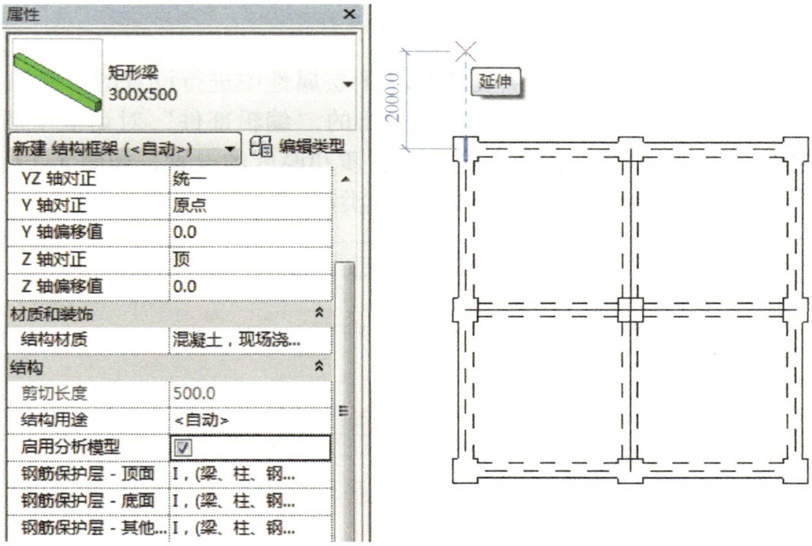

图 5-17　Revit 构件布置

5.2.4　墙体布置

在 YJK 中可以布置混凝土剪力墙，对应 Revit 中“墙”族下的“基本墙”类型，本节主要从墙体截面定义和构件布置两个方面来分析结构墙在 Revit 中的创建。

1. 墙截面定义

YJK 中的墙体截面参数只有三个，即墙体形状、墙体厚度和材料类别。因为墙体形状都为矩形，因此墙体参数可调整的只有厚度和材料类别。

Revit 中的墙的结构信息需要设置的也是厚度和材料类别两类。Revit 中的墙属于系统族，因此不能通过加载的方式添加，创建新的墙体类型只能通过复制。首先，用户需要在“项目浏览器”中选择一个“基本墙”作为复制样板，在鼠标右键条目中单击“复制”即可完成新墙体的复制，复制完成后双击“修改类型属性”，如图 5-18 所示。

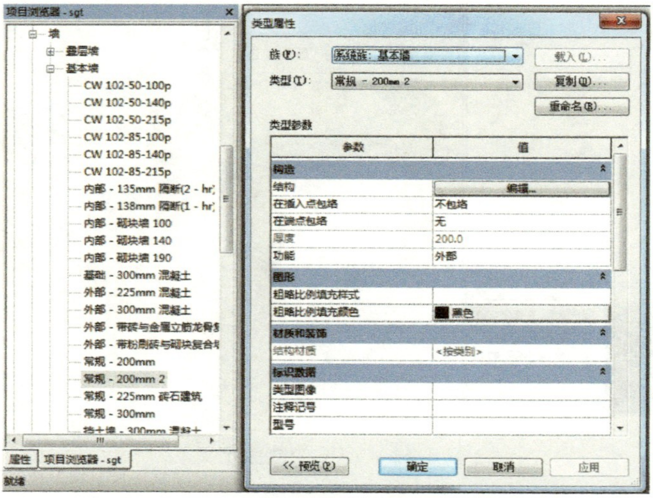

图 5-18 Revit 基本墙定义

在 Revit 中，墙体的厚度和材质都是在墙体的层属性中进行设置的，首先单击墙类型参数中“结构”条目下的“编辑”按钮，在弹出的“编辑部件”对话框中插入“结构”层，然后依据结构计算软件的信息完成结构层材质和厚度的设置，如图 5-19 所示，设置完成后单击“确定”就可以生成新的墙体截面族类型。

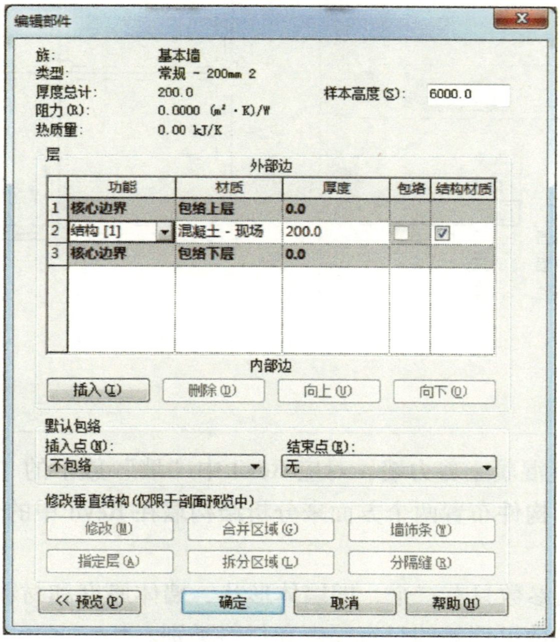

图 5-19 Revit 墙厚及材质定义

2. 墙体布置

YJK 结构设计软件墙体布置参数有四个——“偏轴距离”“墙底高”“起点顶标高”“终点顶标高”。用户可以通过这四个参数来控制墙体的水平位置、底部位置和顶端位置，如图 5-20 所示。偏轴距离是墙体在平面内相对于定位轴线的偏心距离，墙体的底部高度则由墙底标高进行控制（目前 YJK 只能建立底部平齐的墙）。墙两端的顶标高由起点顶标高、终点顶标高以及上节点高控制（墙体单侧高度计算方式为：墙顶高 + 上节点高）。

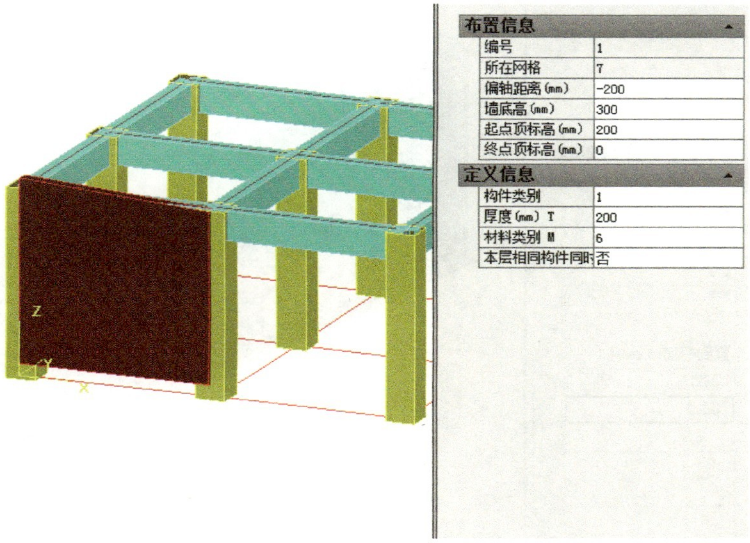

图 5-20　YJK 墙布置参数

在 Revit 中，进行墙体布置首先需将视图切换到二维平面，然后单击“结构”选项卡中的“墙：结构”按钮（见图 5-21），单击该按钮完成后“属性”栏中就会出现墙体布置的相关参数，用户可以根据参数选择需要布置的墙类型信息。

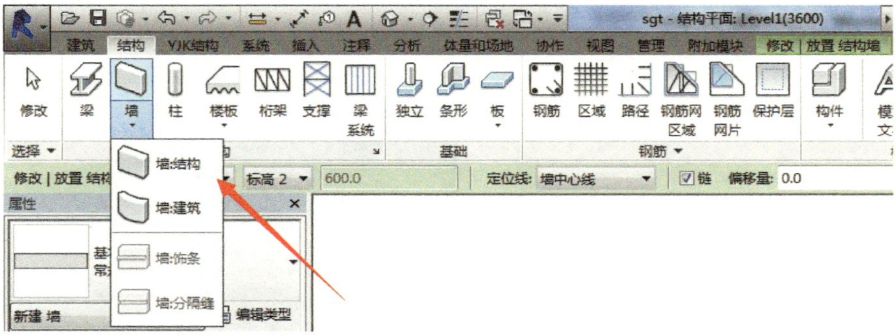

图 5-21　Revit 结构墙布置

墙体是沿着定位线进行布置的，定位线可以是墙体的中线或者面层的边界线。Revit 中的墙体没有偏心概念，因此在水平面中的定位主要是以定位线的起点和终点作为基准。在墙体布置中如果勾选“链”选项就可以实现连续的布置，否则一次单击只能布置一个墙段。

布置好墙体后单击墙体可以显示墙的实例参数信息，如图 5-22 所示。实例参数中的“限制条件”主要用来控制墙体的几何位置，可以修改的内容主要包括“底部限制条件”“顶部约束”“底部偏移”“顶部偏移”。“底部限制条件”和“顶部约束”主要约束的内容是顶底标高，“底部偏移”主要调整的是墙体的底部标高，类似于结构设计软件中的墙底高参数。“顶部偏移”主要控制的是墙体的顶端标高，对应结构设计软件中的起点顶标高和终点顶标高。

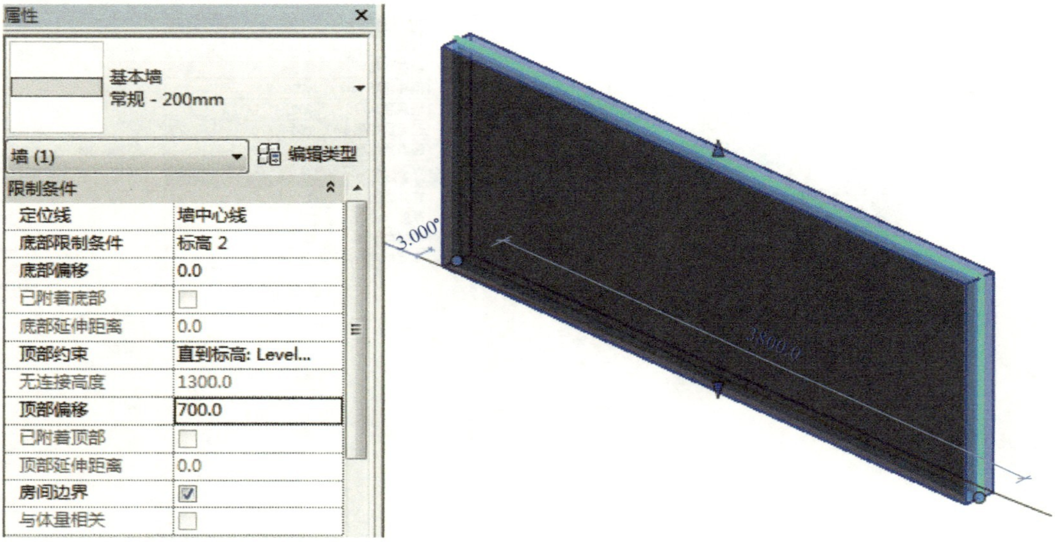

图 5-22 Revit 墙实例参数

如果墙体顶部起点端标高和终点端标高数值不同，就需要通过调整墙体的轮廓来实现顶部两端的高差。首先，选中墙体，调整视图到与墙体水平以方便操作；然后，单击“修改 | 放置结构墙”选项卡下的“编辑轮廓”按钮，这时候墙体的边界就会呈现粉红色的高亮状态，用户可以在此状态下编辑墙体边界线，从而完成墙体顶部起、终点存在高差情况的建模，如图 5-23 所示。

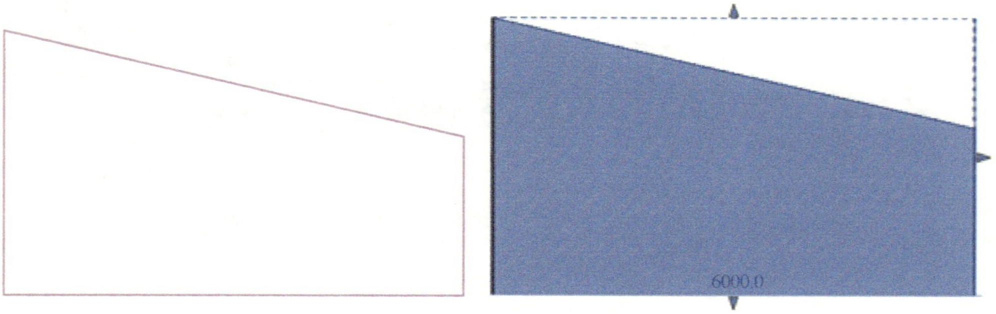

图 5-23 Revit 不等高墙

5.2.5 墙洞布置

YJK 可以在结构墙上布置洞口，对应于 Revit 也可以在宿主的结构墙上生成洞口，Revit 开墙洞的方法有三种，下面将分别对 YJK 和 Revit 的开洞方法进行介绍。

YJK 中布置墙洞和布置一般构件一样，需要先创建截面信息，但是墙洞的截面信息比较简单。目前 YJK 中的墙洞只支持矩形洞口，因此墙洞截面的可操作信息只有洞口高度和洞口宽度两种。

墙洞截面定义完成后就可以开始进行墙洞的布置，墙洞的布置参数有两个——“底部标高”和“定位距离”，如图 5-24所示。“底部标高”主要控制墙洞底边离楼层底部标高的距离，“定位距离”则主要控制墙洞在墙体内部的水平定位。墙洞的定位方式有“靠左”“居中”和“靠右”三种，如果选择“靠左”，则定位距离值代表的意义是洞口左下角点在二维平面上距离墙体起始节点的距离，如值为“1”则代表洞口紧贴墙体左侧布置；如果选择“居中”，则定位距离值为“0”，代表洞口在墙体的中部进行布置；如果选择“靠右”，则定位距离代表的意义是洞口右下角点距离墙体终止节点距离的负值，如值为“ -1”则代表洞口紧贴墙体右侧布置。

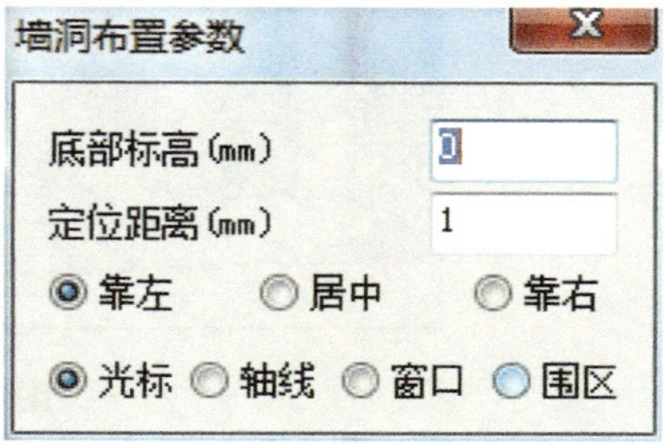

图 5-24　YJK 墙洞布置

参数填写完成后就可以开始构件的布置，构件的布置可以选择点选布置或者框选围区进行批量布置。点选布置只需要在二维或者三维平面上单击需要布置墙洞的墙体，则选中截面的墙洞就可以自动生成。如果选择框选布置，用户框选一定范围内的所有墙体都会被布置成指定截面类型的墙洞，如图 5-25 所示。

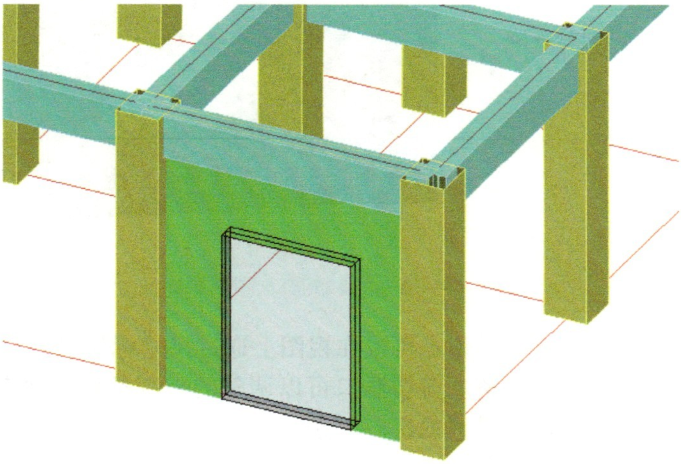

图 5-25　YJK 墙洞布置实例

Revit 在结构墙上开洞主要有三种方法：编辑墙体轮廓、剪切洞口和“门/窗”族的方法。编辑墙体的轮廓实现在基本墙上开洞的操作方法是：选中需要开洞的基本墙，单击“修改放置结构 | 墙”选项卡下的“编辑轮廓”按钮，在原有墙体轮廓内部绘制一个闭合曲线，完成后闭合曲线就可以生成一个墙体的洞口，如图 5-26 所示。采用这种方法开洞的优点是洞口的形状更加自由、可以开轮廓比较复杂的结构洞口；缺点是操作比较繁琐且洞口不能进行统计。

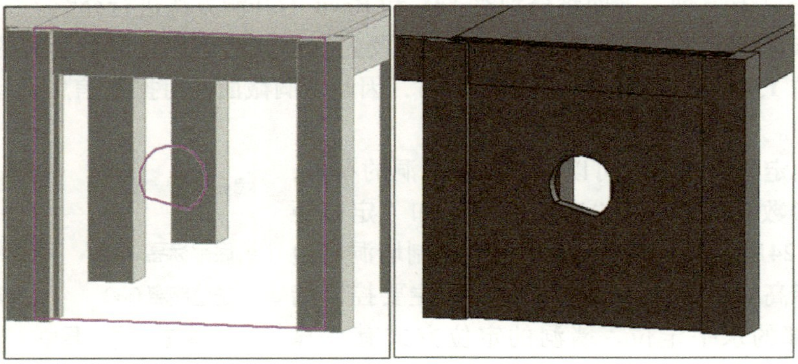

图 5-26　Revit 轮廓线开洞模式

采用剪切洞口的方式对剪力墙进行开洞的操作步骤为：首先将视图切换到需要开洞的剪力墙平行视图，单击“建筑”选项卡下的“洞口-墙”按钮，然后选中需要开洞的基本墙，选中后在墙体上选择洞口的左上角点和右下角点，完成后宿主墙上就会创建一个新的洞口实例，如图 5-27 所示。

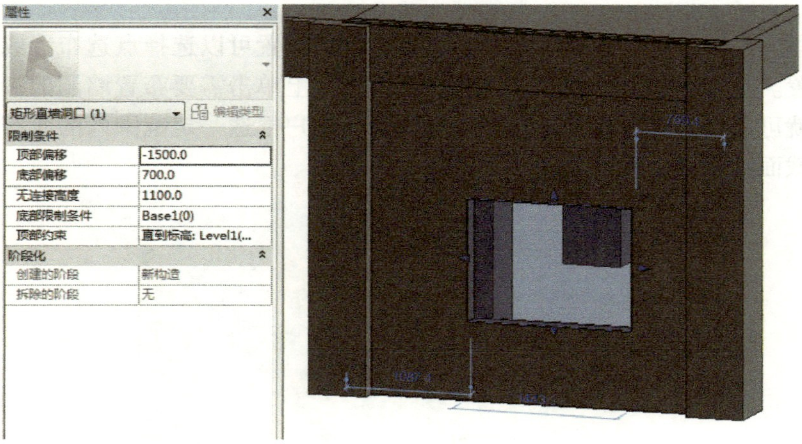

图 5-27　Revit 剪切洞口开洞模式

直接绘制的剪切洞口宽度和定位点可以在视图上通过尺寸标注进行调整，洞口的高度和定位高度需要通过参数进行调整。剪切洞口可以调整的限制条件参数有五个——“无连接高度”“顶部偏移”“底部偏移”“底部限制条件”“顶部约束”。“无连接高度”控制洞口的高度，“顶部偏移”和“底部偏移”确定洞口在 Z 向的定位距离，“顶部约束”和“底部限制条件”则主要控制洞口的楼层范围。采用这种方式进行洞口的创建，优点是绘制洞口比较快捷，并且参数化的控制使洞口的定位比较容易做到精确；缺点是不能进行统计，且因为每个洞口都是单个存在，因此在对同一类型的洞口进行修改的时候相对比较麻烦。

第三种在 Revit 布置墙洞的方法是采用“门/窗”族的方法进行布置。“门/窗”族为载入族的类型，如果需要采用这种方法进行布置，首先需要在族编辑环境里面选中一个“门/窗”的族样板文件（如果项目样板文件中存在可以直接使用或者类型相似的族也可以直接使用或者复制修改），绘制生成一个外置的载入族。在这个族文件中需要绑定尺寸的参数，方便后续对窗口的尺寸进行编辑，如图 5-28 所示。

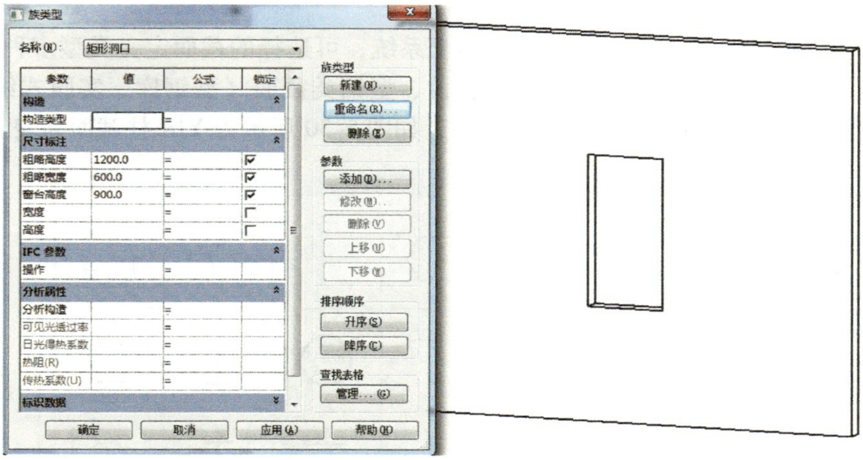

图 5-28　Revit“门/窗”族开洞模式

载入族创建完毕后，将族文件加载到项目当中，布置洞口的方法是单击“建筑”选项卡下的“门/窗”按钮，选中需要布置的族类型，然后选中需要创建墙洞的剪力墙。因为，此种方法是采用族的方式进行布置，洞口的大小一般比较容易固定，用户可以通过尺寸标注的调整来修改洞口的水平定位距离，而垂直距离则可以通过调整族实例参数中的“底高度”来进行控制，如图 5-29 所示。

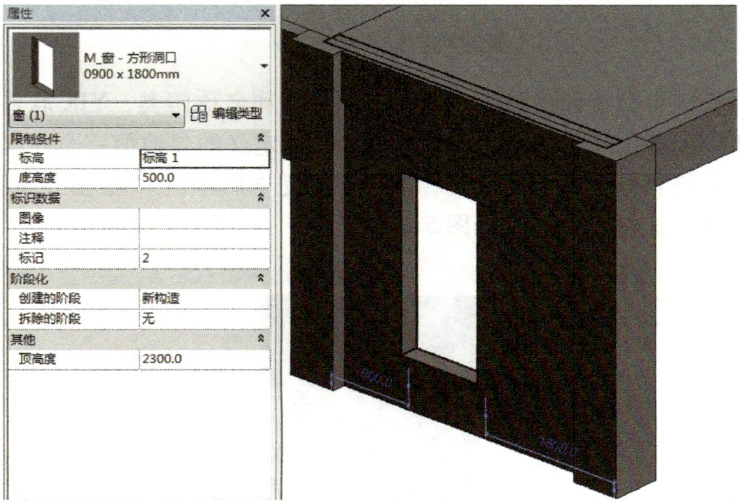

图 5-29　Revit 洞口族定位方式

采用“门/窗”族的方式建立洞口的缺点是需要建立很多个族类型，操作步骤相对繁琐；优点是可以批量修改同类型的墙洞构件，并且可以通过明细表统计墙洞的参数信息，这种方式也是最接近于 YJK 的布置方法。

5.2.6　柱/斜杆布置

柱和斜杆在 YJK 中是两个不同的布置菜单，但是在 Revit 中的柱和斜杆都采用“结构柱”的族进行布置。下面内容将从截面定义和构件布置两个方面介绍柱/斜杆的布置方法。

1. 柱/斜杆截面定义

YJK 中的柱和斜杆采用同一套截面库定义系统，可选择的截面定义类型多种多样，主要分为普通截面（混凝土和劲性混凝土截面）、型钢类截面（型钢库、实腹式组合截面、格构式组合截面等）以及自定义截面三大类，如图 5-30 所示为 YJK 柱截面列表。

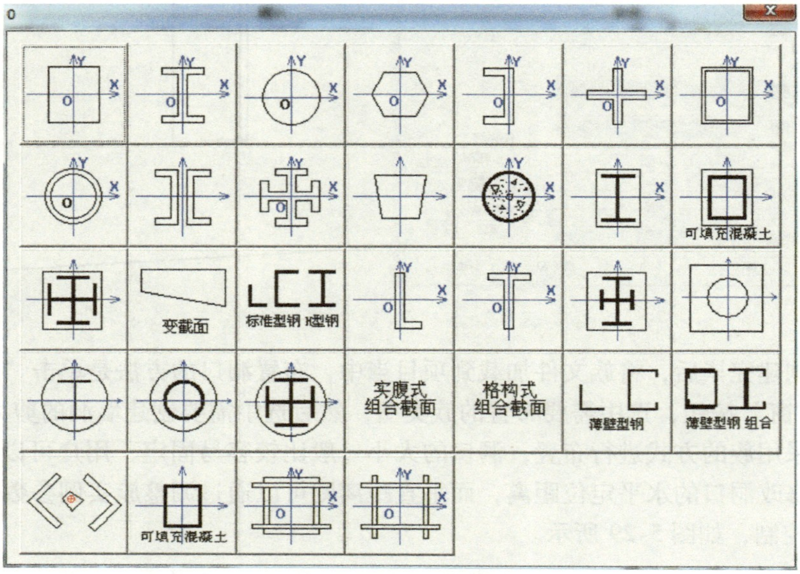

图 5-30　YJK 柱截面列表

截面定义所需内容分截面形状、尺寸定义、材质和名称四类，YJK 软件会根据不同的截面类型给出不同的截面尺寸和定义方法。如果截面定义的参数值完全一样，程序会自动做过滤处理，不允许相同截面重复定义。参数定义完毕后单击“确定”，就可以在“柱截面列表”中看到新增的截面类型，如图 5-31 所示。

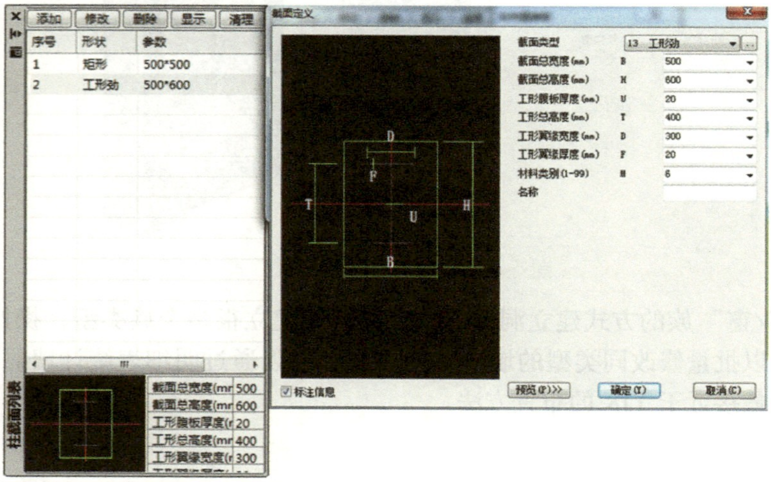

图 5-31　YJK 柱截面定义

Revit 中的结构柱族属于外置族类型，创建柱类型时需要首先创建生成一个族文件，在族编辑器里对族文件的参数设置完成后加载到项目当中，就可以实现此种类型族实例的布置。

创建外置族时，首先需要单击主界面上“族”条目下的“新建”按钮，选中一个结构柱的族样板文件，单击“确定”打开族编辑空白文档进行族的编辑，如图 5-32 所示。每一种截面类型可以创建一个单独的族文件，同类型不同尺寸的截面形式可以通过族类型中的尺寸参数进行灵活的定义，无须单独创建族文件。

图 5-32　新建柱族

创建族的尺寸约束前需要首先建立族的类型参数。在族编辑的环境下单击“创建”选项卡下的“族类型”按钮，在弹出的对话框中添加需要的族类型参数。对应于结构模型，这里主要添加的参数为材质参数和截面尺寸参数，如图 5-33 所示。首先，在“族类型”对话框中单击“新建”按钮，创建一种新的族类型，每种族类型对应一种尺寸的截面形式（等同于 YJK 截面列表中的一个条目）。

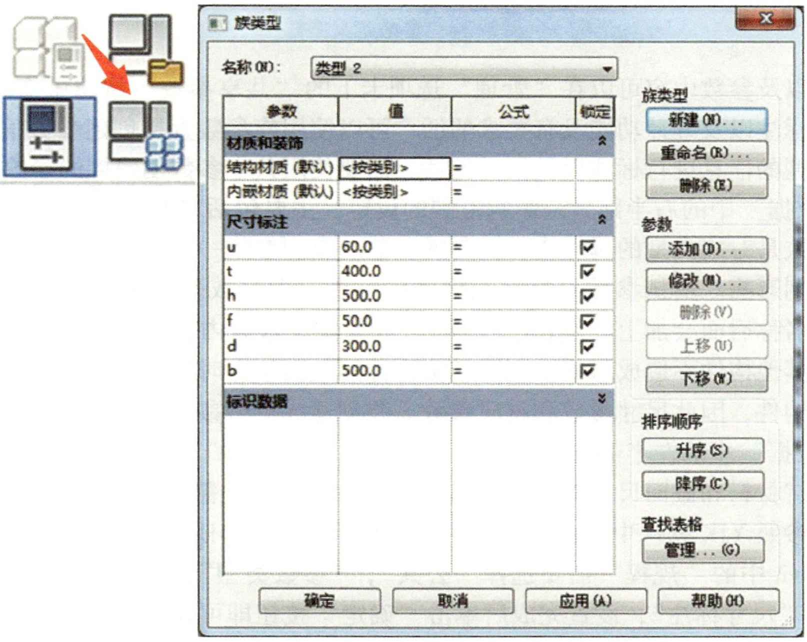

图 5-33　设置柱族参数

类型创建完毕后就可以进行参数信息的添加。在“族类型”对话框中单击“添加”按钮，在弹出的“参数属性”对话框中可以对参数信息进行编辑。可编辑的内容主要分为两个部分：“参数类型”和“参数数据”，如图 5-34 所示。

“参数类型”中有“族参数”和“共享参数”两个选项，这两类参数都可以进行参数数据的定义，它们的区别是“族参数”载入项目文件后，并不能进行明细表的统计和绑定标签进行构件平面视图的标记；而“共享参数”载入到项目中可以进行统计和绑定标签，如果使用“共享参数”，参数的数据定义信息将被记录在一个文本文档中（“共享参数”

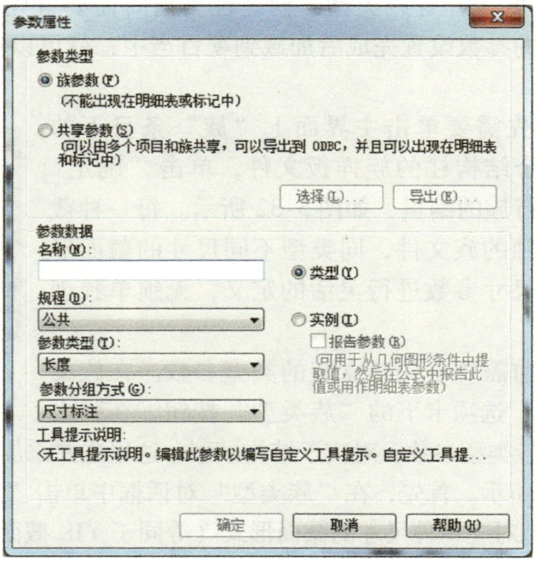

图 5-34 参数定义方法

的文档路径以及参数内容可以在“管理”选项卡下的“共享参数”按钮中查看)。如果对模型的平面标注以及统计功能没有要求的话，可以使用族参数直接创建参数信息；如果后续需要对模型的信息进行标注以及统计的话，需要使用共享参数创建族的参数信息。

“参数数据”中的右半部分是影响范围的设定，主要包括“类型”参数和“实例”参数。类型参数是对族类型的属性进行控制的参数，类型参数一旦被修改，所有同种类型的构件都会受到影响。实例参数只反映在构件的单个实例参数列表中（实例参数创建成功后，在参数名称后面会加上“默认”字样)，如果修改参数内容则只会影响单个构件，而对同类型的其他构件不造成影响。创建结构构件的截面信息时，截面尺寸需要控制同类型截面的所有构件，因此尺寸参数和材质参数需要创建成类型参数。

“参数数据”中的左半部分主要用来创建参数的“名称”和“类型”，构件截面信息的创建内容有材料和截面尺寸两类。创建截面尺寸信息首先需要填写参数的“名称”，填写方法可以参照 YJK 软件中的截面尺寸名称，然后需要对其他参数进行设置，对应结构构件截面在 Revit 中的“规程”需要选择“公共”，“参数类型”选择“长度”，“参数分组方式”选择“尺寸标注”，设置完成后单击“确定”按钮即可以完成尺寸参数的创建。

构件材质参数的创建需要根据截面的类型而定，如果截面是单一的混凝土或者钢材质，只需要创建一个参数即可；如果混凝土截面中有型钢骨，则需要创建两种材质参数，一种进行混凝土的材质赋值，一种进行型钢骨的材质赋值。创建方法是先填写材质的“名称”，然后在“规程”中选择“公共”，“参数类型”选择“材质”，“参数分组方式”选择“材质和装饰”，单击“确定”按钮完成材质的创建。

类型参数设置完毕后，接下来需要进行族文件项目参数的定义，主要定义内容包括横断面形状、用于模型行为的材质等信息。结构参数信息大部分可以选择默认，在用于模型行为的材质这一栏需要根据截面的材料进行选择，不同的材料在族实例参数中会有不同的体现内容。

参数创建完毕后就可以开始进行截面形状的绘制，载入族没有既定的截面类型，所有的截面形状都需要手动绘制，接下来以工字钢加劲性混凝土截面为例介绍族实例绘制的方法。

结构柱需要垂直于水平面进行布置，因此，创建结构柱族首先得将试图切换到楼层平面，然后单击“创建”选项卡下的“参照平面”按钮，绘制构件截面前需要定义作为基准定位的参照平面，参照平面的绘制原则为：可以完全承载结构构件截面的轮廓线。

参照平面绘制完毕后，单击“创建”选项卡下的“拉伸”按钮，拉伸功能是将一个封闭的平面向一个方向拉伸一定高度来建模，结构柱族需要采用这种方式进行创建。单击完“拉伸”后开始绘制构件的截面形状。用户可以沿着参照平面线来绘制构件截面的轮廓线，绘制过程中需要单击小锁将轮廓和参照平面线绑定起来，只有完成了绑定才能实现调整参照平面时构件轮廓的联动修改。如果绘制过程中没有实现绑定，也可以通过单击“对齐”将已绘制好的构件轮廓线和边界线进行再次绑定。

如果需要创建嵌套截面（劲性混凝土截面），可以在完成外轮廓封闭截面后再次创建型钢骨截面即可。注意：在创建外轮廓的时候将型钢骨形状镂空，这样才不会因为构件重合而影响到后续材料统计的准确性，如图 5-35 所示。

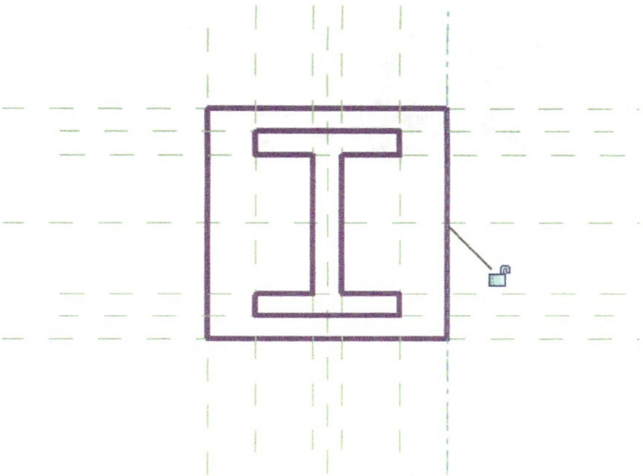

图 5-35　截面轮廓的绘制

模型外轮廓绘制完毕后，接下来就需要绑定截面的尺寸参数，用户可以对应 YJK 的尺寸参数定义创建 Revit 参照平面的尺寸标注。单击“尺寸标注”按钮，在工具栏的“标签”一项中选中需要绑定的尺寸参数，绑定完成后，尺寸参数的修改就可以联动模型轮廓的修改，如图 5-36所示。

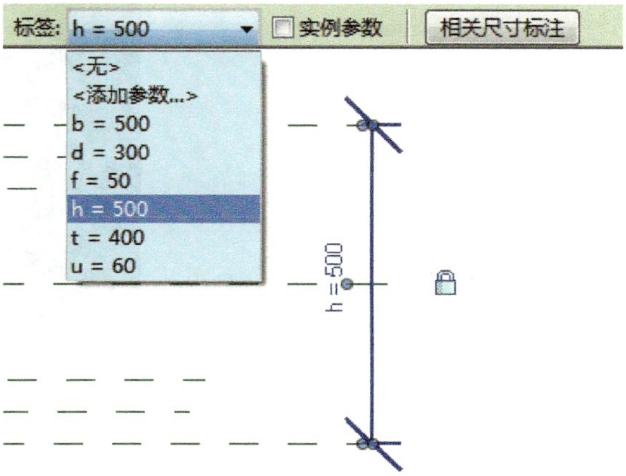

图 5-36　绑定尺寸参数

截面定义时还需要关注的一点就是尺寸标注的均分内容，如果调整截面尺寸值时需要两侧均向外延伸，则需要将两个边创建在一个中轴参照平面的两侧，如果两端尺寸标注值一样，后面就会出现一个带斜线的 EQ 文字，单击文字就可以实现轮廓线相对于中轴的对齐设置，如图 5-37 所示。

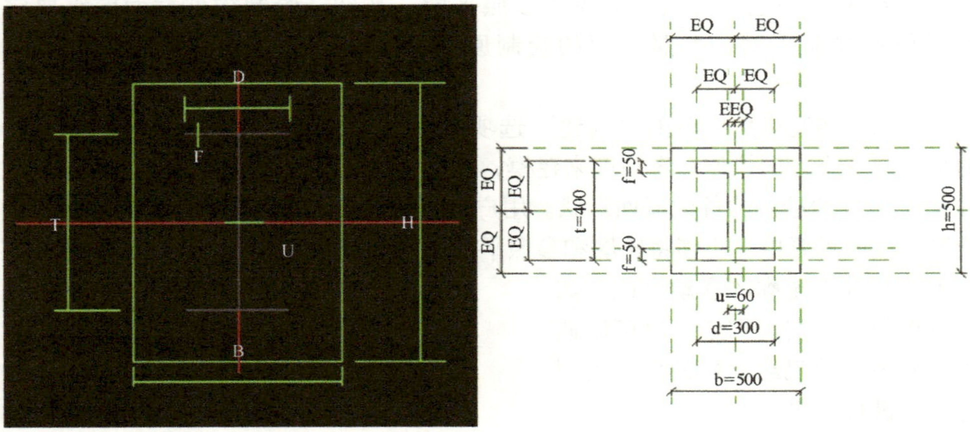

图 5-37　柱截面绘制

完成截面轮廓的绘制后，切换视图到立面，拉伸构件的顶部标高与上层的参照标高贴合，然后单击“对齐”，将柱子上下层的拉伸位置和参照层高进行绑定，这样在柱实例中进行楼层属性调整时就可以联动层高参数，如图 5-38 所示。

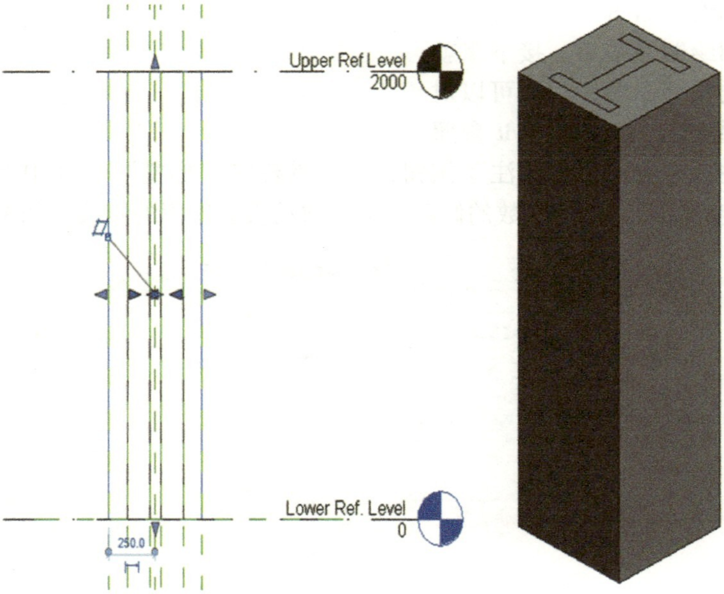

图 5-38　柱截面拉伸

设置完截面轮廓并绑定完标高信息后，柱的外置载入族就创建完毕了。创建完毕的族可以存储为一个 rfa 格式文件，需要使用时单击“载入到项目中”按钮直接将创建好的族文件加载到选定项目使用，载入项目的族就可以在“项目浏览器”中“族”条目下的“结构柱”中看到。

2. 柱/斜杆构件布置

YJK 的柱是基于节点进行布置的，一个节点只能布置一个柱子，如果在同一个节点布置两次，第一次布置的柱子则会被覆盖。柱布置的方法可以点选也可以框选，用户将光标移动到轴网交点处时程序会自动捕捉交点，以方便用户布置。软件还提供了通过包围盒的方式布置柱，在柱布置的命令下，用户可以框定一个范围的包围盒，包围盒内所有的网格交点将会自动生成柱子的实例。

柱布置有“沿轴偏心”“偏轴偏心”“轴转角”“柱底高”四个参数，如图 5-39 所示。“沿轴偏心”是沿着柱宽方向的偏心值，“偏轴偏心”是沿着柱高方向的偏心值，“轴转角”是用来控制柱子绕着中心旋转的角度，而“柱底标高”则是设置柱子相对于底层层高的距离，柱子的顶部标高需要通过节点的上节点高进行控制。

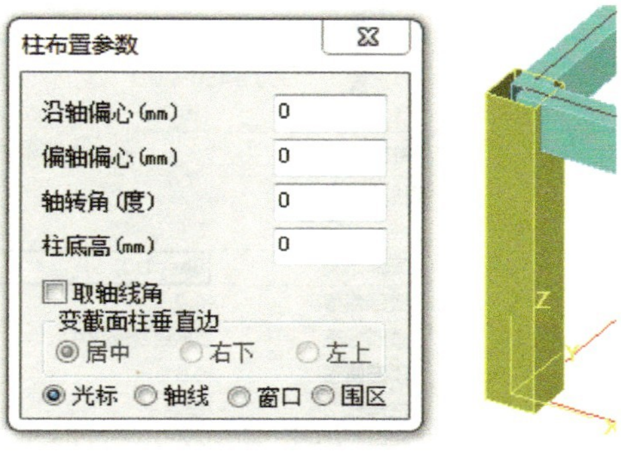

图 5-39　YJK 中的柱布置

YJK 的斜杆是基于起点和终点的节点进行定位布置的，斜杆布置参数主要由起始端的“标高”和偏移值、终止端的“标高”和偏移值、“轴转角”以及整体偏心值这几个部分组成。偏移值的设定主要为了确定斜杆沿其形心的空间走向，而整体偏心值的设定是为了生成计算模型的斜杆形心与节点之间的偏心刚域连接。如果在其中一端勾选了“与层同高”，则此端的标高值将会被设定为“1”，这时构件的端点高度会根据顶部层高的变动而联动调整。勾选“跨层时自动打断”选项后，建立跨层的斜杆构件再生成数据后会自动被层高打断，如图 5-40 所示。

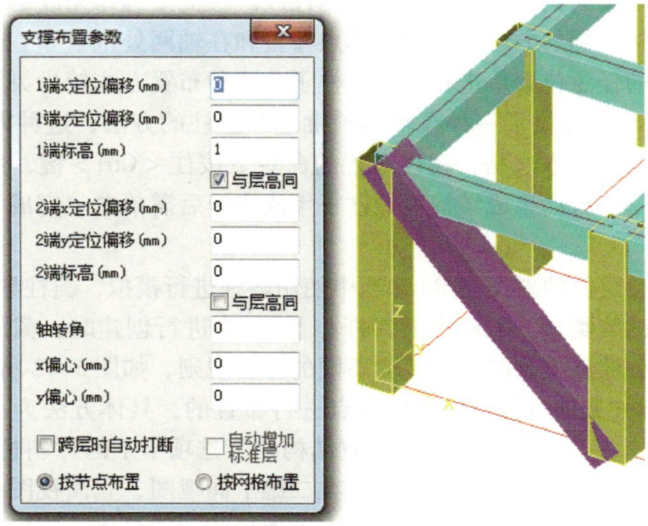

图 5-40　YJK 中的斜杆布置

在 Revit 中柱的类型分为两种："柱"族和"结构柱"族。这两类族均为载入族，分别用来建立建筑柱和结构柱。建筑柱和结构柱虽然在外观上基本一样，但是其在属性上却有着明显的区别，结构柱有分析线，并且混凝土的结构柱参数中有配筋属性，这些信息在建筑柱中都不存在。YJK 结构软件对应的柱类型就是 Revit 中的结构柱类型。

在 YJK 中以单节点定位的柱构件对应到 Revit 当中是垂直柱的类型，垂直柱指的是柱的实例参数"柱样式"中的参数值为"垂直"，这类柱子的顶点坐标和底部坐标在水平面上的投影位置相同，如图 5-41 所示。

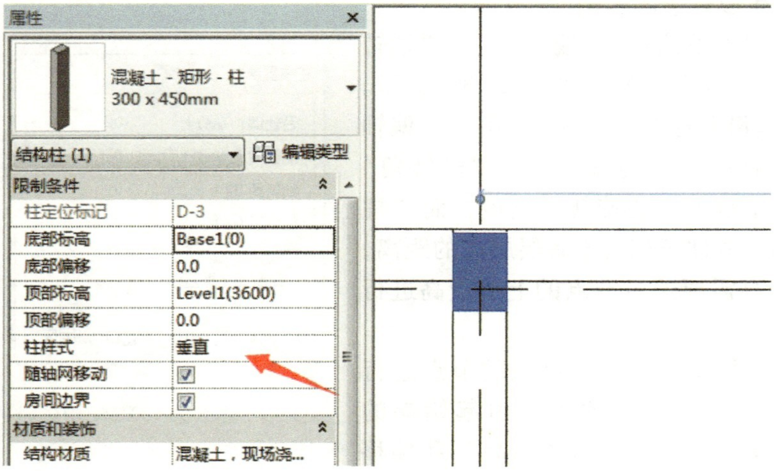

图 5-41 Revit 中的垂直柱布置

Revit 中的柱布置没有偏心的概念，因此柱实例在二维平面上的定位为最终的绝对位置。在 Revit 中创建结构柱，首先需要将视图切换到需要布置柱的楼层平面视图，然后在"结构"选项卡下单击"柱"按钮，并在"属性"栏中选择需要创建的结构柱类型，结构柱类型是指用户自定义的具有截面属性的结构柱族。柱类型选择完成后就可以开始结构柱实例的布置，布置柱实例的方法有两种：单点布置和在轴网处批量布置。单点布置，顾名思义就是在图面上的任意位置单击布置一个柱子。这种布置方法较为灵活，但是操作起来工作量比较大。Revit 还提供了一种在轴网处批量布置柱的方法，这种方法类似于 YJK 的包围盒布置。具体的布置方法是：在柱布置的命令下按住 <Ctrl> 键，然后框选轴线，被框中的轴线交点处就会自动生成结构柱。柱子生成完毕后需单击"完成"按钮，构件就会被实际创建。

YJK 中的以两点定位的斜杆在 Revit 当中使用斜柱进行模拟，斜柱和垂直柱在 Revit 中使用同一套结构柱的族类型，YJK 中的斜杆在 Revit 中进行创建时，截面信息如果需要和柱子区分，可以在创建族类型时规定一套不同的命名规则，如图 5-42 所示。

在 Revit 当中斜柱是通过捕捉两个定位点进行布置的，具体方法为：单击"结构"标签下的"柱"按钮，然后选中"修改 | 放置结构柱"选项卡下的"斜柱"选项开始布置。斜柱布置只能通过两次单击完成，用户可以在二维平面视图、立面视图或者三维视图上进行定位点的捕捉。首先，将视图切换到需要布置斜柱的视图界面；然后，在菜单栏中选择起、终点的标高以及偏移值；最后，捕捉两个定位点，捕捉完成后程序就会沿着定位点对

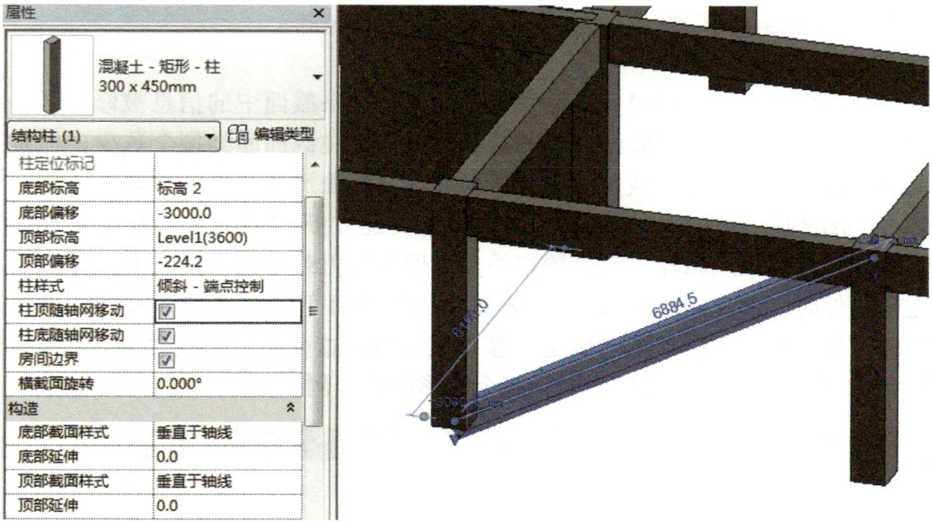

图 5-42　Revit 中的斜柱布置

斜柱进行自动拉伸，从而完成构件的创建，如图 5-43 所示。

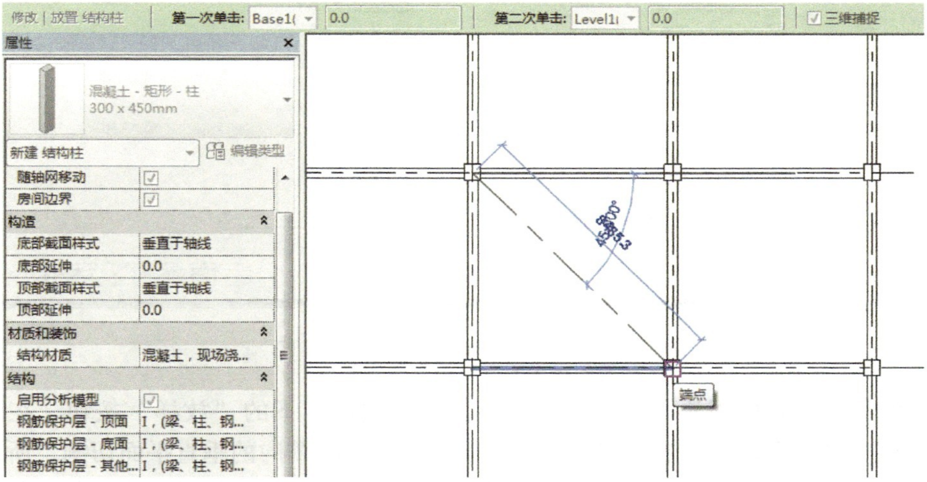

图 5-43　Revit 中的斜柱平面布置

结构柱（包括斜柱和垂直柱）的实例参数主要用来控制构件的 Z 向高度值，内容包括底部标高、顶部标高和底部偏移、顶部偏移。标高值对应 YJK 中的当前层底标高和层顶标高，偏移值对应 YJK 中的柱底标高和柱顶高度（上节点高）。

5.2.7 梁布置

YJK 中梁的类型有两类：次梁和主梁。主梁是用来承重并且传递荷载的梁构件，而次梁仅仅是为了传递荷载，到后续的计算模块，次梁将会被折算成荷载进行施加，而构件本身将不会出现。YJK 中的梁构件对应 Revit 中的结构框架，通过结构框架的族来模拟结构设计软件中的主梁和次梁布置。下面的内容将从梁的截面定义和布置方法两个方面介绍结构模型在 Revit 中的具体实现。

1. 梁截面定义

YJK 中的主梁和次梁采用同一套截面定义系统，如果截面中的信息被修改了，同截面的主梁和次梁构件将会被同时修改。梁的截面库类型比柱截面库类型个数少，但是定义方式和柱截面类似，截面布置参数主要包括截面形状、截面尺寸、材料类别及名称。

Revit 中的结构框架属于外置载入族，如果需要建立新的族类型，首先需要建立一个新的外置族文件，在族编辑器里面设置相关参数保存后再载入到项目当中进行使用。

创建族文件时，首先需单击 Revit 主界面“族”条目下的“新建”按钮，选择结构框架的族样板文件，选择完毕单击“确定”按钮就可以在这个空白的族文档下创建结构框架族，如图 5-44 所示。族样板文件中默认有个矩形的族样例，如果不需要可以删除。

图 5-44　Revit 中的新建结构框架族

创建结构梁需要使用放样命令，单击“创建”选项卡下的“放样”按钮，在弹出的视图选择框中选择左侧或者右侧视图，因为梁的截面会被 Z 向的垂直平面切割，所以它的截面创建视图和结构柱不太一样。选择完视图平面后就可以开始梁截面的绘制，截面绘制方法以及参数创建方法和结构柱类似。

创建完成后将视图切换到楼层平面，然后将结构框架的两端横截面拉伸和端部切割线相接并完成绑定，绑定完成后新的梁族类型就创建完成了，这时用户就可以通过载入的方式将截面框架族载入到项目文档中。

2. 梁构件布置

在 YJK 中主梁的布置主要依附于网格信息，同样水平高度的梁在单个网格上只能创建一个，不同高度的梁（例如层间梁）可以创建多个。主梁的布置参数有“偏轴距离”“梁顶标高 1”和“梁顶标高 2”，如图 5-45 所示。偏轴距离主要控制梁在水平面布置时候偏离网格的距离，而通过设置梁顶标高的值可以控制梁的起点和终点相对于当前楼层顶部标高的距离。同样，梁的两端标高也会受到上节点高的影响。

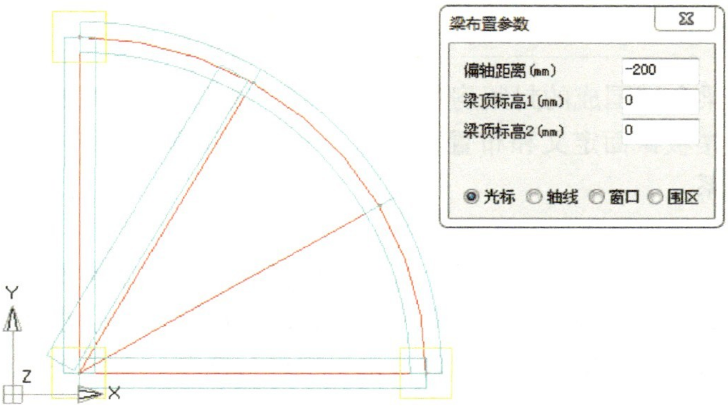

图 5-45　YJK 中的主梁的布置

YJK 中的次梁布置方法比较简单，只需要通过绘制单根梁线，定义梁起点和终点的位置即可。次梁不一定需要布置在节点处，只需要和既有的梁或墙搭接，它的端点标高和搭接梁或墙的标高保持一致。

Revit 中的结构框架布置也是通过两点选择的方式进行布置。首先将视图平面切换到需要布置结构框架的视图，然后单击“结构”选项卡下的“梁”按钮，程序就会进入到梁布置的命令当中。在梁布置命令下用户可以通过选择节点坐标值来布置单根直线梁或弧形梁，同样也可以像结构柱一样实现在轴网上的批量布置。

Revit 中结构框架的族实例参数中有“Y 轴偏移值”选项，这个选项对应 YJK 软件中的偏心，因此在 Revit 中布置梁的水平位置时可以布置为 YJK 偏心前的坐标，而 YJK 中的偏心值通过设置“Y 轴偏移值”的参数值进行控制。梁的端部标高值在 Revit 中通过“起点标高偏移”和“终点标高偏移”两个参数进行控制。这两个参数值对应的就是 YJK 中梁顶标高参数加上节点高的值，如图 5-46 所示。

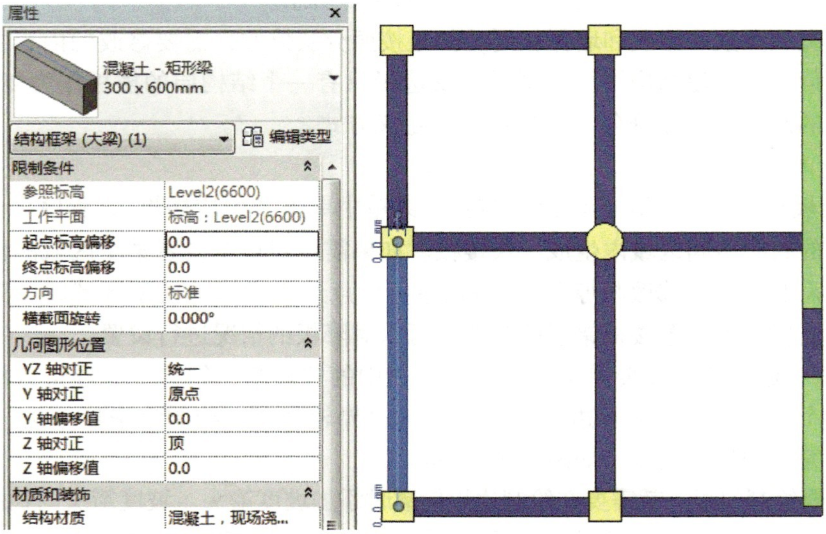

图 5-46　Revit 中的梁的布置

5.2.8 楼板布置

YJK 可以在主梁和墙围成的封闭房间内自动生成楼板，YJK 中的楼板对应 Revit 中的楼板族。下面将从楼板截面定义和布置方式两个方面介绍楼板在结构设计软件和 Revit 软件中创建的对应关系。

1. 楼板截面定义

YJK 中的楼板没有截面类型的定义，每个楼板都有仅属于本实例的厚度定义。YJK 在进行楼板的自动生成时，程序会自动按照用户设置的标准层板厚信息进行楼板的生成，如果需要修改局部的板厚则需要在楼板的建模菜单中进行修改，如图 5-47 所示。

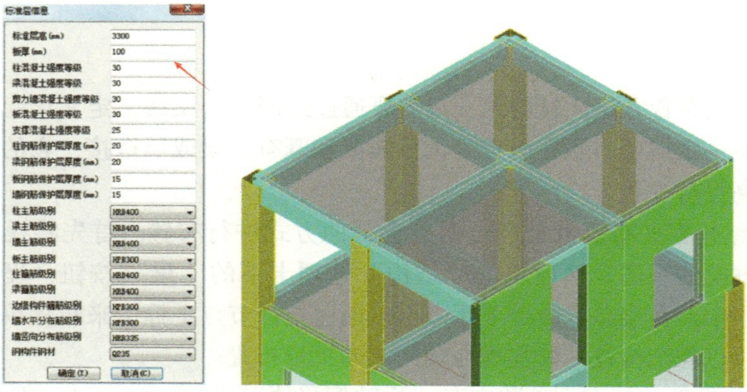

图 5-47　YJK 中的板厚

Revit 中的楼板族是系统族，无法通过加载外部族文件的方式进行创建，楼板类型只能通过对项目中已存在的族类型进行复制的方式创建。由于 YJK 中没有楼板的类型定义，因此在创建 Revit 中的楼板族类型时需要首先统计 YJK 中的楼板厚度值，将结构模型中同样板厚的楼板创建为一个新的楼板类型，如图 5-48 所示。

楼板族类型参数的修改和墙体相同，都是按照分层修改，需要修改的内容主要有板厚和材料两种信息。创建结构楼板类型时建议选择只有一个结构层的楼板作为复制的蓝本，这样在板厚的修改上更加符合 YJK 中的楼板定义方式。

2. 布置方式

（1）楼板布置　在 YJK 的楼板“布置”菜单中单击“生成楼板”，程序会自动在墙和主梁围起来的封闭房间区域内生成一块楼板。如果需要对单个或者某个区域的楼板厚度进行修改，只需要单击“修改板厚”，填写板厚值后点选或者框选模型区域即可完成板厚的修改。程序还提供了设置楼板错层的功能，可以对降板的情况进行设置。

在 Revit 中绘制楼板需要单击“楼板”按钮中的“楼板：结构”选项进入楼板编辑的菜单，在这个菜单下按照房间边界绘制楼板的边界轮廓线，绘制完毕后单击“完成”按钮，就可以完成楼板的创建，如图 5-49 所示。

如果需要绘制斜板，就需要在绘制边界轮廓时添加坡度箭头。坡度箭头的控制参数包括“尾高度偏移”和“头高度偏移”，这两个参数是用来控制楼板抬起部分起始端和终止端的高差，绘制并设置完成坡度箭头后，楼板就会沿着坡度箭头的方向向上抬起，如图 5-50 所示。

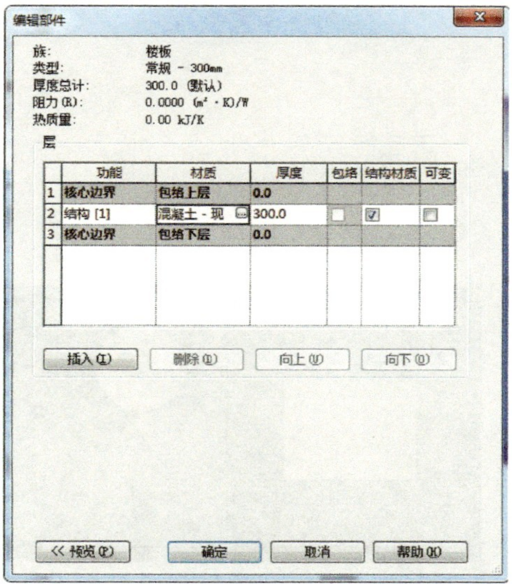

图 5-48　Revit 中的板厚

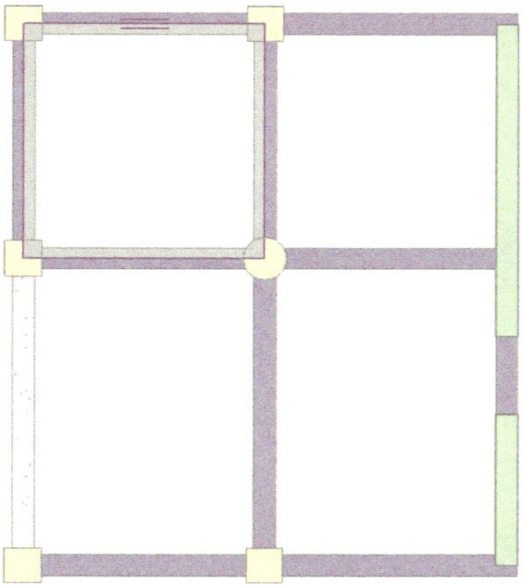

图 5-49　Revit 中的楼板布置

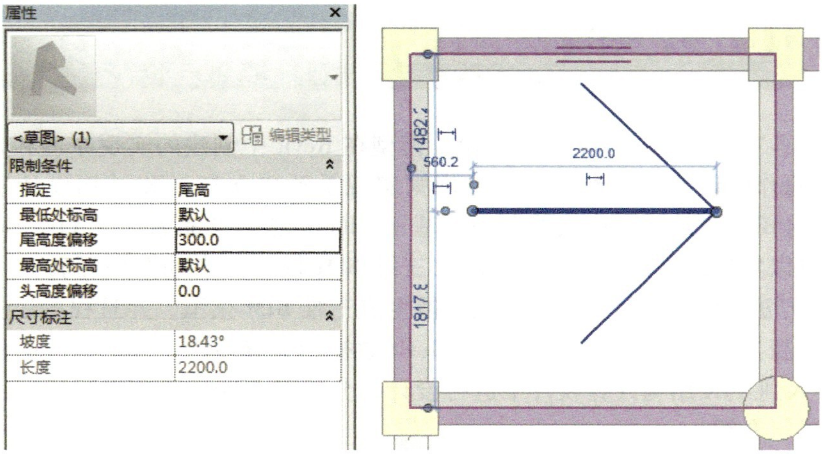

图 5-50　Revit 中的斜板布置

（2）板洞布置　在 YJK 中可以通过布置板洞来实现板上开洞。板洞布置需先定义尺寸类型和形状信息，然后布置到需要开洞的楼板之上。目前，YJK 仅支持矩形和圆形两种洞口形式。YJK 的洞口布置参数有“沿轴偏心”“偏轴偏心”和“轴转角”，这三个参数的意义和柱的布置参数类似，“沿轴偏心”和“偏轴偏心”指洞口相对于插入点的 X 向和 Y 向的偏心值（如果洞口有转角则定义偏心的坐标系也会跟着旋转），而“轴转角”是指洞口绕着形心的旋转角度，如图 5-51 所示。

Revit 中的楼板洞口布置方式有两种，一种是编辑楼板轮廓线时在楼板的内部绘制洞口的形状，另外一种就是采用剪切洞口的方法进行创建（在“结构”选项卡下执行“按面”命令进行洞口的绘制），这两种洞口的创建方法与优缺点和墙体开洞一致，如图 5-52 所示。

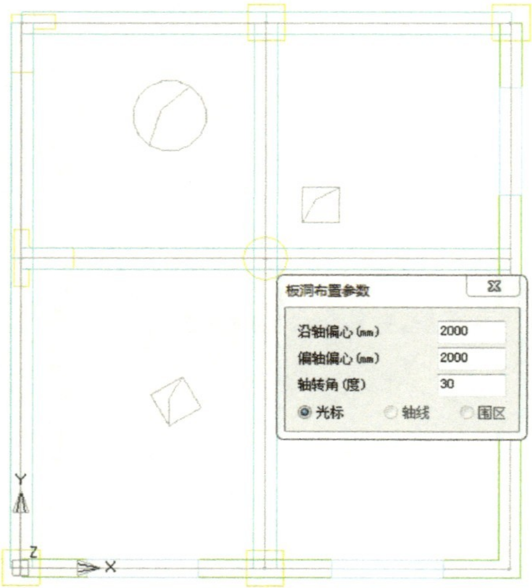

图 5-51　YJK 中的板洞布置

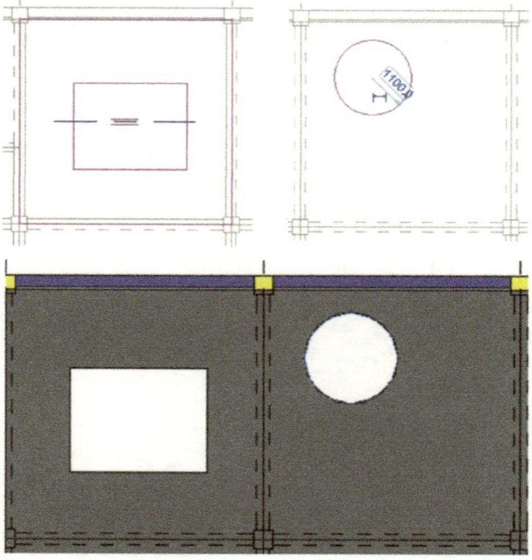

图 5-52　Revit 中的板洞布置

5.3 YJK-Revit 转换程序应用

本章前面各节详细讲解了 YJK 结构设计模型在 Revit 中创建的实现原理和方法，熟悉 YJK 和 Revit 操作的读者可以参照以上的规则实现手动建立与 YJK 结构设计模型对应的 Revit 所生成的 BIM 模型。YJK 软件有一款基于 BIM 理念的产品名为“YJK-Revit 接口”，该接口程序可以实现结构设计模型和 Revit 三维 BIM 模型的自动双向互转。用户可以用“一键式”的方法将结构设计模型的数据转换生成三维 BIM 模型，并且程序还提供了完善的模型即时更新，保证了结构计算数据和 Revit 数据的无缝传递。同时，产品还提供了将 Revit 模型转入到 YJK 结构计算软件中进行设计和分析的功能。本节将对这款程序的功能和技术细节进行介绍。

5.3.1 YJK 生成 Revit 模型

YJK-Revit 接口可以实现将 YJK 结构设计软件中的构件截面、材料、几何位置、荷载等内容转换到 Revit 当中。此外，程序还提供了构件参数和命名规则等多样化的参数设置界面，用户可以通过接口程序方便地生成更加个性化的 Revit 模型。

软件参数的设置包括“基本信息”“构件参数”“命名规则”和“荷载参数”四类。通过这四类参数的设置，用户可以控制 Revit 模型生成之后的样式、内容以及族名称等信息。

1. 参数介绍

(1) 基本信息　基本信息主要实现了用户对转换模型楼层信息的控制，如图 5-53 所示。“转换模式”是通过设置楼层参数来实现对最终生成的模型控制，目前程序提供了“自然层转换”和“标准层转换”两种模式。采用自然层转换模式，生成的模型和 YJK 中的三维结构模型完全一致；而采用标准层的转换模式，生成的模型中同样标准层的自然层只生成一层三维模型，而其他层只输出竖向构件。这类模型体量较小，并且每个标准层均有对应的楼层数据，比较适合对二维平面视图有要求而对三维全楼模型没有要求的用户选择使用。

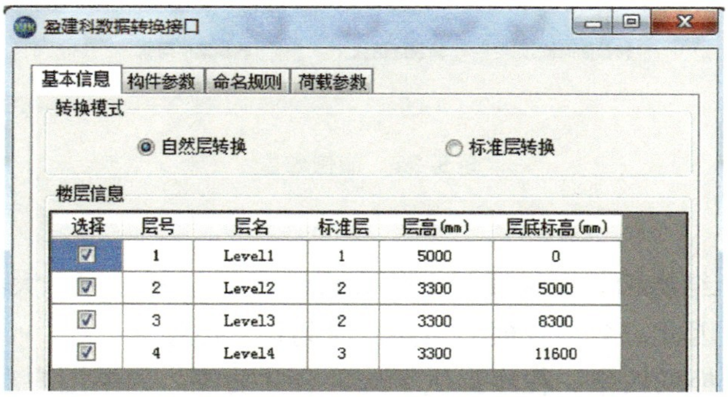

图 5-53　基本信息

（2）构件参数　用户可以通过调整构件参数来设置模型转换的类别以及“颜色”“透明度”“表面填充”等样式信息，如图 5-54 所示。

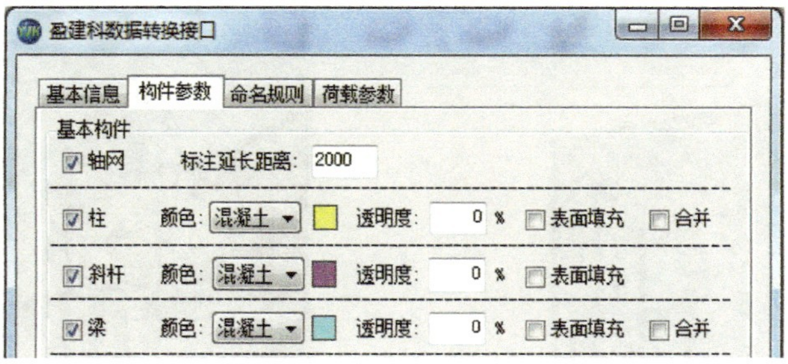

图 5-54　构件参数

（3）命名规则　命名规则主要是用来调整模型转换生成之后“材料命名”“族命名”和“族类型命名”等信息。用户可以通过设置命名类型来选择组合最终的命名规则。这项参数的设定可以使转换后的模型名称更具个性化，如图 5-55 所示。

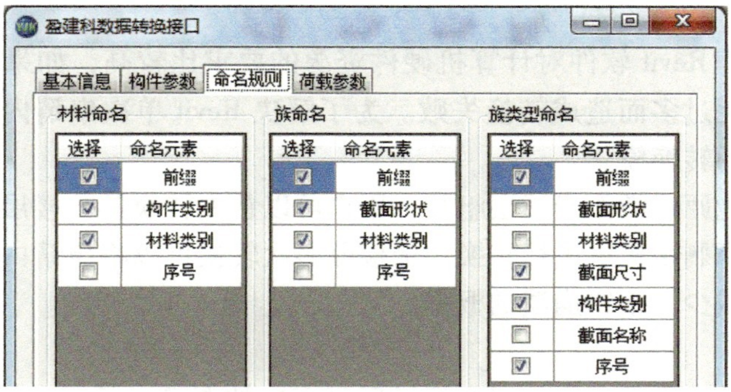

图 5-55　命名规则

（4）荷载参数　通过勾选参数可以选择需要转换的荷载类型，如图 5-56 所示。

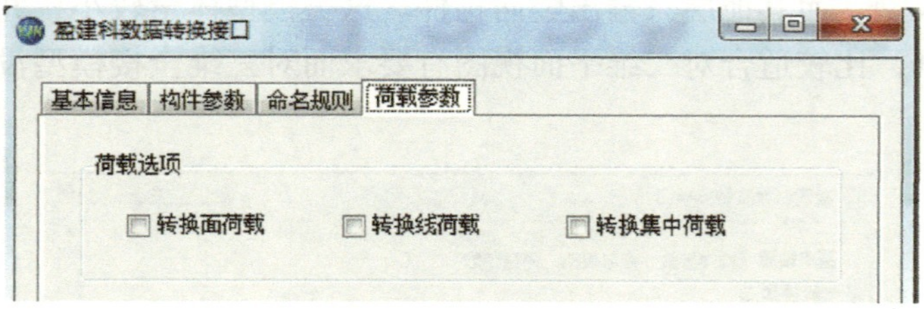

图 5-56　荷载参数

2. 技术细节

（1）构件合并　结构构件在轴线相交处会自动进行打断处理，大型模型进行转换时，由于结构构件分段，因此，会导致模型转换的时间长、体量大。

为了优化模型转换的效率，程序提供了构件合并功能。如果用户对结构构件的分段信息没有特殊要求，可以勾选“构件合并”。如果勾选“构件合并”，程序会自动将同截面同轴线的水平构件（梁、墙）进行串合、同截面同节点的垂直构件进行串合、同厚度的水平楼板进行串合。串合后的模型数据量大大减小，转换时间和模型体量也会得到较大的优化，如图 5-57 所示。

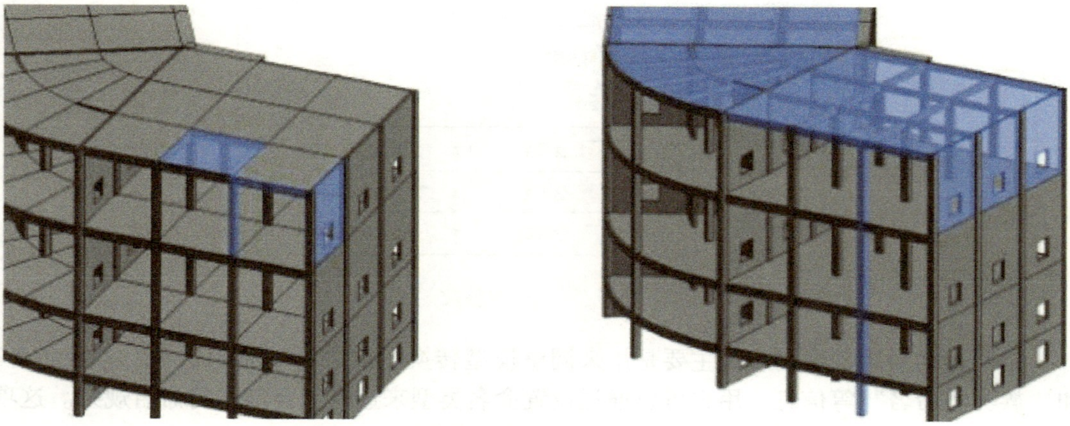

图 5-57　构件合并

（2）楼层叠加　Revit 软件对计算机硬件资源的要求比较高，如果模型大，一次性转换可能由于资源消耗过多而造成转换失败。为了解决 Revit 单次申请内存过多的问题，程序提供了楼层叠加的转换模式。

楼层叠加的功能原理类似于楼层组装，用户可以首先转换部分楼层，转换完成后保存模型，然后再次选择剩余楼层进行转换。全楼分多次转换可以将申请内存的次数增多、容量减小，从而大大减少了报错崩溃的概率。

3. 模型更新

结构模型在设计阶段的方案一定会经过反复多次的调整，相应 Revit 的 BIM 模型方案也会根据结构设计要求或其他专业的配合要求进行多次的修改。如果模型的转换功能只集中在模型新建，而不能对已有模型进行增量修改，则转换接口程序的应用效果就会大打折扣。

为了解决结构工程师持续性的修改要求，YJK-Revit 接口程序提供了模型更新的功能模块。此模块主要实现利用 YJK 修改后的模型去更新既有的 Revit 模型。程序会首先提取 Revit 中的结构构件信息和 YJK 的构件信息进行对比，结构信息没有发生变化的地方不做修改，程序只会对结构信息发生变化的部分进行调整。采用模型更新的机制，不但可以使模型的转换具有可持续性，并且大大减少了转换时间，提高了转换效率。

同样，程序还提供了对更新内容进行查看的两种方法：列表查看和更新文档。Revit 模型进行更新后，程序会自动弹出一个更新列表，列表中罗列了当次更新的内容，用户单击列表中的条目就可以快速定位到更新构件。同样，更新完成后程序还会自动生成一个以当前系统时间命名的更新报告进行储存。

4. 典型实例

该实例模型是一栋六层的框架-剪力墙结构（见图 5-58），包括了结构中常见的墙、梁（直梁和弧梁）、板、柱、洞口等基本构件。

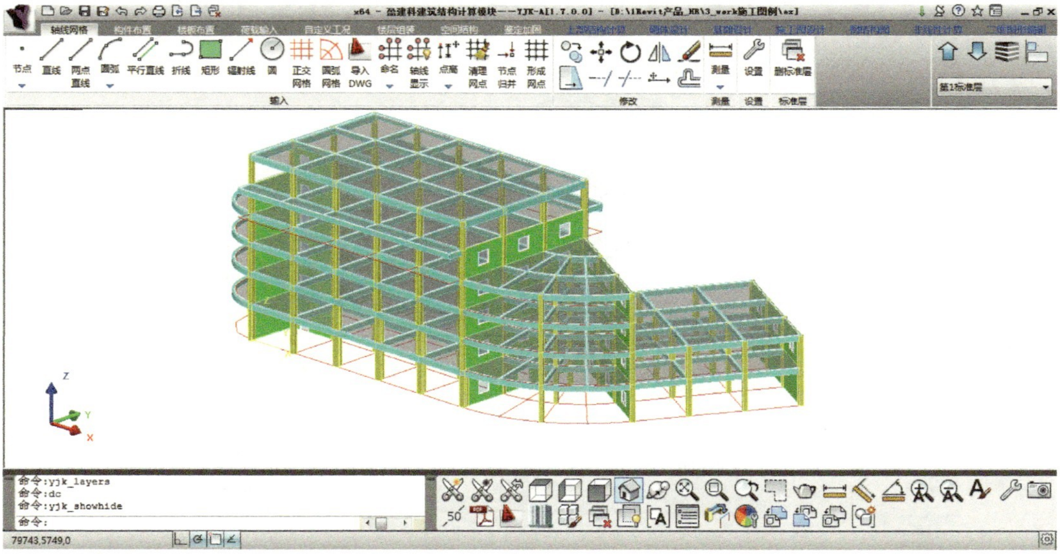

图 5-58　YJK 中的结构模型

模型转换首先需要生成一个结构中间数据。生成方法是在 YJK 的主界面下单击“Revit 接口”，在弹出的对话框中选择需要转换的 YJK 文件，单击“确定”按钮提示“生成 Revit 数据成功”后即可完成中间数据的生成，如图 5-59 所示。

数据生成成功后切换到 Revit 界面，单击“生成上部结构”按钮。设置参数完毕后单击“确认”按钮，程序就会在 Revit 绘图界面下自动绘制 YJK 的结构数据模型，绘制完成后弹出“模型转换完毕”提示框，如图 5-60 所示为生成的 Revit 结构模型。

图 5-59　生成 Revit 所需数据

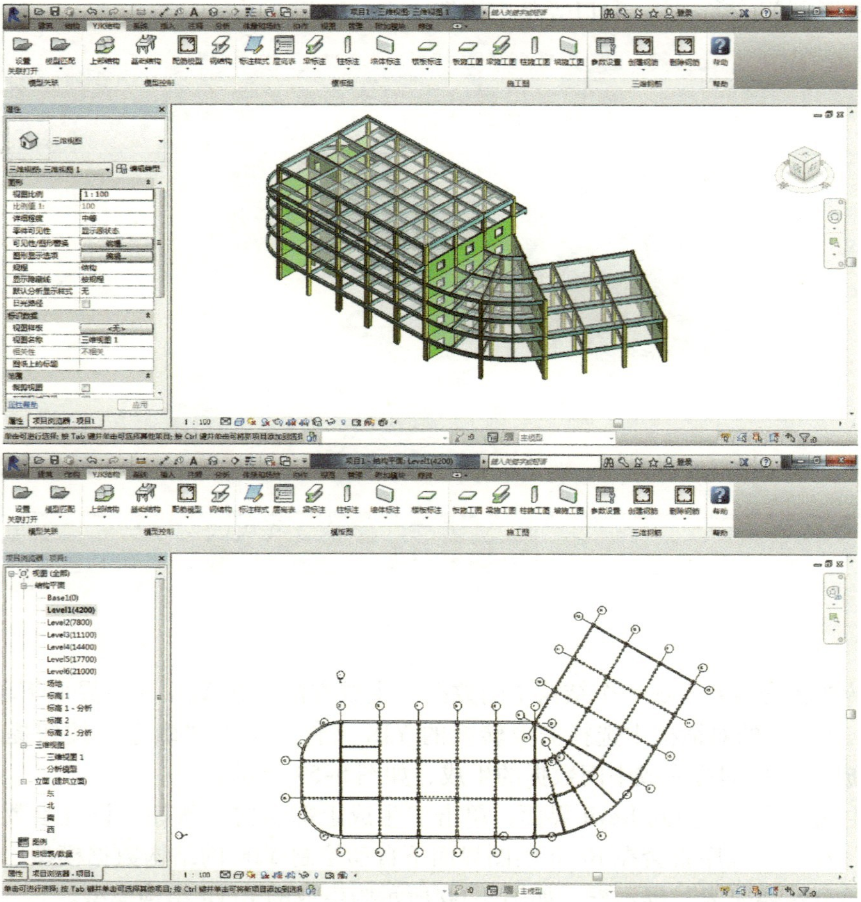

图 5-60　生成 Revit 结构模型

5.3.2 Revit 生成 YJK 模型

YJK-Revit 接口的模型导出部分可以将 Revit 的结构模型自动生成 YJK 结构计算模型。程序会自动识别 Revit 中的结构构件，然后判断结构构件之间的连接关系，生成符合结构计算规则的 YJK 计算模型。

1. 参数介绍

（1）导出选项　“导出选项”主要用来控制模型转出的楼层标高、归并距离以及转换构件类型等信息，如图 5-61所示。Revit 是一个集成多专业建模的三维 BIM 软件，一次在同一个模型下可能存在多个非结构标高，而 Revit 模型转出的层信息是依照 Revit 中的标高建立的。因此，在转出前需要用户将非结构标高从转出的楼层列表中剔除，这样才能保证转出模型具有正确的层信息。

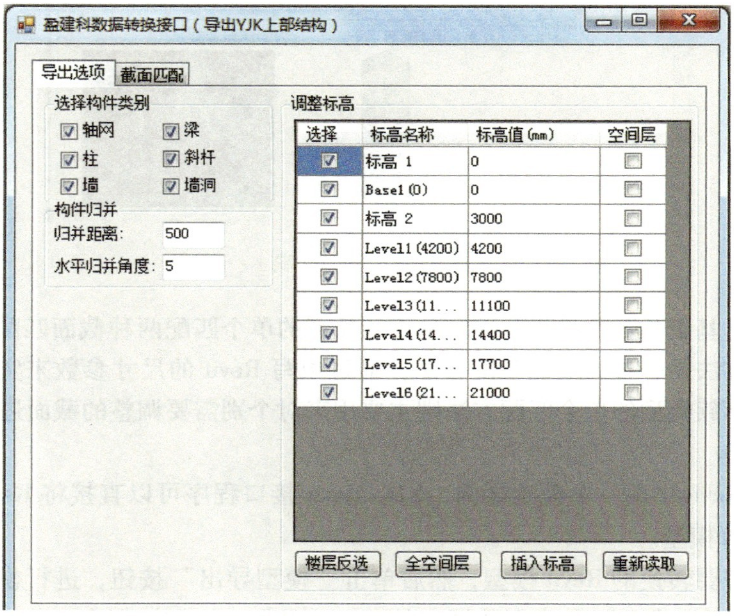

图 5-61　导出选项

YJK 中的构件都是基于轴网系统建立的，因此，在 YJK 结构软件中轴网具有相当严格的创建规则。Revit 中的构件是基于三维空间建立的，构件的定位相对自由，例如经常会出现梁的定位点出现在柱边的情况。如果按照 Revit 中的原始定位关系直接进行转换，进入到结构模型中后就很有可能出现构件悬空或者悬臂的情况。程序为了处理构件之间的连接关系，提供了归并距离的参数选项，可以最大限度地规范转换后的结构模型。

归并距离参数分为水平归并距离和垂直归并距离。水平归并距离用来控制梁、墙等水平定位构件的轴网归并长度，而垂直归并距离则是归并柱、斜杆等以节点为定位参考的构件。如果在 Revit 中两个构件的端点距离相差在归并距离范围之内，则程序认为两个构件相接，从而在生成结构模型时程序会自动调整构件的定位点以保证构件正确的连接关系。

（2）截面匹配　在 Revit 中建模相对比较灵活，尤其是杆件部分。由于杆件是采用载入族的方式进行建模，因此，结构模型可以建立出任何样式的杆件截面，而 YJK 可识别的构件截面数量是有限的。因此，程序需要提供一个匹配机制使用户根据自己的判断来选择 Revit 族和 YJK 截面的对应关系，如图 5-62 所示。

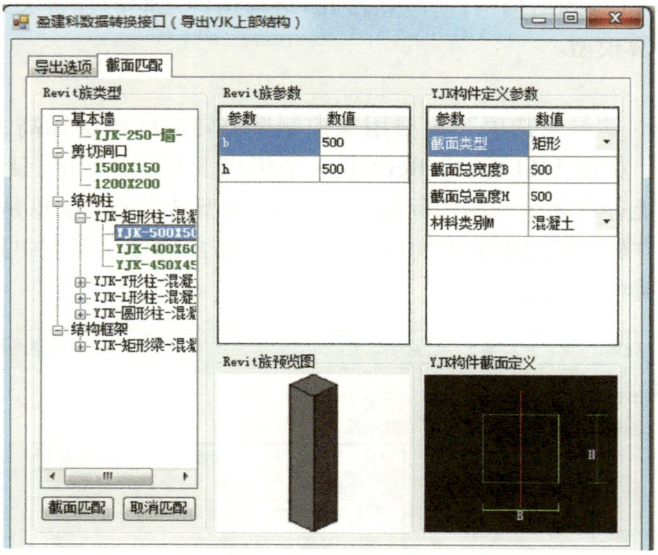

图 5-62　截面匹配

程序提供了基于参数的批量匹配和基于族类型的单个匹配两种截面匹配方法。基于参数的批量匹配方法是一种高效的匹配方法，通过填写 Revit 的尺寸参数来实现对族类型的批量匹配。基于族类型的单个匹配方法则主要用来对个别需要调整的截面进行重新匹配。

2. 典型实例

该实例是 Revit 中的一个模型样例，YJK- Revit 接口程序可以直接将 Revit 模型转换生成 YJK 结构计算模型。

首先打开需要转换的 Revit 模型，然后单击“模型导出”按钮，进行模型匹配后单击“确定”按钮即可生成 YJK 的中间数据文件“ *.ydb”。生成完成后打开 YJK 软件，在主界面下单击“Revit 接口”按钮，加载生成的 YJK 中间数据文件程序就会自动创建 YJK 的结构计算模型，如图 5-63 所示。

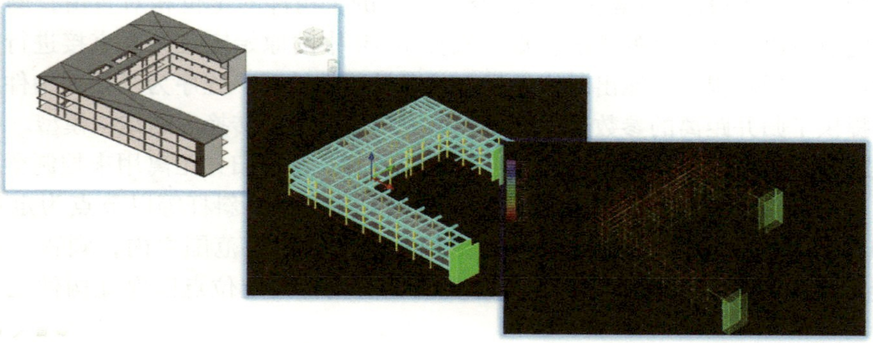

图 5-63　Revit 模型生成 YJK 结构模型

思 考 题

5-1 结合所学知识阐述 BIM 在结构设计阶段的具体应用。

5-2 专用的结构设计模型与基于 BIM 的结构模型存在哪些差异?

5-3 YJK 与 Revit 在墙洞布置操作上有何区别?

5-4 简述 YJK-Revit 转换程序接口的实现过程。

5-5 请查阅网络或文献阐述 BIM 在结构设计阶段数据转换接口的重要性。

参 考 文 献

[1] Autodesk. BIM overview and Revit software [EB/OL]. [2015-10-21]. http://www.autodesk.com.cn/solutions/bim/overview/.

[2] Autodesk Asia Pte Ltd. Autodesk Revit 2012 族 [M]. 上海:同济大学出版社,2012:13-170.

[3] Autodesk Asia Pte Ltd. Autodesk Revit Structure 2012 [M]. 上海:同济大学出版社,2012:7-165.

[4] YJK. YJK 建筑结构设计软件 [EB/OL]. [2016-03-21]. http://www.yjk.cn/.

第6章

BIM 结构分析模型转换应用

本章主要内容：

1. 以支持 BIM 的 YJK 软件为例，系统阐述了结构分析模型数据和信息所包含的内容，以及这些数据和信息在软件中的查看方法。

2. 为了体现 BIM 的信息集成与互协作理念，对 YJK 与四种有限元软件的结构分析模型数据和信息的转换原理及操作步骤进行了介绍，这四种有限元软件包括 MIDAS、SAP2000、ETABS 和 ABAQUS。

6.1 概述

在工程的结构设计过程中，工程师可能会采用不同的有限元软件创建不同的分析模型。如果同一工程的模型在不同软件中需要重复创建的话，不仅工作量巨大，而且工作效率低下。因此，正如第 4 章所述，一种设计模型多种用途对目前项目普遍工期紧、方案修改频繁的情况下，是非常有意义的。在 BIM 的数据和信息转换格式方面，IFC 标准是当前最为通用或者说效果较佳的文件输入输出格式。但是，IFC 标准在建立过程中是基于 EXPRESS 非程序设计语言表达格式，且信息量巨大，在实际的应用过程中，有些信息是根本不需要的；另一方面，由于该标准数据要求严谨，各种三维基本构件节点的连接有些并不符合结构计算实际的情况，因此就需要简化，这也无疑增加了 IFC 数据格式直接应用的难度。

如何实现不同结构分析模型之间数据和信息的高效转换，是决定结构设计品质的关键。此外，结构分析模型之间的转换也是规范与规程所催生的产物，比如我国《高层建筑混凝土结构技术规程（JGJ 3—2010）》和《建筑抗震设计规范（GB 50011—2010）》中均有条文明确规定：部分复杂和超限结构应采用至少两个不同力学模型进行结构计算、分析与比较。

结构分析模型数据和信息是建筑模型的重要组成部分，相比建筑外观造型等信息而言，这些数据和信息不那么直观，相对比较抽象。结构分析模型记录的是结构荷载与抗力之间的平衡关系，其中荷载包括恒荷载、活荷载、风荷载、温度荷载、地震作用、雪荷载、人防荷载和偶然荷载等，抗力则包括混凝土材料等级、钢材等级、钢筋等级和面积等。

结构分析模型的数据和信息通常是海量的，尤其对于复杂和超高层建筑而言，早先的以图纸和手写计算书为主的方式根本无法适应当前对结构数据和信息的需求。能完成结构设计、数据和信息记录的通用软件与专业软件主要有 MIDAS、SAP2000、ETABS、PKPM、MARC、ABAQUS、ANSYS、广厦、佳构和 YJK 等，土木工程专业的学生应能至少熟练掌握其中的一种，并且系统地了解常规结构体系的建筑与结构模型数据和信息创建与分析的过程。

本章首先以 YJK 为例，介绍了软件中对结构分析模型的数据和信息的记录及表达，主要包括：荷载信息、材料信息、构件特殊属性信息、分析结果信息和施工图信息等；其次，以 YJK 与四种有限元软件模型转换为例，详细介绍了结构分析模型转换的原理和操作步骤，这四种有限元软件包括 MIDAS、SAP2000、ETABS 和 ABAQUS。在模型转换案例中，既有普通的商住建筑又有工业建筑，以及代表我国建筑最高水平的场馆建筑“鸟巢”和超高层建筑“上海中心大厦”。

6.2 结构分析模型信息说明

本节主要以专业软件 YJK 为例，通过其操作的方式对结构分析模型信息进行说明。YJK 结构设计系列产品包括模型荷载输入、上部结构分析与计算、钢筋混凝土结构配筋设计与钢构件应力及稳定验算、砌体设计、基础设计、施工图设计、钢结构图绘制、鉴定加固和非线性计算等模块。YJK 模型输入模块是比较专业的建筑结构模型与荷载输入平台，其专业性主要体现在以下几个方面：

1）自动搜索结构的底部柱和墙，对低于“与基础相连构件的最大底标高”的节点形成嵌固支座。

2）在梁、墙构件所围成的封闭区域自动生成楼板。

3）自动对柱和墙进行拉伸。由于建筑结构与其他行业的分析对象不同，具有明显的层属性，也就是说，处于同一楼层的竖向受力构件其高度一般是相同的，因此，只需要输入二维平面构件布置图（有些工程师习惯看平面图），即可快速形成三维模型，同时支持直观的基于 BIM 的三维可视化建模。

4）只需要输入几个简单的物理参数，即可按照《建筑结构荷载规范（GB 50009—2012）》对结构的风荷载进行计算。而且输入为数不多的几个地震动参数，即可自动依据《建筑抗震设计规范（GB 50011—2010）》完成复杂的地震作用输入与内力计算和调整。

结构模型信息包括可见与不可见两部分。比如柱、斜撑和墙构件的空间布置与构件的空间连接关系，墙和楼板开洞，构件的截面大小、材质，平面尺寸和楼层层高等信息，这些信息均可以在模型与荷载输入菜单中查看，此类信息在建筑设计类软件比如 AutoCAD、Bentley 等中均能完整表现。但与力学计算、结构承载力以及变形验算相关的结构信息，如弹性模量、节点荷载、材料线膨胀系数、应力和应变等信息在建筑设计类软件中比较难于表现，有的甚至表现不了。YJK 软件能够将完整的结构信息导入到多种结构分析软件中甚至是互相导入（见图 6-1），导入的效果均能达到适应日常生产的水平，其便捷程度也是某些结构分析软件短时间内不可企及的，这也是本节选择 YJK 软件进行介绍的原因之一。

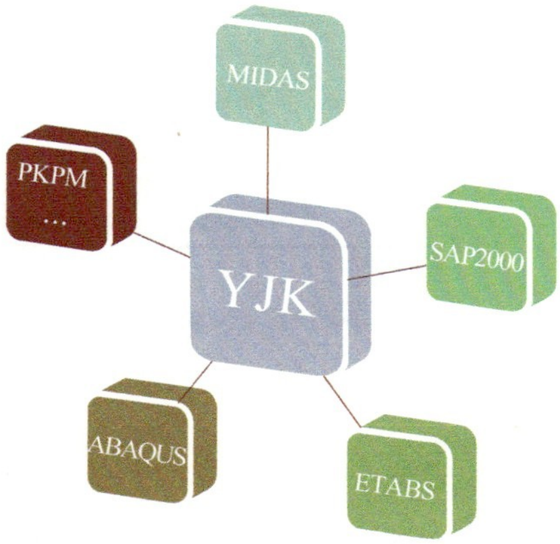

图 6-1　YJK 软件全面的模型与数据信息转换功能图

6.2.1 结构模型创建

结构模型计算与分析所需的数据和信息依托于建筑模型，AutoCAD 是当前世界上最流行的图形平台，广泛应用于航空航天、机械、土木建筑、船舶和化工等领域。土木建筑业的建筑师、结构工程师、暖通工程师、电气工程师和施工员等，很多都习惯依托 AutoCAD 完成图形方面的工作。建筑与结构专业的模型绝大多数情况下采用 AutoCAD 完成，YJK 软件具备直接将 AutoCAD 图形导入形成结构模型的功能，通过图层管理将 AutoCAD 中平面图素快速转换成三维梁、柱、墙，以完成结构模型的创建。当然，正如第 5 章所述，YJK 也直接支持与 Revit 三维模型的互换，且具备与多种类型软件交叉转换模型的能力。此外，也可以直接在 YJK 自主研发的交互图形平台的荷载与模型菜单中建立模型。

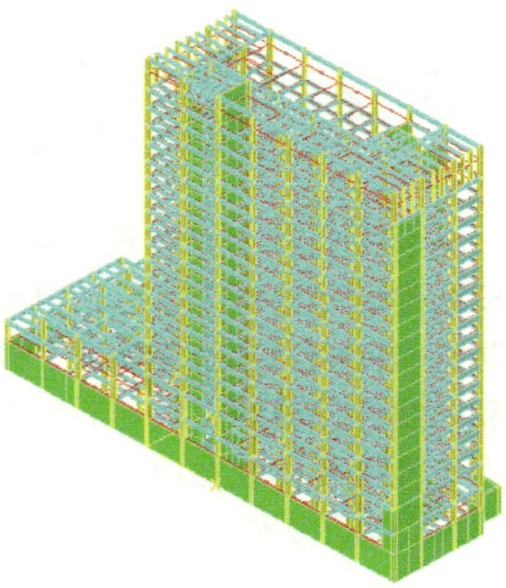

图 6-2　结构模型轴测图

有关 YJK 模型的具体创建过程不作过多阐述，而是以一栋框架-剪力墙结构为例，为后续几小节内容的介绍提供模型案例。该框架-剪力墙结构共 22 层，含地下室 1 层，结构总高度为 85m。地下室楼层层高为 6.05m，地上 1 层层高为 4.5m，地上 2 层层高为 5.45m，其余楼层有 3.9m 和 3.6m 两种层高。模型轴测图如图 6-2 所示。结构的楼层组装信息可以通过“楼层组装”对话框查看，如图 6-3 所示。楼层柱、斜撑、墙平面布置信息可以通过标准层进行管理。

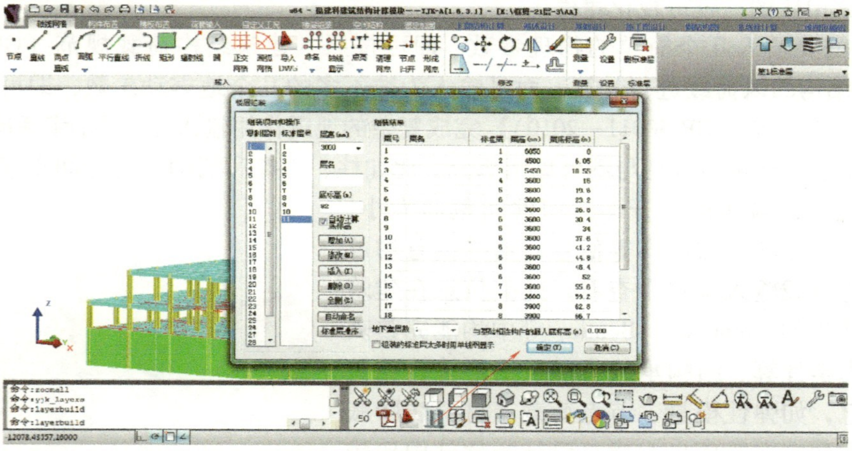

图 6-3　楼层组装对话框

6.2.2 荷载信息

对于结构分析而言，一般关注两个方面的问题：其一，是分布于结构上的荷载；其二，是结构本身的抗力。结构工程师的工作就是使用最优结构体系和材料去抵御可能的外荷载。建筑结构上应考虑的荷载，一般是由大量的统计工作获得，其建议值已列于《建筑结构荷载规范（GB 50009—2012）》之中。

荷载大小的取值原则及其组合方法均有明确规定。对于常规的建筑结构形式而言，主要的荷载分类有：永久荷载（又称恒荷载）、楼屋面活荷载、雪荷载、风荷载和温度作用，荷载信息在软件中分荷载工况进行存储，并且用于后续的内力分析与设计。为了方便管理，荷载通常按层和构件类型分别输入，比如恒荷载可按节点、梁、柱、楼板和墙等建筑构件分类后分层进行输入。

楼板的恒荷载包括楼板本身自重产生的荷载，以及粉刷、吊顶等装饰层产生的永久性荷载。长期存在于建筑结构之上的固定设备也属于恒荷载，此类荷载在软件中以面荷载的方式进行输入和存储。

楼屋面活荷载与恒荷载相比具有明显的不确定性，活荷载的大小常因房屋的使用功能不同而各异，楼屋面的设计活荷载大小一般由统计结论确定。常见的民用建筑，例如教室、住宅、商场、医院等，均可以通过查阅荷载规范获得。活荷载取值确定以后，通过如图 6-4 所示的荷载菜单输入。

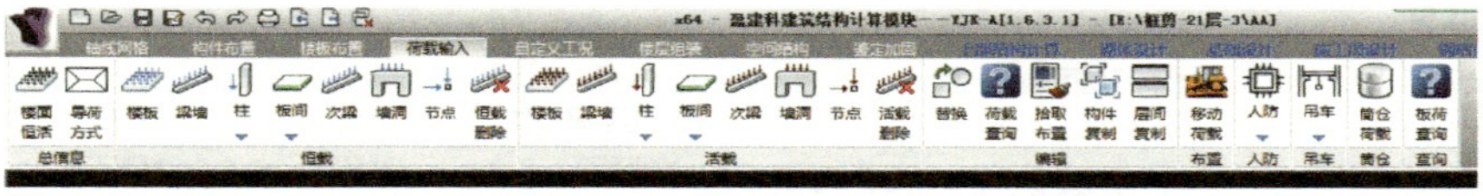

图 6-4　荷载菜单输入

同样是楼面荷载，之所以要将其区分在两类菜单中进行输入和管理，是因为荷载种类不同对设计内力的影响也是不同的，主要体现在部分用于梁、墙设计的活荷载需要折减，但恒载不需要折减，而且荷载种类不同，效应组合值系数也会不同。

梁上荷载主要由填充墙自重形成，也有可能是楼面荷载导算而来（未输入楼面荷载的情况下）。由于用现在的结构分析软件进行整体内力分析与求解时，并不是真实的建立填充墙结构模型并考虑其对整个结构刚度的影响，而是一般通过周期折减系数对地震作用进行调整从而变相地考虑。但其质量以及对承重结构的荷载作用是准确考虑的，通常通过梁上线荷载进行布置。这种方法虽缺乏科学性和严谨性，但已是约定俗成的做法，大量设计经验也显示能够满足工程精度要求。荷载既可以在平面图上查看，也可以通过三维图形方式查看，如图 6-5 所示。

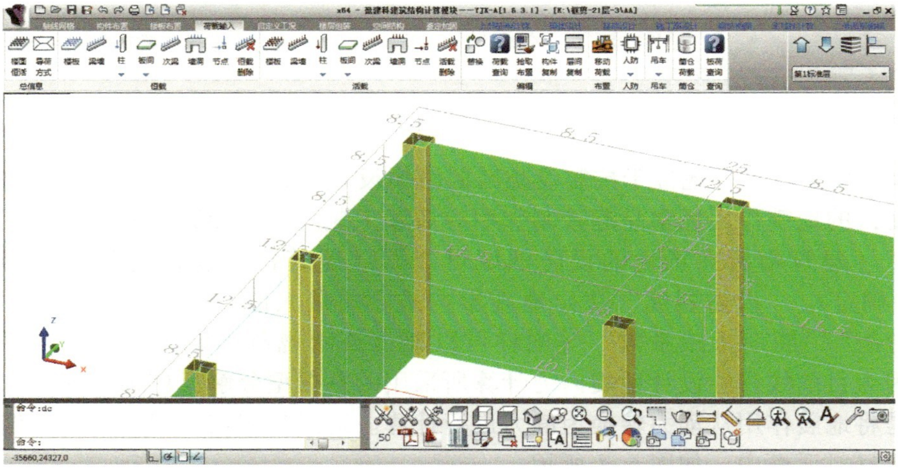

图 6-5　三维梁荷载图

风荷载信息与恒、活荷载不同，在软件中通过输入基本参数后，由结构软件依据规范自动计算风荷载的大小以及将风荷载进行分配，基本参数有“地面粗糙度类别”“修正后的基本风压”等。软件根据建筑物的外轮廓，求得建筑物的迎风面面积，然后依据规范规定对风压调整后计算获取整个结构迎风面的风荷载大小，再将风荷载分配到与迎风面相关的节点上。风荷载对结构的影响有时比较大，甚至会起到控制作用，尤其是沿海地区以及对风荷载敏感的高层建筑。多栋建筑风荷载互相干扰的情况下还需要通过风洞试验专门论证后确定风荷载值，一般建筑结构设计均会考虑风荷载的影响。风荷载信息记录在上部结构计算参数的风荷载信息对话框中，如图 6-6 所示。

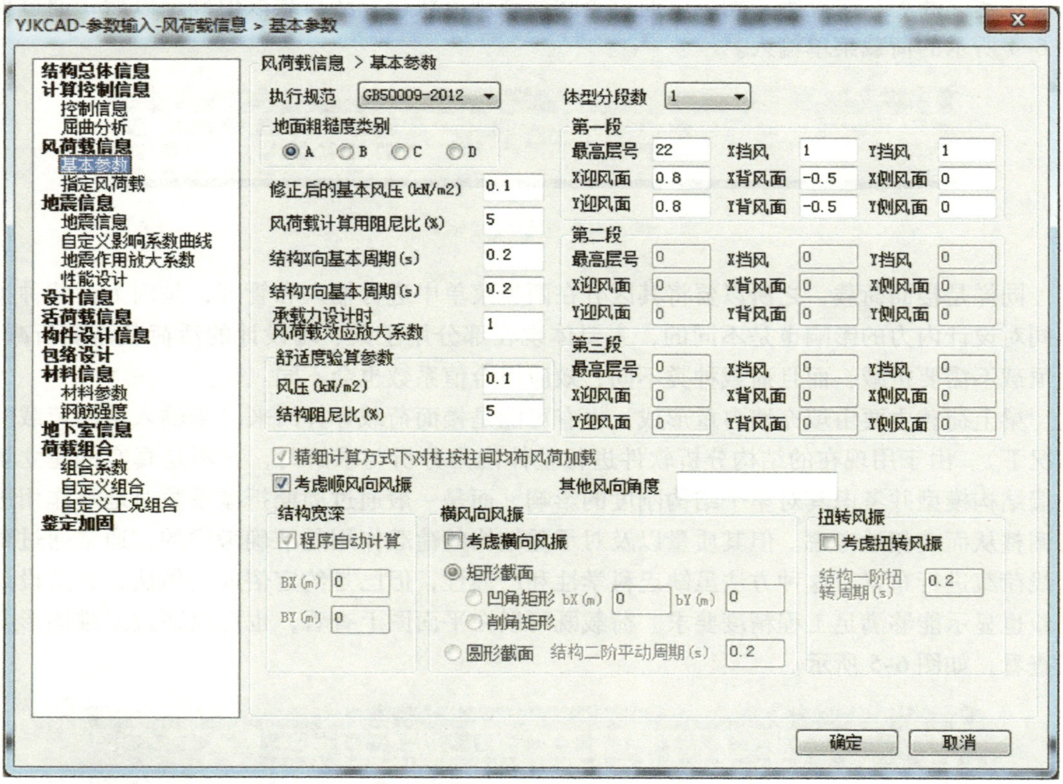

图 6-6 风荷载基本参数对话框

地震作用是建设场地位于抗震设防区的结构设计中最重要的外荷载形式之一，位于高烈度区的地震作用经常是起控制作用的荷载工况。地震参数中的主要信息为“设防烈度”（建筑物所在场地的设防烈度可查阅《建筑抗震设计规范（GB 50011—2010)》确定)，“设防烈度”决定地震影响系数的最大值。其余地震参数，如“设计地震分组”“周期折减系数”等同样可以通过查阅规范确定。之所以需要这些信息，是因为目前线弹性设计地震内力计算所采用的是振型分解反应谱算法，这种方法的本质是将地震作用从动力转换为静力进行计算。地震作用信息记录在上部结构计算参数的信息对话框中，如图 6-7 所示。

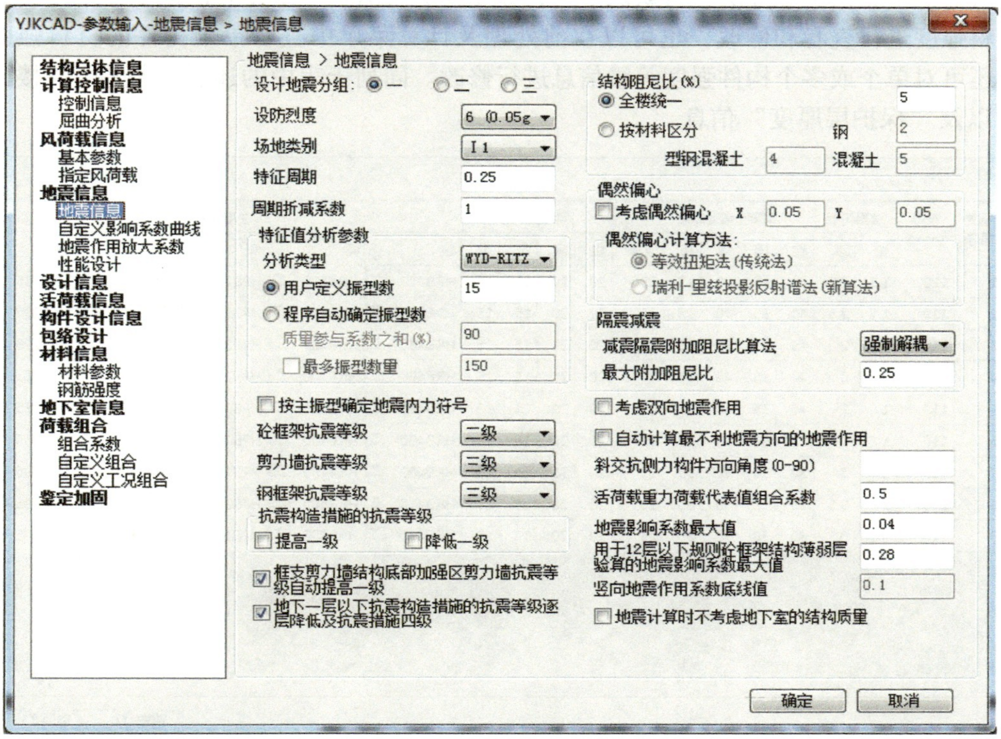

图 6-7　地震信息对话框

6.2.3　材料信息

一般土木建筑工程所用材料种类比较固定，主要包括混凝土、钢筋、钢材，少部分结构采用砖砌体、空心砌块砌体等，还有采用木材、石材搭建的结构，但为数不多。

不同材料的力学性能区别较大，采购时价格差异也比较明显。材料是结构信息中又一最重要的属性之一，目前最常用的混凝土强度等级在现行《混凝土结构设计规范（GB 50010—2010)》中均有列出，从 C15 到 C80 共 14 个等级。针对钢筋强度等级，曾在 2002 版的规范中包含有 HPB235 级的光圆钢筋。根据国家“四节一环保”的要求，提倡应用高强、高性能的钢筋，因此，在 2010 版的规范中不再将 HPB235 级钢筋列入，取而代之的是 HPB300 级钢筋。

结构模型的材料信息在同一个标准层中通常是相同的，同一标准层的材料在软件中可以通过一组表格形式的参数快速完成指定。单击“荷载输入”模块右下角的“标准层材料信息设置”按钮（见图 6-8），弹出“楼层信息设置”对话框。

图 6-8　标准层材料信息设置按钮

对话框中提供了标准层材料默认信息，如图 6-9 所示。可以在对话框中对某个标准层的材料强度进行查看和修改，也可以在前处理及计算菜单中查看单个构件的材料强度等级，还可对单个或多个构件强度等级信息进行修改。同列于表中的还有“板厚”“楼面荷载”以及“保护层厚度”信息。

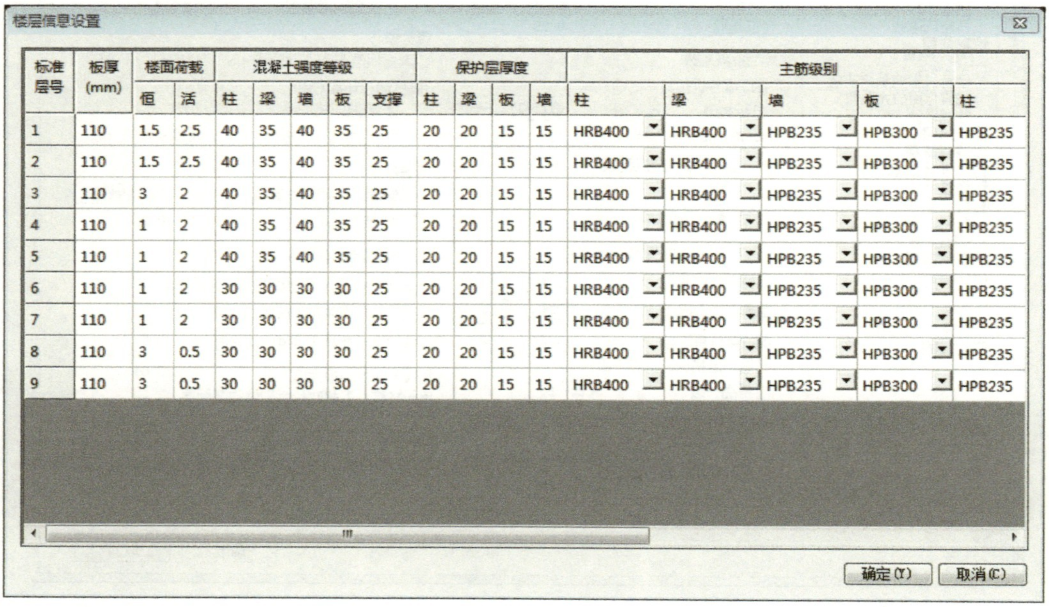
楼层信息设置

标准层号	板厚(mm)	楼面荷载		混凝土强度等级					保护层厚度				主筋级别				
		恒	活	柱	梁	墙	板	支撑	柱	梁	板	墙	柱	梁	墙	板	柱
1	110	1.5	2.5	40	35	40	35	25	20	20	15	15	HRB400	HRB400	HPB235	HPB300	HPB235
2	110	1.5	2.5	40	35	40	35	25	20	20	15	15	HRB400	HRB400	HPB235	HPB300	HPB235
3	110	3	2	40	35	40	35	25	20	20	15	15	HRB400	HRB400	HPB235	HPB300	HPB235
4	110	1	2	40	35	40	35	25	20	20	15	15	HRB400	HRB400	HPB235	HPB300	HPB235
5	110	1	2	40	35	40	35	25	20	20	15	15	HRB400	HRB400	HPB235	HPB300	HPB235
6	110	1	2	30	30	30	30	25	20	20	15	15	HRB400	HRB400	HPB235	HPB300	HPB235
7	110	1	2	30	30	30	30	25	20	20	15	15	HRB400	HRB400	HPB235	HPB300	HPB235
8	110	3	0.5	30	30	30	30	25	20	20	15	15	HRB400	HRB400	HPB235	HPB300	HPB235
9	110	3	0.5	30	30	30	30	25	20	20	15	15	HRB400	HRB400	HPB235	HPB300	HPB235

确定(Y)　取消(C)

图 6-9　楼层信息设置对话框

材料信息是影响结构响应和设计结果的决定性因素，直接影响结构在各类荷载作用下的变形大小和配筋多少。由于砌体结构和木结构相对钢结构、钢筋混凝土结构和混合结构而言应用较少，其材料强度等级的确定可自行参阅《砌体结构设计规范（GB 50003—2011）》和《木结构设计规范（GB 50005—2003）》。

6.2.4 构件特殊属性信息

除了荷载信息和材料信息以外，构件的特殊属性也是比较重要的结构信息。以梁构件特殊属性信息为例进行说明，两端是否铰接在建筑模型中一般不表现此类属性，即使表现此类属性也不明显。铰接是一个比较抽象的力学概念，除了钢结构中的栓接之外，真正意义上的铰接是不存在的。将梁端指定为铰接，通常情况下因弯矩为零，设计配筋会比较小（有时为了结构抗震性能需求，故意通过减少钢筋将其弱化）。除此之外，刚度系数、扭矩折减系数等也是结构分析中所特有的信息。刚度系数是为了考虑楼板作为梁的“翼缘”将对梁的刚度起到提高作用；扭矩折减系数是为了考虑楼板分担部分扭矩会减少梁的设计扭矩。

6.2.5 分析结果信息

在 YJK 软件中，结构分析总信息文件对模型的主要数据和信息进行了汇总。双击“结构设计信息”，即可查看到结构体系、结构所在地区等一系列详细的结构设计参数。结构分析总信息是结构及施工图审查中比较受关注的内容，是快速了解结构概况的记录文件，如图 6-10所示。

其他比较重要的信息有周期、振型、地震作用输出文件，记录了结构基本的动力特性。结构周期越小，说明结构刚度越大，从侧面可以反映出结构耗用材料量大；结构周期越大，说明结构较柔，结构抗侧力体系不合理等均容易引起结构偏柔，结构偏柔和偏刚均不是最好的设计方案。若结构偏刚，在地震作用下容易产生比较大的作用；而结构偏柔，则容易产生较大的结构位移，影响正常使用，比如，出现影响美观的裂缝甚至漏水等。普通的建筑结构周期一般在 0.1 ~6s 之间。

除了以上信息之外，还应关注结构层面的超限信息，例如，周期比、层刚度比、剪重比、位移比、受剪承载力之比、刚重比等。任何一项结构层面的超限都应引起足够的重视。

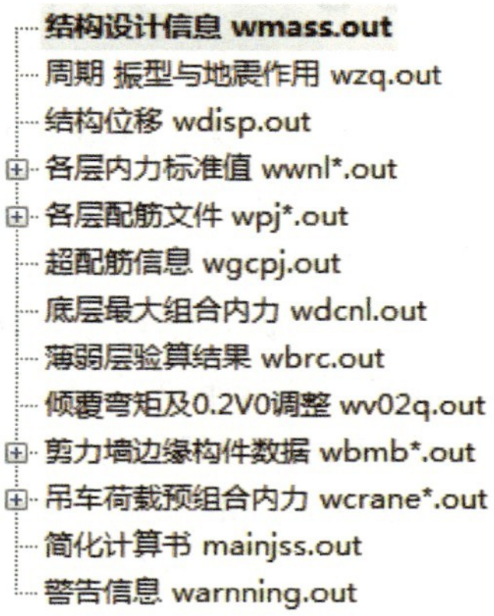

图 6-10　结构分析总信息

6.2.6 施工图信息

模型结构层次的超限或者构件层次的超限往往由负责方案设计的分析工程师负责。大多数工程师最为关注的是结构和构件的具体配筋信息，各设计院配置人员比例最高的是施工图绘制人员。施工图信息细而琐碎，专业的结构设计软件（PKPM、YJK）均会自动给出梁、柱、板、墙等基本构件的实际配筋初始方案。

YJK 软件在施工图模块中统一给出了基本构件的实配钢筋。例如，进入板施工图后，先进行参数设置，参数设置完成后，单击“计算”按钮，再单击“自动布置”，即可以查看楼板支座位置的配筋信息，例如，所排布钢筋的直径、间距、外伸长度，以及底部钢筋的信息等，如图 6-11 所示。同样，通过梁、柱、墙施工图可以查看梁、柱、墙截面的详细配筋情况。

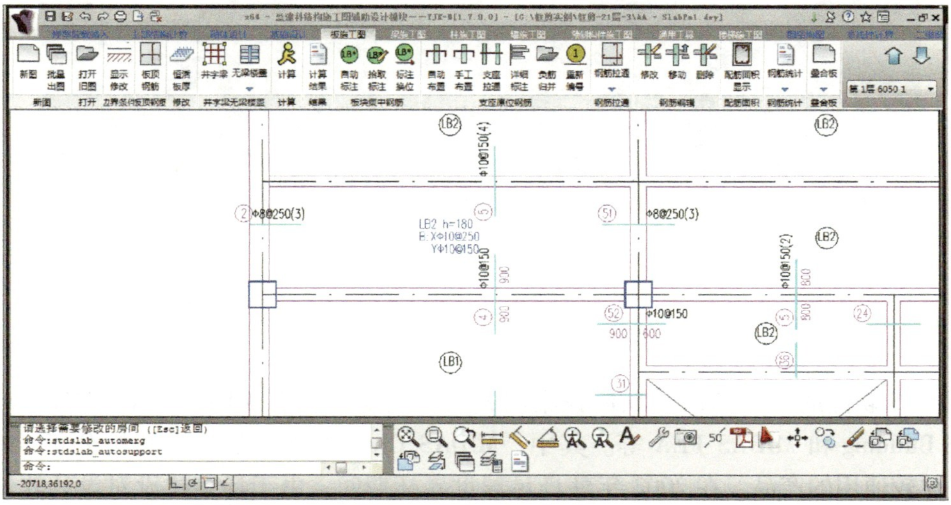

图 6-11　板施工图配筋信息

6.3 结构分析模型转换

正如本章所述，支持 BIM 数据和信息转换的 IFC 标准还处于不断完善之中，直接应用 IFC 格式进行数据和信息的输入输出相对比较困难。就目前来说，比较合适的做法是形成各种软件本身可以直接读取的文件格式。单从这个目标来说，YJK 软件已经达到国内领先水平，不仅可以将结构模型转换成最为流行的 BIM 建模软件 Revit 所识别的格式，还能将 Revit 格式的模型转为 YJK 所识别的格式（详见第 5 章内容）。当然，除了能与 Revit 软件进行模型间的数据和信息相互转换以外，YJK 软件还能与当今国内较为流行的结构分析软件例如 PKPM、MIDAS、ETABS、SAP2000 和 ABAQUS 等进行模型的数据和信息相互转换，从而对结构模型进行线弹性分析或者弹塑性分析，这充分体现了 BIM 的信息集成和互协作理念。因此，从某个层面上来说，YJK 软件可以充当 BIM 在国内应用的“数据中心”或者“数据标准”。

如图 6-12 所示为 YJK 模型接口转换操作界面。YJK 软件将结构模型数据和信息转入到其他软件中时，操作步骤相对简便，只需要通过简单的几个按键就可以完成，比较符合工程师的使用习惯。本节内容主要介绍 YJK 与 MIDAS、SAP2000、ETABS 和 ABAQUS 四种结构分析软件模型转换的操作步骤，以及数据共享的具体实现过程。

图 6-12　YJK 模型接口转换操作界面

6.3.1 MIDAS 模型转换

MIDAS 软件最初由韩国浦项制铁集团开发，主要产品有 MIDAS Civil、MIDAS Gen、MIDAS Building 和 MIDAS FEA 等。其中，MIDAS Civil 主要用于桥梁结构分析，MIDAS Gen 是比较通用的产品。在 2002 年韩日足球世界杯期间，由于场馆建设对设计软件的刚性需求使该软件在这个时期得到迅速发展。目前，MIDAS 广泛应用于空间结构的分析，在复杂超限结构中的应用也比较多，具备线弹性分析、静力弹塑性分析、动力弹塑性分析等材料非线性及几何与边界非线性分析功能。MIDAS Building 是专门针对建筑结构设计开发的，包括建模、分析、设计、施工图和校审等模块，既可以进行上部结构分析，也可以完成基础设计；既可以进行线性内力与配筋设计，也可以用于静力与动力弹塑性分析。MIDAS Building 与国内建筑结构专业设计软件 PKPM 和 YJK 的功能最为接近，但 MIDAS Building 当前在国内的用户相对比较少，而 MIDAS Gen 由于在非常规建筑结构分析功能方面性能优越，比较受工程师的青睐。因此，本小节只介绍 MIDAS Gen 产品，文中如果未做特殊说明，MIDAS 均指 MIDAS Gen。

MIDAS Gen 数据和信息的记录方式主要有两种，一种是记录在 mdb 格式文件中，该文件为二进制文件，无法直接读取，只能通过 MIDAS 软件打开后查看；另一种方式是通过 mgt 格式文件存储（mgt 文件是一种可直接读取的明格式文件）。YJK 软件具备与 MIDAS 模型的双向转换功能，下面对模型的导入和导出进行详细介绍。

1. YJK→MIDAS 模型转换

单击图 6-12 界面上的 MIDAS 接口按钮，将弹出如图 6-13 所示对话框。在弹出的对话框中选择需要进行模型转换的 YJK 工程文件“AA. yjk”。

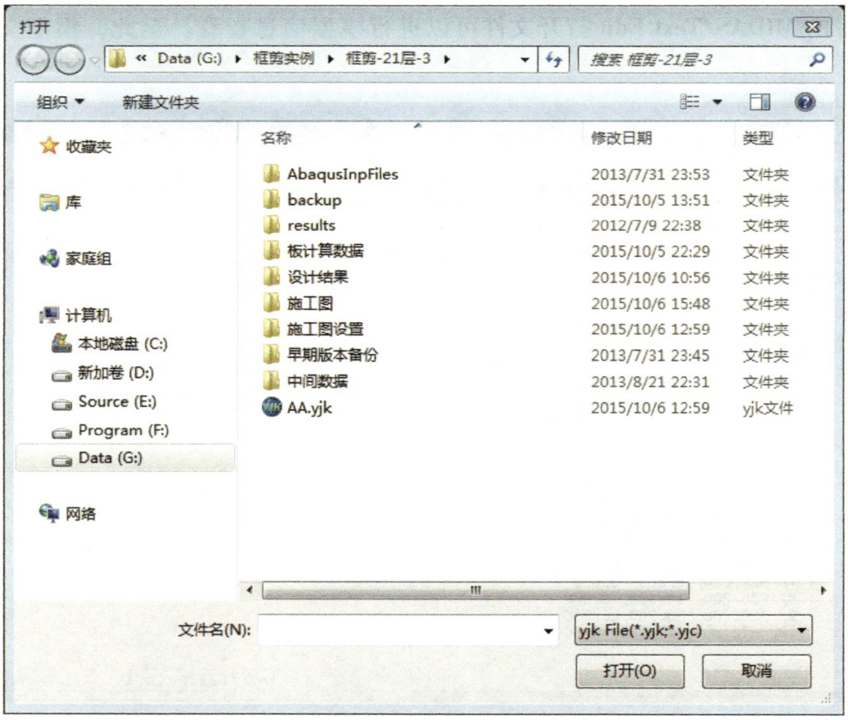

图 6-13　选择工程文件

选择 YJK 文件后，软件开始准备需要转换的数据和信息，数据准备完成后弹出如图 6-14所示的对话框，每个设置的选项都隐含着一个深层次的技术问题。以“墙体转换”选项为例，若选择“板”，则在 MIDAS 中墙体的模拟单元属性为板单元，这里的板单元与有限元计算里的经典板单元不同，只是一个命名而已，方便与墙单元区分开。因 MIDAS

中对墙的几何要求非常苛刻，墙的形状只能是方形或者矩形。但板属性的墙体可以是三角形、菱形和矩形等，建模比较灵活，缺点是不能配筋。

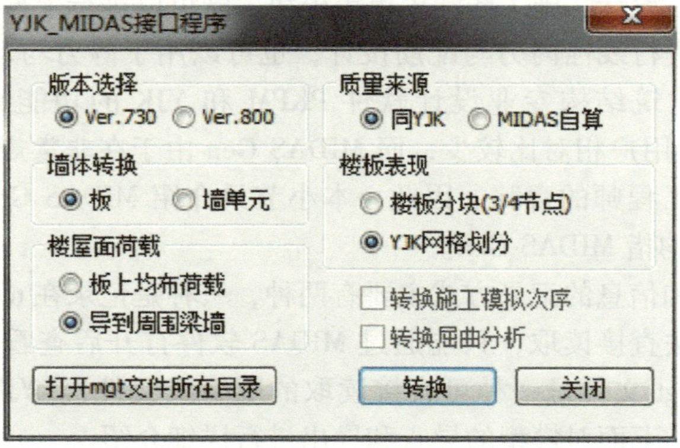

图 6-14　信息转换方式选择

单击“转换”按钮后即可自动生成 MIDAS Gen 支持的 mgt 格式模型数据文件，如图 6-15所示。单击“mgt 文件所在目录”按钮可快速定位到文件路径，使用记事本或者 MIDAS 自带的 MIDAS/Text Edit 打开文件可以进行模型信息查看。至此，模型文件已经顺利生成。

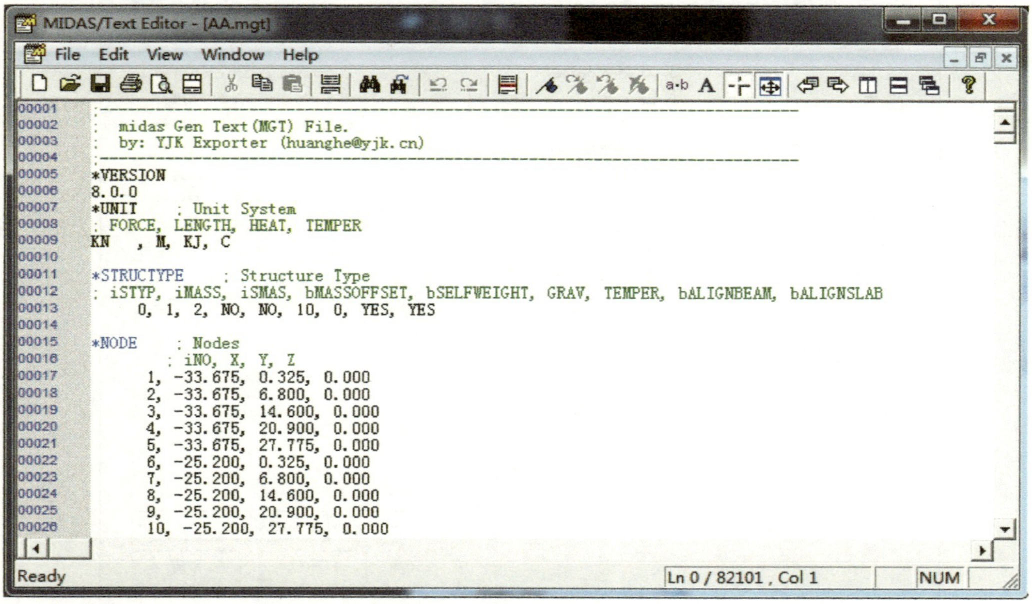

图 6-15　文本格式的 mgt 文件

接下来介绍如何将生成的模型数据文件导入 MIDAS Gen 中。启动 MIDAS Gen 软件之后，首先单击“新项目”按钮建立一个新项目，然后执行“文件”→“导入”→“MIDAS Gen MGT 文件”命令后选择生成的 MGT 文件，将模型导入到 MIDAS Gen 中，如图 6-16所示。

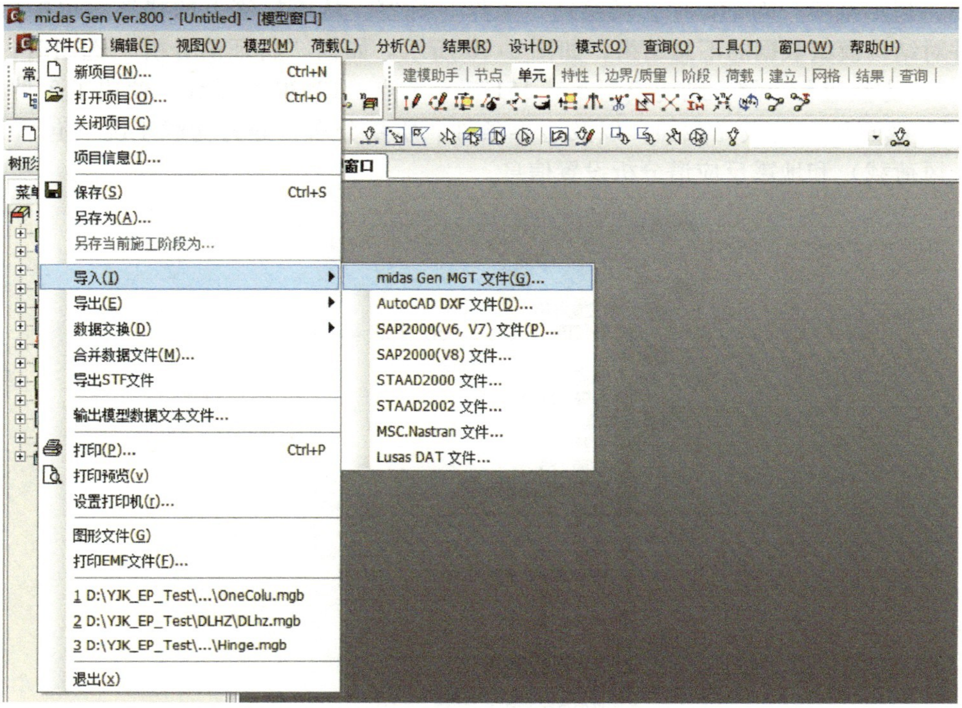

图 6-16　MIDAS Gen MGT 导入模型操作步骤图

本节实例模型导入 MIDAS 后的轴测视图如图 6-17 所示。界面左侧为树形信息管理区，顶部为下拉菜单区和快捷按钮区，右侧为视角切换、缩放按钮区，下部为信息窗口区。信息查看方式多样便捷，可通过对话框和列表等方式查看模型信息。

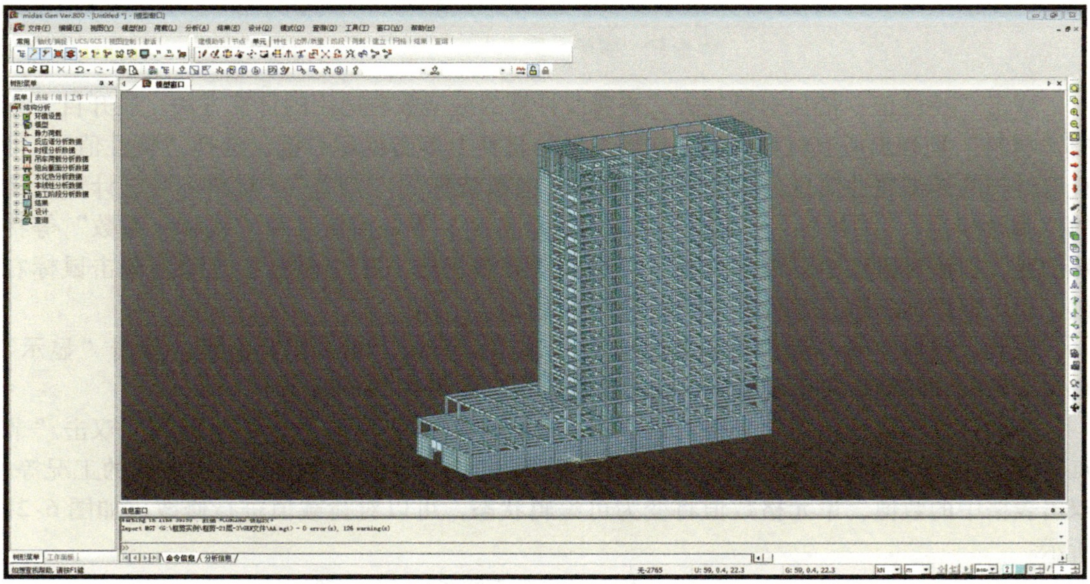

图 6-17　轴测视图

在“树形菜单”对话框中，切换到“工作”标签，从该标签下的树形菜单中可以查看软件对结构模型数据的汇总结果，如图 6-18 所示。如在“特征值分析”选项时，采用了 Lanczos 方法进行求解，结构模型共有 15177 个节点、17630 个单元，使用了 3 种材料、65 类杆件截面和 3 类板壳截面，以及边界条件、质量分布、静力荷载工况（包含恒载、活载、风荷载）和地震反应谱分析设置信息。

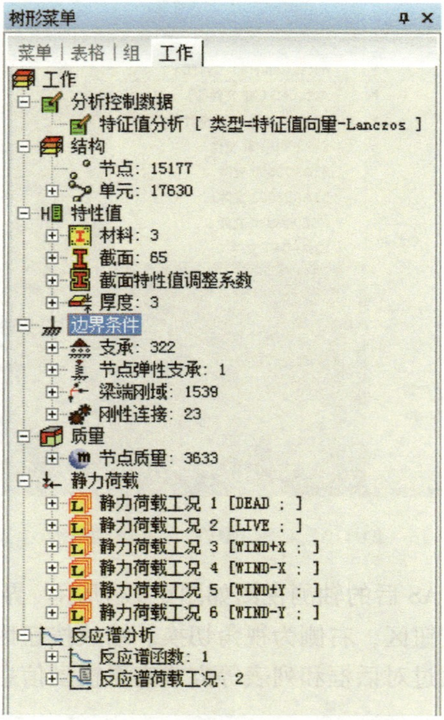

图 6-18　树形菜单“工作”标签

双击“特性值”能以对话框方式查看所计算的振型数和选用的计算方法。展开目录树中“材料”项列出所有材料种类，在需查看的材料上单击鼠标右键，选择“特性值”，可查看材料的详细属性信息，如“设计类型”、参数依据的“规范”、材料标号、计算所需的“弹性模量”“泊松比”“容重”“使用质量密度”等常用信息和“线膨胀系数”等特殊信息，在该对话框中可以完成标号的切换等修改工作。在“材料”选项上单击鼠标右键，还可以添加和删除材料类型，如图 6-19 所示。

展开目录树中的“静力荷载工况项 1”，在节点荷载上单击鼠标右键，单击“显示”按钮，可以在图形区显示所有梁单元的荷载分布，如图 6-20 所示。

荷载等信息也可以通过表格方式查看。将树形菜单切换到“表格”标签，双击“节点荷载”，可以列表查看模型中所有节点的荷载信息，如节点的位置信息、所属的工况等。双击表格中的数值，单元格数值将变为可编辑状态，可以对荷载值进行修改，如图 6-21 所示。

单击“分析”菜单中的“运行分析”，或者直接按 <F5> 键运行计算，程序自动完成特征值分析以及所有的静力荷载和反应谱分析，如图 6-22 所示。

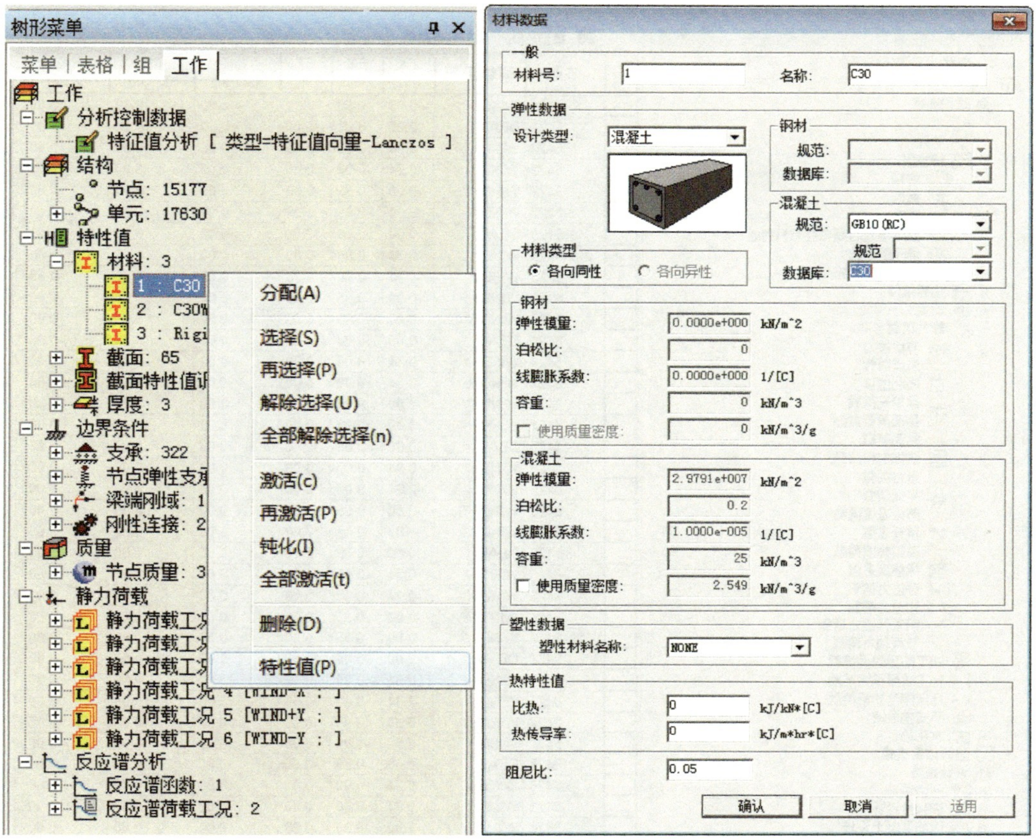

图 6-19　树形菜单中的“材料”选项

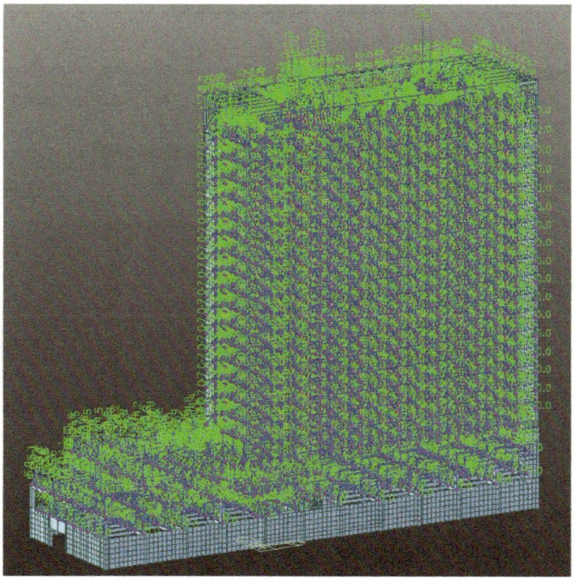

图 6-20　梁单元的荷载分布

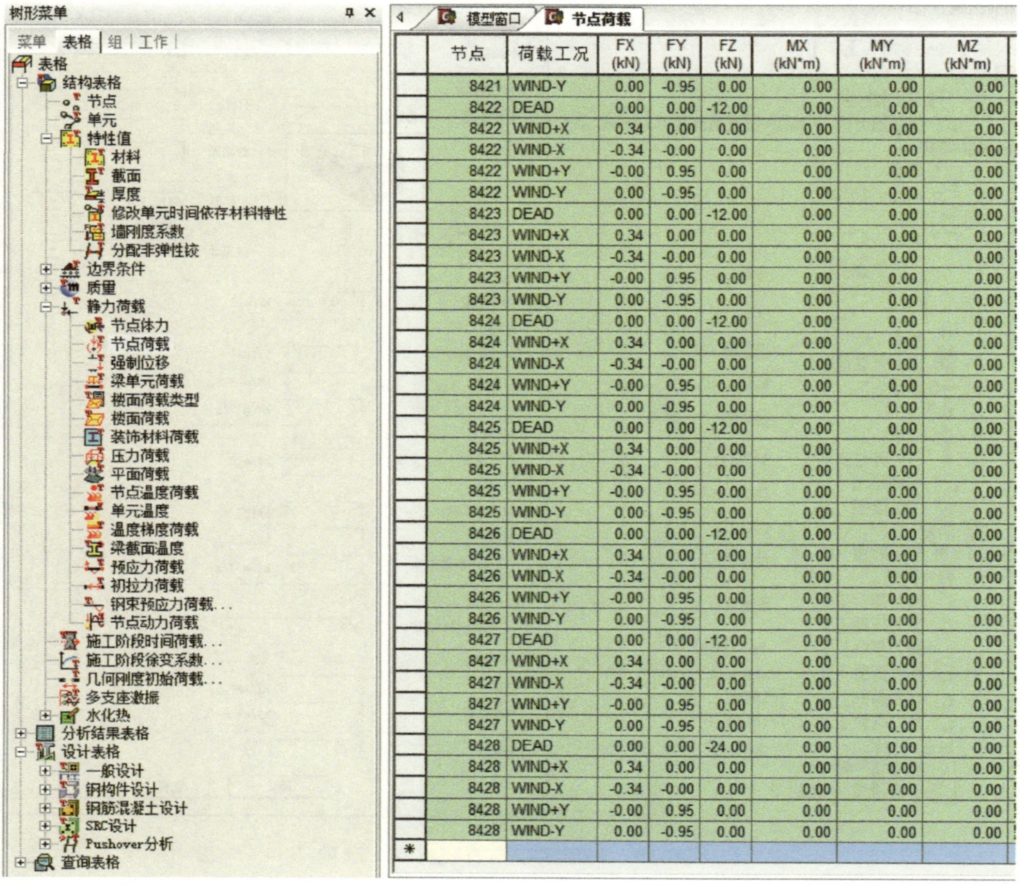
树形菜单
菜单 表格 组 工作
表格
结构表格
节点
单元
特性值
材料
截面
厚度
修改单元时间依存材料特性
墙刚度系数
分配非弹性铰
边界条件
质量
静力荷载
节点体力
节点荷载
强制位移
梁单元荷载
楼面荷载类型
楼面荷载
装饰材料荷载
压力荷载
平面荷载
节点温度荷载
单元温度
温度梯度荷载
梁截面温度
预应力荷载
初拉力荷载
钢束预应力荷载...
节点动力荷载
施工阶段时间荷载...
施工阶段徐变系数...
几何刚度初始荷载...
多支座激振
水化热
分析结果表格
设计表格
一般设计
钢构件设计
钢筋混凝土设计
SRC设计
Pushover分析
查询表格
模型窗口
节点荷载
节点 荷载工况 FX (kN) FY (kN) FZ (kN) MX (kN*m) MY (kN*m) MZ (kN*m)
8421 WIND-Y 0.00 -0.95 0.00 0.00 0.00 0.00
8422 DEAD 0.00 0.00 -12.00 0.00 0.00 0.00
8422 WIND+X 0.34 0.00 0.00 0.00 0.00 0.00
8422 WIND-X -0.34 -0.00 0.00 0.00 0.00 0.00
8422 WIND+Y -0.00 0.95 0.00 0.00 0.00 0.00
8422 WIND-Y 0.00 -0.95 0.00 0.00 0.00 0.00
8423 DEAD 0.00 0.00 -12.00 0.00 0.00 0.00
8423 WIND+X 0.34 0.00 0.00 0.00 0.00 0.00
8423 WIND-X -0.34 -0.00 0.00 0.00 0.00 0.00
8423 WIND+Y -0.00 0.95 0.00 0.00 0.00 0.00
8423 WIND-Y 0.00 -0.95 0.00 0.00 0.00 0.00
8424 DEAD 0.00 0.00 -12.00 0.00 0.00 0.00
8424 WIND+X 0.34 0.00 0.00 0.00 0.00 0.00
8424 WIND-X -0.34 -0.00 0.00 0.00 0.00 0.00
8424 WIND+Y -0.00 0.95 0.00 0.00 0.00 0.00
8424 WIND-Y 0.00 -0.95 0.00 0.00 0.00 0.00
8425 DEAD 0.00 0.00 -12.00 0.00 0.00 0.00
8425 WIND+X 0.34 0.00 0.00 0.00 0.00 0.00
8425 WIND-X -0.34 -0.00 0.00 0.00 0.00 0.00
8425 WIND+Y -0.00 0.95 0.00 0.00 0.00 0.00
8425 WIND-Y 0.00 -0.95 0.00 0.00 0.00 0.00
8426 DEAD 0.00 0.00 -12.00 0.00 0.00 0.00
8426 WIND+X 0.34 0.00 0.00 0.00 0.00 0.00
8426 WIND-X -0.34 -0.00 0.00 0.00 0.00 0.00
8426 WIND+Y -0.00 0.95 0.00 0.00 0.00 0.00
8426 WIND-Y 0.00 -0.95 0.00 0.00 0.00 0.00
8427 DEAD 0.00 0.00 -12.00 0.00 0.00 0.00
8427 WIND+X 0.34 0.00 0.00 0.00 0.00 0.00
8427 WIND-X -0.34 -0.00 0.00 0.00 0.00 0.00
8427 WIND+Y -0.00 0.95 0.00 0.00 0.00 0.00
8427 WIND-Y 0.00 -0.95 0.00 0.00 0.00 0.00
8428 DEAD 0.00 0.00 -24.00 0.00 0.00 0.00
8428 WIND+X 0.34 0.00 0.00 0.00 0.00 0.00
8428 WIND-X -0.34 -0.00 0.00 0.00 0.00 0.00
8428 WIND+Y -0.00 0.95 0.00 0.00 0.00 0.00
8428 WIND-Y 0.00 -0.95 0.00 0.00 0.00 0.00

图 6-21　荷载信息表格

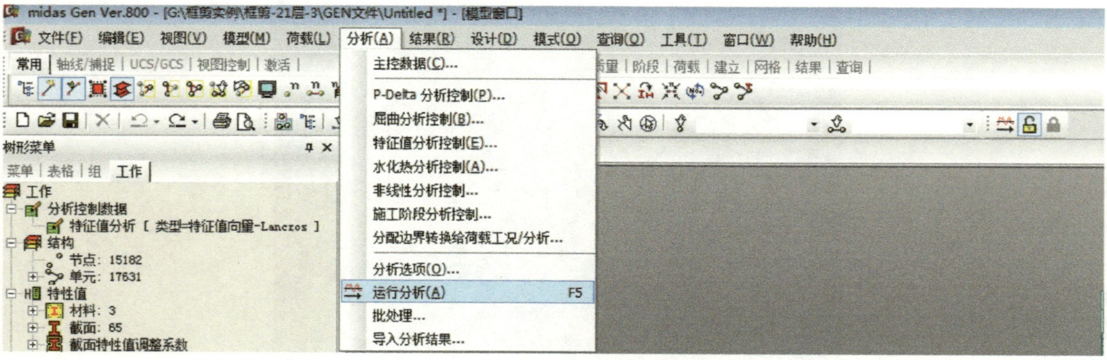

图 6-22　运行分析

计算完成后，单击"结果"菜单下"分析结果表格"中的"周期与振型"按钮，可以通过表格方式查看周期值、质量参与系数、振型方向因子等信息，如图 6-23 和图 6-24所示。

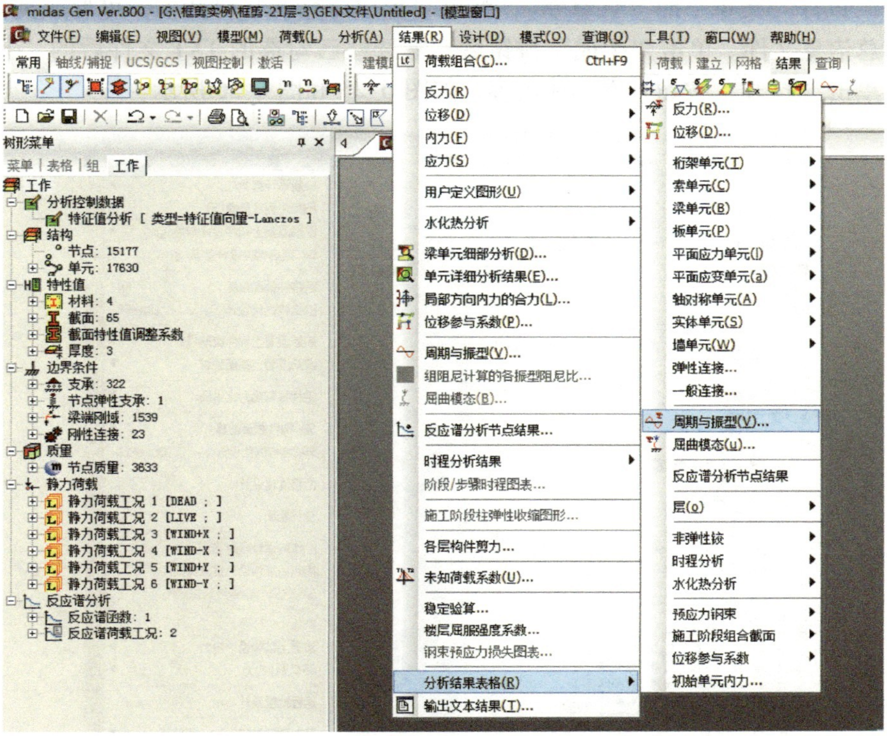

图 6-23　周期与振型信息查看操作步骤

节点	模态	UX		UY		UZ		RX		RY		RZ	
特征值分析													
	模态号	频率				周期		容许误差					
		(rad/sec)		(cycle/sec)		(sec)							
	1	2.6566		0.4228		2.3652		0.0000e+000					
	2	2.8542		0.4543		2.2014		0.0000e+000					
	3	3.0857		0.4911		2.0362		0.0000e+000					
	4	9.7742		1.5556		0.6428		0.0000e+000					
	5	9.8382		1.5658		0.6386		0.0000e+000					
	6	11.0366		1.7565		0.5693		0.0000e+000					
	7	16.1176		2.5652		0.3898		1.3200e-068					
	8	16.3538		2.6028		0.3842		5.0537e-066					
	9	16.9817		2.7027		0.3700		3.4182e-056					
	10	17.0204		2.7089		0.3692		2.2278e-055					
	11	17.0423		2.7124		0.3687		3.6962e-055					
	12	17.1360		2.7273		0.3667		7.4514e-054					
	13	17.1432		2.7284		0.3665		6.2795e-054					
	14	17.3533		2.7619		0.3621		8.7562e-053					
	15	17.3655		2.7638		0.3618		4.9489e-053					
振型参与质量													
	模态号	TRAN-X		TRAN-Y		TRAN-Z		ROTN-X		ROTN-Y		ROTN-Z	
		质量(%)	合计(%)	质量(%)	合计(%)	质量(%)	合计(%)	质量(%)	合计(%)	质量(%)	合计(%)	质量(%)	合计(%)
	1	0.0280	0.0280	57.5965	57.5965	0.0000	0.0000	3.5910	3.5910	0.0035	0.0035	1.4696	1.4696
	2	57.4108	57.4389	0.0295	57.6260	0.0000	0.0000	0.0013	3.5923	3.0581	3.0616	2.0552	3.5247
	3	2.1760	59.6149	0.0186	57.6446	0.0000	0.0000	0.1442	3.7366	0.2665	3.3281	38.2814	41.8061
	4	3.2451	62.8600	11.9345	69.5790	0.0000	0.0000	3.9685	7.7050	0.9524	4.2805	0.0057	41.8118
	5	10.6013	73.4613	3.6685	73.2476	0.0000	0.0000	1.4614	9.1664	3.1141	7.3946	0.4614	42.2732
	6	0.4987	73.9600	0.0665	73.3141	0.0000	0.0000	0.2290	9.3954	0.1734	7.5680	12.8455	55.1187
	7	0.0006	73.9606	0.1436	73.4577	0.0000	0.0000	4.6654	14.0608	0.0082	7.5761	0.0074	55.1261
	8	0.0000	73.9607	0.2108	73.6685	0.0000	0.0000	7.9817	22.0426	0.0248	7.6009	0.0068	55.1328
	9	0.0211	73.9818	0.0059	73.6744	0.0000	0.0000	0.0038	22.0463	0.5540	8.1549	0.0051	55.1379
	10	0.0168	73.9986	0.0065	73.6809	0.0000	0.0000	0.0102	22.0565	0.4057	8.5606	0.0070	55.1449
	11	0.0012	73.9998	0.0000	73.6809	0.0000	0.0000	0.0175	22.0740	0.0258	8.5864	0.0000	55.1450
	12	0.0000	73.9998	0.0019	73.6828	0.0000	0.0000	0.0184	22.0924	0.0019	8.5883	0.0021	55.1471
	13	0.0016	74.0014	0.0039	73.6866	0.0000	0.0000	0.0290	22.1214	0.0000	8.5883	0.0014	55.1485
	14	0.0103	74.0117	0.0045	73.6911	0.0000	0.0000	0.1734	22.2948	0.0632	8.6515	0.0001	55.1486
	15	0.0030	74.0147	0.0028	73.6939	0.0000	0.0000	0.0965	22.3913	0.0280	8.6795	0.0010	55.1496
	模态号	TRAN-X		TRAN-Y		TRAN-Z		ROTN-X		ROTN-Y		ROTN-Z	
		质量	合计	质量	合计	质量	合计	质量	合计	质量	合计	质量	合计
	1	12.8814	12.8814	26455.205	26455.205	0.0000	0.0000	46597.471	46597.471	46.0060	46.0060	371264.10	371264.10
	2	26369.904	26382.786	13.5277	26468.732	0.0000	0.0000	17.0070	46614.478	39681.804	39727.810	519203.25	890467.35

图 6-24　周期与振型信息列表查看图

单击“设计”菜单下的“计算书”，弹出“生成计算书”对话框，可形成类似于 YJK 中的结构总信息文件。单击“生成”按钮后，复选框已勾选的 TXT 文件后的“打开”按钮变亮，单击“打开”按钮查看具体内容，如图 6-25 和图 6-26 所示。

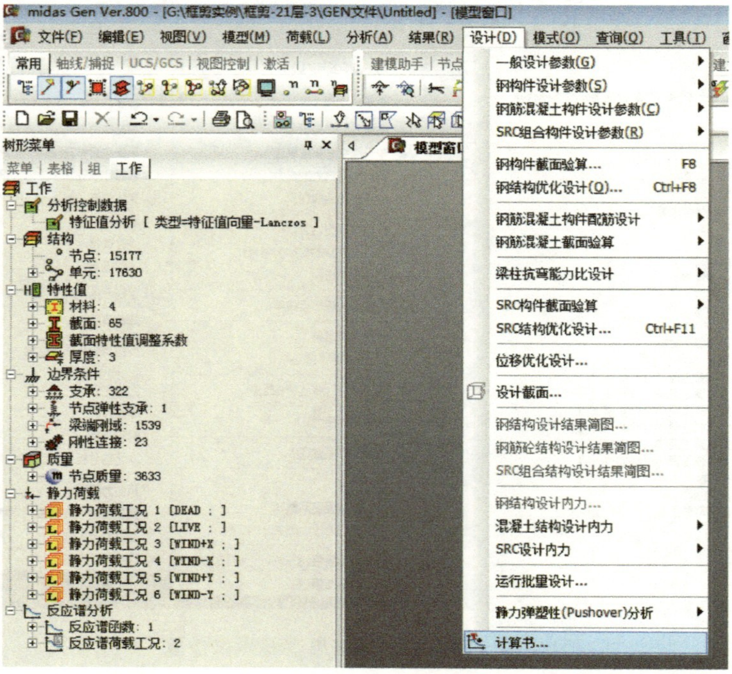

图 6-25　计算及结果信息查看图

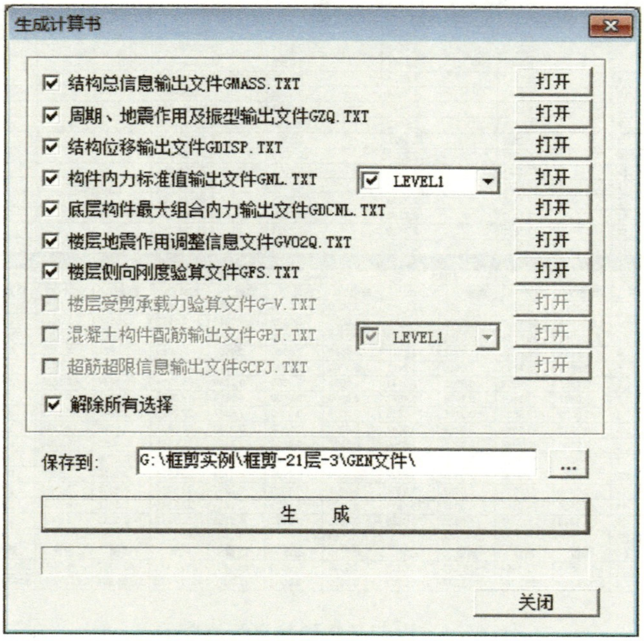

图 6-26　计算结构信息列表

2. MIDAS→YJK 数据模型转换

YJK 软件及同类软件 PKPM 在常规建筑结构模型建立方面，其专业化程度是最高的，建模效率也非常高。但是在复杂的工业建筑及空间网格结构建模方面，尤其是在 YJK 空间层建模功能推出之前，MIDAS Gen 是建模最快捷的软件。若采用 MIDAS Gen 建立的模型，也可以通过数据转换的方式，将其从 MIDAS Gen 中转入 YJK，还可进一步将模型信息从 YJK 中转换到其他软件。

本节以某工业筒仓结构为例，介绍模型转换过程及细节。筒仓结构是一种比较典型的工业建筑结构，工业建筑主要有厂房和构筑物两类，厂房有冶金厂房、水泥厂、工艺车间等；构筑物有水塔、烟囱、污水处理池、筒仓等。工业建筑要求也比较特殊，有工艺需求，或存在超大的设备荷载，筒仓结构一般情况下平面为圆形，对抗渗、抗裂要求比较严。由于会利用到圆形筒体的抗拉性能，其设计方法与常规的以竖向受力为主按压弯和拉弯进行设计的剪力墙构件是有明显区别的。目前应用 MIDAS 对筒仓结构进行计算和分析仍然是最佳选择之一，图 6-27 为筒仓模型轴测图。

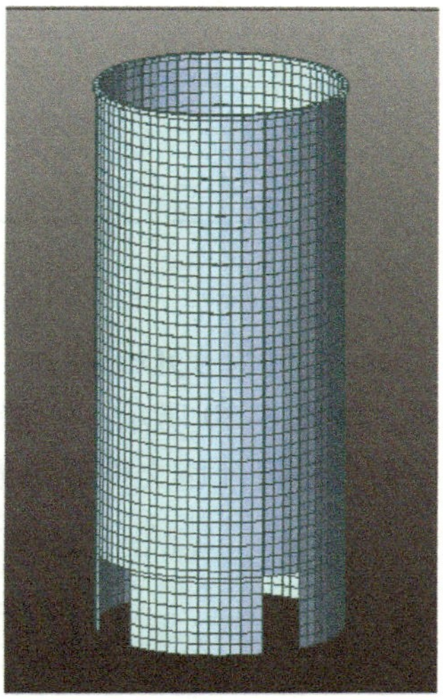

图 6-27　MIDAS Gen 筒仓模型轴测图

MIDAS 模型导入 YJK 中，同样需要借助中间文件，中间文件可以由 MIDAS 软件自动生成。打开 MIDAS 模型之后，单击“文件”→“导出”→“MIDAS Gen MGT 文件”（见图 6-28），将模型导出成后缀名为 mgt 的文本格式文件。

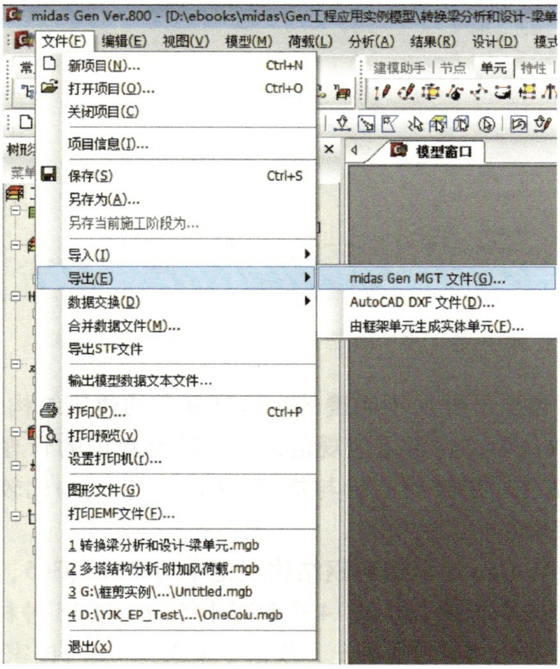

图 6-28　MIDAS 模型文件导出

选择 YJK 主界面上的 MIDAS 接口，在弹出的对话框（见图 6-29）中指定需要进行转换模型对应的 mgt 文件，以及生成 YJK 所支持的 ydb 格式外部文件的路径。

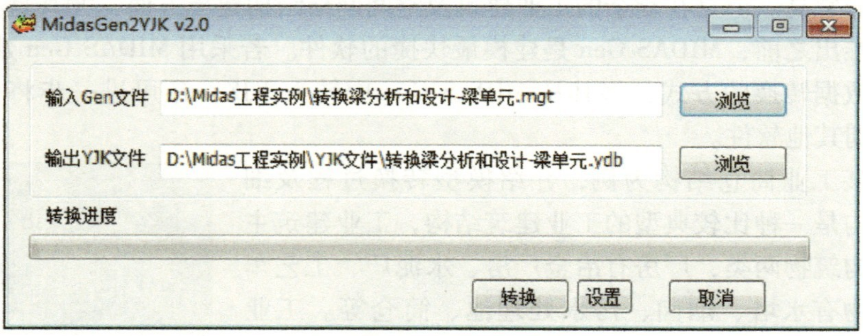

图 6-29　MIDAS 模型导入对话框

ydb 文件为 SQLite 格式，不能通过文本文件直接查看，需要通过专门的管理工具进行查看，如图 6-30 所示。一般情况下，不需要了解其格式和数据储存方式，转换完成后 YJK 会自动打开该文件以图形的方式对模型信息进行查看。

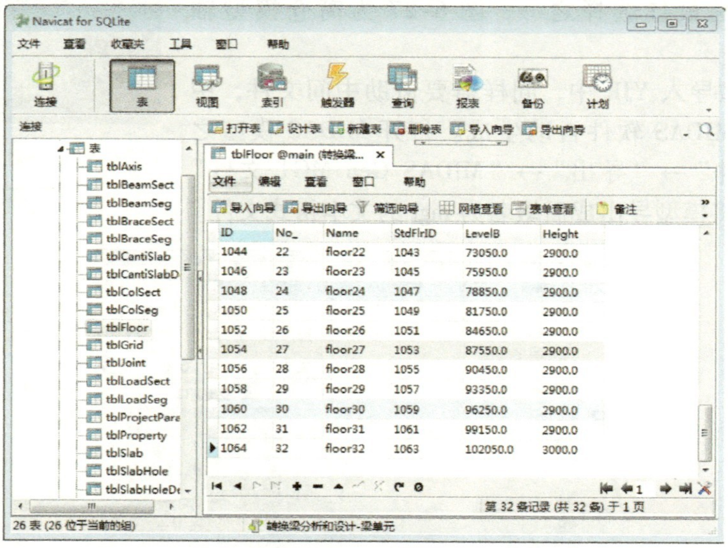

图 6-30　SQLite 查看 YJK 的数据文件内容图

前文已经提到通常情况下分层不明确的、体型复杂的建筑结构才在 MIDAS 中进行建模和分析，而在 YJK 软件中，为了适应规范需求，模型数据的管理对层依赖非常强。因此，在 MIDAS Gen 中需先对层进行划分与指定，如果层指定的比较合理，将给后续模型的修改、计算与分析带来非常大的便利。

在材料方面，MIDAS Gen 中可选用钢结构规范中 Q235、Q345、Q390 和 Q420 四种钢号，以及混凝土规范中从 C15 到 C80 的 14 个混凝土等级。这 18 种材料能准确地与 YJK 中相应的材料对应。如果设计类型为混凝土，规范中未选择 GB（国家标准），此时转入 YJK 中的材料按弹性模量线性插值确定其强度等级。除此之外的材料，均需通过自定义材料对属性进行定义，在 YJK 中材料类型也有自定义材料与之对应。但自定义材料有一个重要的问题就是不能顺利地进行后续设计，因为设计需要知道其材料类型与设计强度，才能依据规范进行强度验算、使用状态验算（挠度和裂缝）和稳定性验算（长细比）。

结构分析模型中的构件通常抽象成四类单元进行模拟：点单元、线单元、面单元、体单元。因体单元精度有限，若建筑物整体均采用体单元分析计算量会太大，因此，其应用范围往往只是局部构件，如梁柱节点、复杂的铸钢节点、重要的转换梁构件等。大量采用的还是线单元和面单元，这两类单元需定义截面形状信息或厚度信息。

结构构件的截面种类繁多，不同的结构由于使用功能不同、建筑外观需求不同，构件尺寸及截面形状可能会千差万别。但考虑到施工过程的标准化、工业化，构件的截面与厚度还是限于一些常用的形式，也方便配筋与设计。因此，两类软件之间的截面对应（对应准确与否直接影响模型转换效果）还是比较容易实现的，但部分组合截面或者格构式构件还是存在转换技术屏障。

结构荷载信息多种多样，通常做法是通过工况对荷载进行分类管理。例如恒荷载工况，就包括墙上线荷载（均布、三角形、梯形）、梁上线荷载（均布、三角形、梯形）、节点荷载（力和弯矩）、面荷载（垂直于楼板的均布恒荷载、漏斗形筒仓垂直于斜墙面的荷载，以及水池结构中垂直于墙壁的沿高度方向呈三角形分布的水压荷载等）。

在 YJK 中所有荷载类型在输入时就带有工况属性，布置完成后就会自动归并为相应的荷载工况。最终按规范的规定，根据设计目标的不同要求，采用基本组合、偶然组合、标准组合、频遇组合或准永久组合中的一种或者多种进行组合后完成后续的计算与分析。

在 MIDAS Gen 中，需要先定义好工况，然后再往工况里添加荷载。荷载输入时必须注意当前激活的工况是什么，因为该软件的荷载是可以输入任意工况的，而不像 YJK 中荷载本身具备工况属性。MIDAS Gen 也能自动生成荷载工况的组合信息，但需要用户详细校核组合的数目是否完整。

在偏于分析计算的结构软件中，或者结构分析师的概念里，构件就包括两类：线和面。但从设计属性而言，线可以分为柱、梁、斜撑，面可以分为楼板和墙。柱、梁、斜撑都属于线型构件，但是其设计属性却完全不同。如果设计属性是柱，则认为其主要受力形式为承受轴力、压弯和拉弯，并且在设计时应重点保护此类构件的性能。而同样为线型构件的梁，则认为其主要的受力形式为受弯，并且主要在结构竖直平面内受弯，因此，其配筋设计的方式和内力的调整方式与柱子有明显的区别。结构分析时，各工况下计算的原始内力（也可称之为标准内力）在某些情况下是需要进行调整的，并使用调整后的最终内力进行设计。

同样为面型构件，板和墙由于设计属性不同，工程师对其关注的方面也明显不同。墙构件关注其面内信息，如端部钢筋信息，而板的面外性能则更受工程师的关注。

在 MIDAS 中建立模型时，可不指定构件的设计属性。但在 YJK 中，建模时便给构件归类好属性，转换时程序会自动根据构件的空间位置信息来赋予其构件的设计属性。

充分了解两类软件的数据定义和组织规则，是进行模型转换以实现数据共享的关键环节，各环节关联性高，任何环节出现小的错误都将导致转换失败，筒仓模型成功转入 YJK 后的效果如图 6-31 所示。

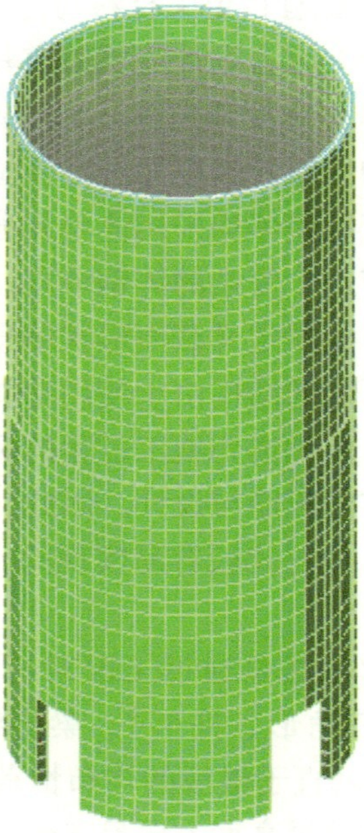

图 6-31　MIDAS Gen 筒仓模型转入 YJK 后的效果图

6.3.2 SAP2000 模型转换

SAP2000 是开发比较早的计算软件之一，始于 20 世纪 70 年代，有着美国加州大学伯克利分校的技术背景，著名结构分析专家 Wilson 也参与了软件的研发。该软件分析技术全面，涵盖了大变形分析、P-Delta 效应分析、Ritz 向量分析、索结构分析、纤维铰的材料非线性分析、分层壳单元、Buckling 屈曲分析、单拉和单压分析、阻尼器、基础隔震、非线性施工顺序模拟等。SAP2000 既可以进行线性和非线性分析，也可以进行静力和动力分析，堪称全球范围内最全面的结构分析软件，也是建筑行业应用最广的软件之一。YJK 软件具备与 SAP2000 的双向接口，模型转换的操作与 Midas 类同，其基本转换原理不再重复。

1. YJK→SAP2000 数据模型转换

单击图 6-12 主界面上“SAP2000 接口”按钮。在弹出的对话框中，选择需要转换的“AA. yjk”文件后，程序自动完成模型数据准备与转换。转换完成后生成 SAP2000 支持的模型文件，模型文件后缀名为 s2k，是可读的 txt 格式文件，如图 6-32 所示。

打开 SAP2000 软件后，选择“文件”→“导入”→“SAP2000 . s2k 文本文件”，选择相应的 s2k 文件后，即可将模型导入，如图 6-33 所示。

SAP2000 默认以双视口显示模型，默认情况下在左窗口中显示导入模型平面图，右窗口显示轴测图，如图 6-34 所示。

可通过软件界面右下角的单位体系切换器将 SAP2000 的单位体系切换成符合工程师习惯的单位。例如，荷载为 kN，网格查看时长度单位为 m，截面查看时单位可切换为 mm。单位体系不匹配很容易造成不同软件间模型信息不对称，在应用时需要引起注意。

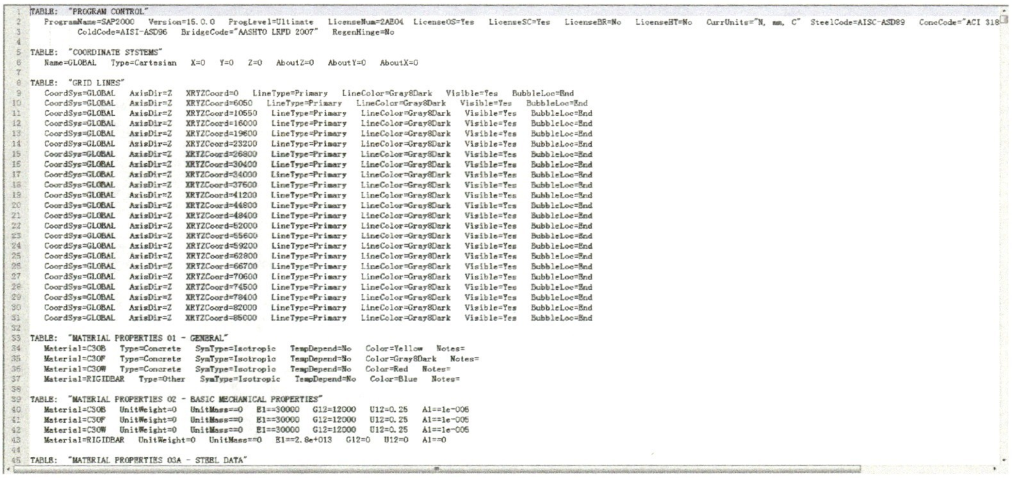

```
TABLE:  "PROGRAM CONTROL"
   ProgramName=SAP2000   Version=15.0.0   ProgLevel=Ultimate   LicenseNum=2AE04  LicenseOS=Yes   LicenseSC=Yes   LicenseBR=No   LicenseHT=No   CurrUnits="N, mm, C"  SteelCode=AISC-ASD89   ConcCode="ACI 318
          ColdCode=AISI-ASD96   BridgeCode="AASHTO LRFD 2007"   RegenHinge=No

TABLE:  "COORDINATE SYSTEMS"
   Name=GLOBAL   Type=Cartesian   X=0   Y=0   Z=0   AboutZ=0   AboutY=0   AboutX=0

TABLE:  "GRID LINES"
   CoordSys=GLOBAL   AxisDir=Z   XRYZCoord=0   LineType=Primary   LineColor=Gray8Dark   Visible=Yes   BubbleLoc=End
   CoordSys=GLOBAL   AxisDir=Z   XRYZCoord=6050   LineType=Primary   LineColor=Gray8Dark   Visible=Yes   BubbleLoc=End
   CoordSys=GLOBAL   AxisDir=Z   XRYZCoord=10550   LineType=Primary   LineColor=Gray8Dark   Visible=Yes   BubbleLoc=End
   CoordSys=GLOBAL   AxisDir=Z   XRYZCoord=16000   LineType=Primary   LineColor=Gray8Dark   Visible=Yes   BubbleLoc=End
   CoordSys=GLOBAL   AxisDir=Z   XRYZCoord=19600   LineType=Primary   LineColor=Gray8Dark   Visible=Yes   BubbleLoc=End
   CoordSys=GLOBAL   AxisDir=Z   XRYZCoord=23200   LineType=Primary   LineColor=Gray8Dark   Visible=Yes   BubbleLoc=End
   CoordSys=GLOBAL   AxisDir=Z   XRYZCoord=26800   LineType=Primary   LineColor=Gray8Dark   Visible=Yes   BubbleLoc=End
   CoordSys=GLOBAL   AxisDir=Z   XRYZCoord=30400   LineType=Primary   LineColor=Gray8Dark   Visible=Yes   BubbleLoc=End
   CoordSys=GLOBAL   AxisDir=Z   XRYZCoord=34000   LineType=Primary   LineColor=Gray8Dark   Visible=Yes   BubbleLoc=End
   CoordSys=GLOBAL   AxisDir=Z   XRYZCoord=37600   LineType=Primary   LineColor=Gray8Dark   Visible=Yes   BubbleLoc=End
   CoordSys=GLOBAL   AxisDir=Z   XRYZCoord=41200   LineType=Primary   LineColor=Gray8Dark   Visible=Yes   BubbleLoc=End
   CoordSys=GLOBAL   AxisDir=Z   XRYZCoord=44800   LineType=Primary   LineColor=Gray8Dark   Visible=Yes   BubbleLoc=End
   CoordSys=GLOBAL   AxisDir=Z   XRYZCoord=48400   LineType=Primary   LineColor=Gray8Dark   Visible=Yes   BubbleLoc=End
   CoordSys=GLOBAL   AxisDir=Z   XRYZCoord=52000   LineType=Primary   LineColor=Gray8Dark   Visible=Yes   BubbleLoc=End
   CoordSys=GLOBAL   AxisDir=Z   XRYZCoord=55600   LineType=Primary   LineColor=Gray8Dark   Visible=Yes   BubbleLoc=End
   CoordSys=GLOBAL   AxisDir=Z   XRYZCoord=59200   LineType=Primary   LineColor=Gray8Dark   Visible=Yes   BubbleLoc=End
   CoordSys=GLOBAL   AxisDir=Z   XRYZCoord=62800   LineType=Primary   LineColor=Gray8Dark   Visible=Yes   BubbleLoc=End
   CoordSys=GLOBAL   AxisDir=Z   XRYZCoord=66700   LineType=Primary   LineColor=Gray8Dark   Visible=Yes   BubbleLoc=End
   CoordSys=GLOBAL   AxisDir=Z   XRYZCoord=70600   LineType=Primary   LineColor=Gray8Dark   Visible=Yes   BubbleLoc=End
   CoordSys=GLOBAL   AxisDir=Z   XRYZCoord=74500   LineType=Primary   LineColor=Gray8Dark   Visible=Yes   BubbleLoc=End
   CoordSys=GLOBAL   AxisDir=Z   XRYZCoord=78400   LineType=Primary   LineColor=Gray8Dark   Visible=Yes   BubbleLoc=End
   CoordSys=GLOBAL   AxisDir=Z   XRYZCoord=82000   LineType=Primary   LineColor=Gray8Dark   Visible=Yes   BubbleLoc=End
   CoordSys=GLOBAL   AxisDir=Z   XRYZCoord=85000   LineType=Primary   LineColor=Gray8Dark   Visible=Yes   BubbleLoc=End

TABLE:  "MATERIAL PROPERTIES 01 - GENERAL"
   Material=C30B   Type=Concrete   SymType=Isotropic   TempDepend=No   Color=Yellow   Notes=
   Material=C30F   Type=Concrete   SymType=Isotropic   TempDepend=No   Color=Gray8Dark   Notes=
   Material=C30W   Type=Concrete   SymType=Isotropic   TempDepend=No   Color=Red   Notes=
   Material=RIGIDBAR   Type=Other   SymType=Isotropic   TempDepend=No   Color=Blue   Notes=

TABLE:  "MATERIAL PROPERTIES 02 - BASIC MECHANICAL PROPERTIES"
   Material=C30B   UnitWeight=0   UnitMass==0   E1==30000   G12=12000   U12=0.25   A1==1e-005
   Material=C30F   UnitWeight=0   UnitMass==0   E1==30000   G12=12000   U12=0.25   A1==1e-005
   Material=C30W   UnitWeight=0   UnitMass==0   E1==30000   G12=12000   U12=0.25   A1==1e-005
   Material=RIGIDBAR   UnitWeight=0   UnitMass==0   E1==2.8e+013   G12=0   U12=0   A1==0

TABLE:  "MATERIAL PROPERTIES 03A - STEEL DATA"
```

图 6-32　SAP2000 模型记录的 s2k 文件内容

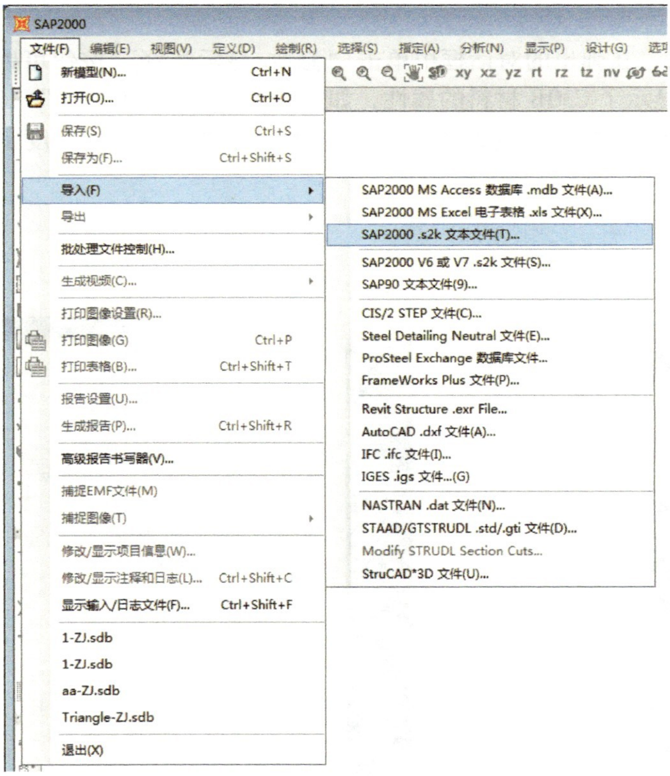

图 6-33　SAP2000 中导入 s2k 文件的步骤

SAP2000 主界面左侧为建模、捕捉与选择控制快捷按钮区，顶部为菜单区以及计算、后处理、视图切换快捷按钮区。单击“定义”菜单下的“定义材料”按钮（见图 6-35），将弹出材料管理窗口。

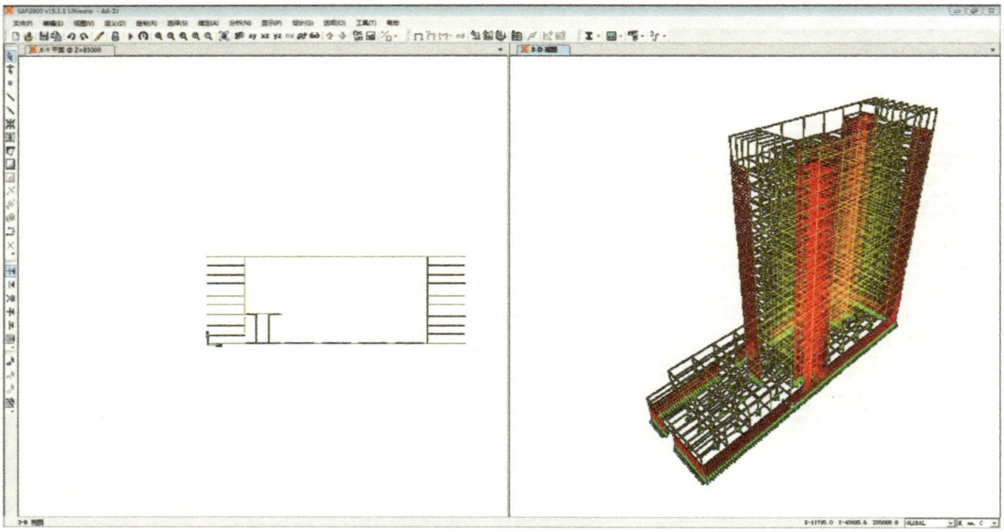

图 6-34　转入 SAP2000 后的模型轴测视图

选择材料之后，在弹出的对话框中单击“修改/显示注释”按钮可以查看该材料的属性。图6-36 详细显示了 C30B 材料的属性，如“弹性模量”“泊松比”“线膨胀系数”“剪切模量”等，值得注意的是，此处的“重量密度”为“0”，重量密度是否输入与模型的质量源选项设置相关。

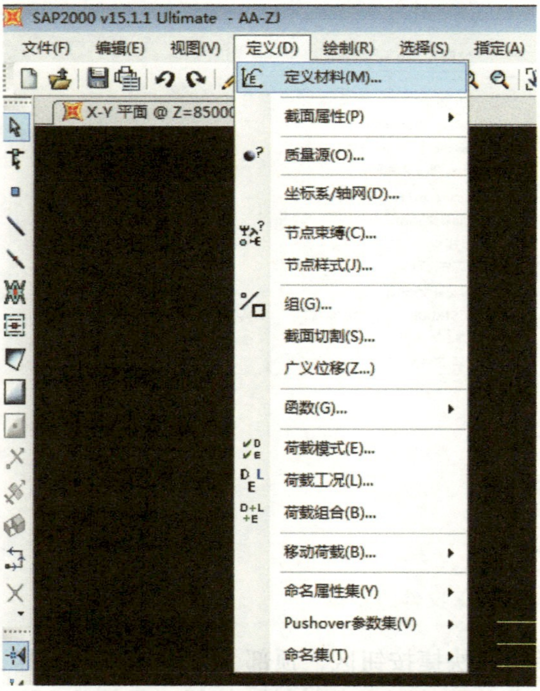

图 6-35　SAP2000 模型材料信息管理

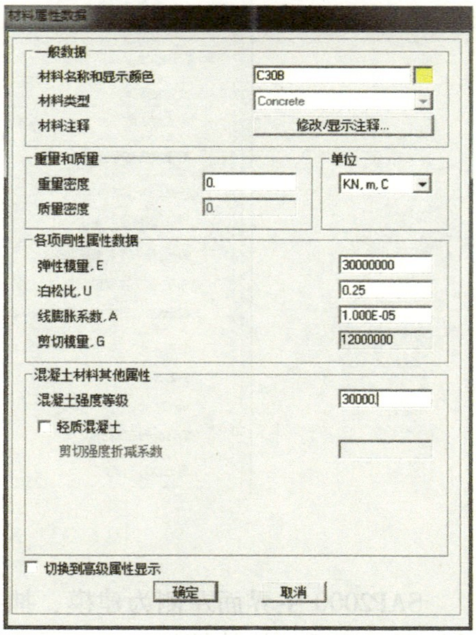

图 6-36　SAP2000 材料的参数设置

单击“定义”菜单下的“质量源”按钮可以查阅质量源的定义方式，如图 6-37 所示。结构质量通常来自于三部分：构件自身质量、荷载、附加质量，质量计算不能遗漏，也不能重复。若对象自身不指定重量密度，则需通过附加质量来考虑，如勾选第一项“来自对象和附加质量”，则荷载产生的质量也应以对象附加质量来考虑。

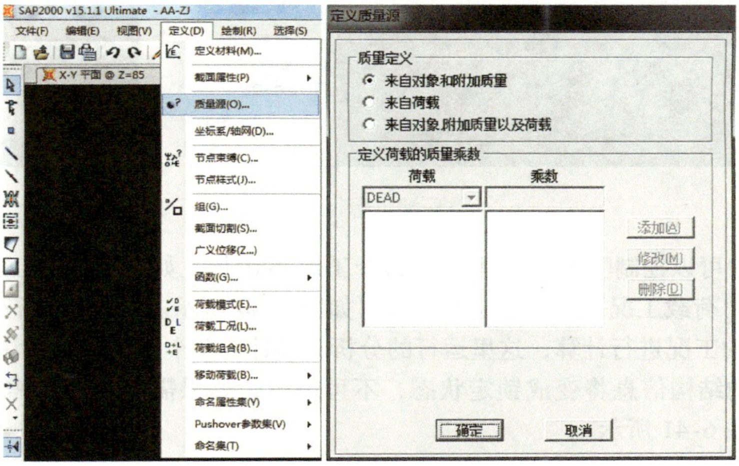

图 6-37　质量源的定义方式

转换模型中的所有质量都通过附加质量考虑，所以图 6-36 中材料重量密度为 0。附加质量有多种方式，可通过节点质量、线质量、面质量给模型中的点、线、面附加质量。施加附加质量时，应先选择对应的点、线、面，再通过指定菜单中点质量、线质量、面质量施加具体质量，如图 6-38 所示。

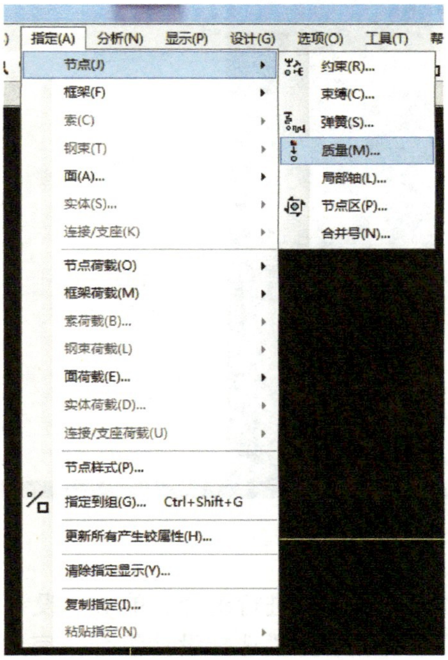

图 6-38　附加点质量操作步骤

单击“分析”菜单中的“运行分析”按钮，或者直接按 <F5> 键均可弹出计算控制对话框，如图 6-39 所示。

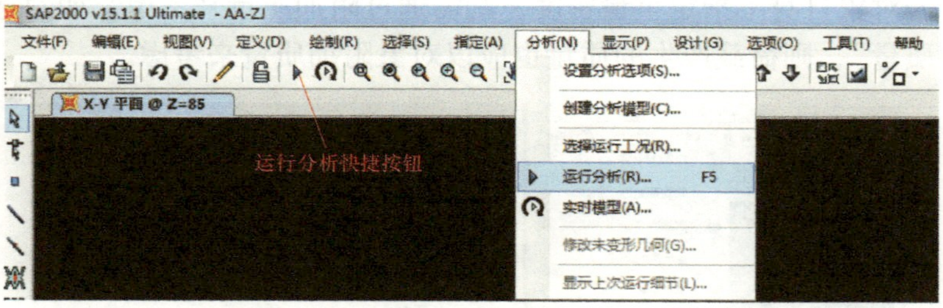

图 6-39　运行分析

在对话框中可以控制哪个工况运行，哪个工况不运行，如需要增减工况，可在“定义”菜单下的“荷载工况”命令中进行修改，如图 6-40 所示。单击“运行分析”后对作用状态为 Run 的工况进行计算，这里运行的分析只是针对单个工况。需要注意的是，计算完成后，所有的结构信息将变成锁定状态，不可编辑，如果需要编辑则需单击“解锁模型”按钮，如图 6-41 所示。

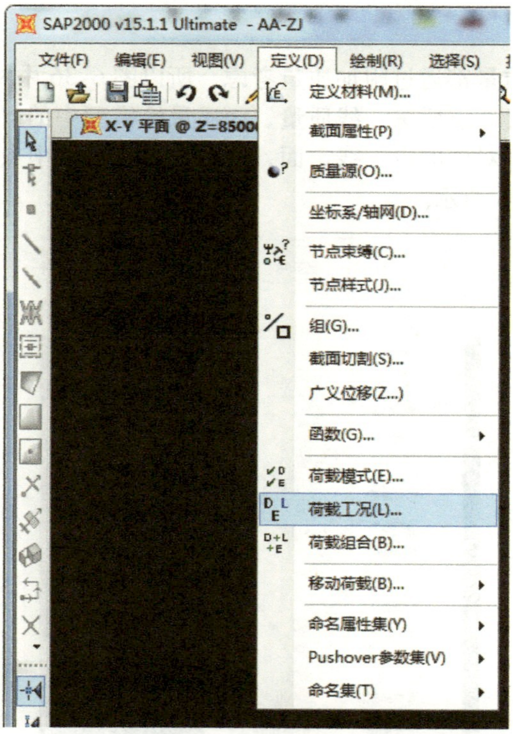

图 6-40　荷载工况管理菜单位置

分析完成后，可对单个工况的效应进行组合。单击“设计”菜单下的“混凝土框架设计”按钮，可以在弹出的菜单中单击“选择设计组合”完成内力组合。内力效应组合后，便可以单击“开始结构设计/校核”，完成设计与校核工作，如图 6-42 所示。

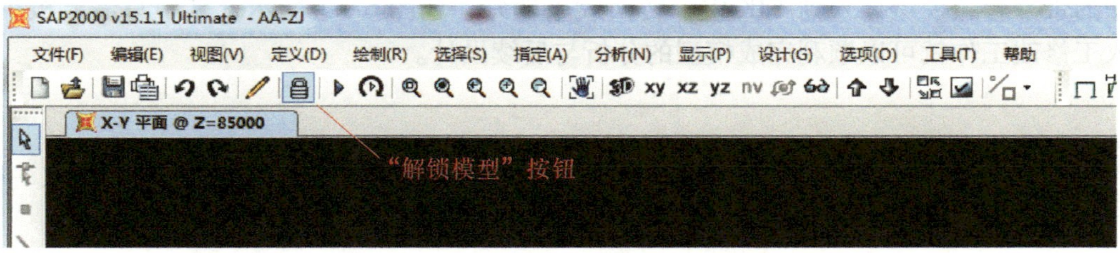

图 6-41　SAP2000 模型信息的解锁与锁定

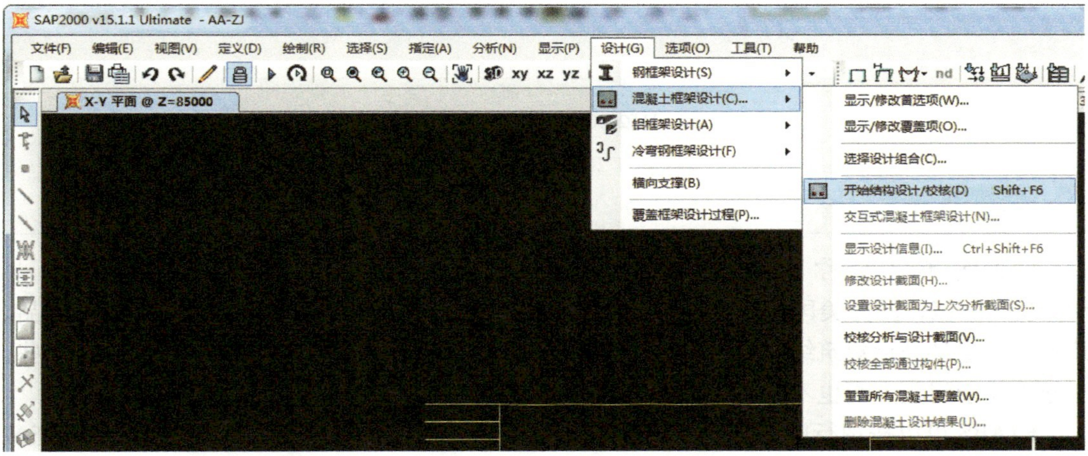

图 6-42　SAP2000 混凝土构件设计信息

2. SAP2000→YJK 数据模型转换

国家体育场又称“鸟巢”，位于北京市朝阳区奥林匹克公园南部，曾作为 2008 年第 29 届夏季奥运会的主会场，其中的开幕式、田径、足球项目均在此场馆举行。国家体育场最多能容纳约 9 万人同时观演，整体外形呈“马鞍”形。平面长轴约 330m，短轴约 300m，结构最高点约 70m，与其毗邻的国家游泳中心“水立方”共同组成北京市新的标志性建筑群。

国家体育场的设计与施工难度也是前所未有的，主要表现在造型复杂上，主要的抗力体系由巨大的箱形“扭曲”构件组成。涉及的难度包括：用钢量的优化分析、结构防腐与防火、大跨度风荷载、温度应力、大震弹塑性、节点焊接与找型、复杂节点分析等设计和施工难点。

国家体育场施工期间与投入正常使用后的结构监测工作是项长期的工作。主要的监测内容包括：温度变化所导致的伸缩、结构变形的监测、结构应力的监测、基础的沉降观测、楼梯在人行荷载作用下的动力特性监测等。监测的结果需要与设计结果进行比对，以验证设计是否合理，也为后续同类型的工程设计积累经验，一旦出现异常现象，需要采取有效的补救措施。

国家体育场项目最终的分析报告就达 600 多页，如果没有采用数据集成与共享技术，其重复劳动量和图纸耗费量将是相当巨大的。采用 SAP2000→YJK 接口可以将 SAP2000 中建立的带开合盖模型导入到 YJK 中，转换效果较好，如图 6-43 所示，其中只需要极少量的人工修改工作就可以顺利完成模型的分析与后续设计。

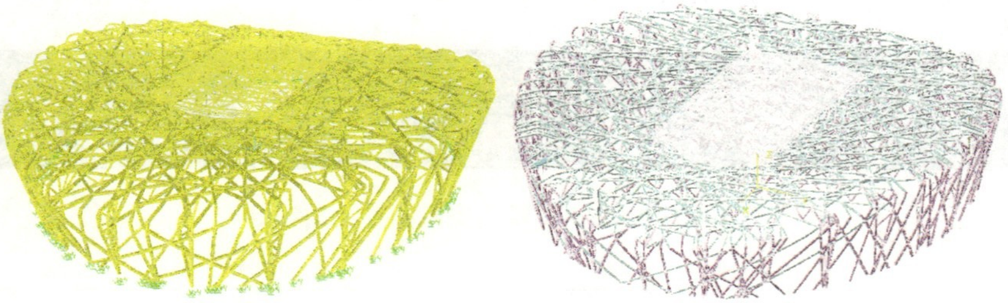

a)　　b)

图 6-43　国家体育场方案设计阶段带开合盖模型轴测图

a）SAP2000 模型　b）YJK 模型

6.3.3 ETABS 模型转换

ETABS 英文全称为 Extended Three- Dimensional Analysis of Building Systems，与 SAP2000 类似，同为美国 CSI（Computer and Structures Inc.）公司开发的结构分析类产品。其主要用途是进行建筑结构的分析与设计，相对于 SAP2000 而言，其应用范围要窄一些，在分析复杂问题方面也不如 SAP2000 那么全面，但比 SAP2000 更为专业。

ETABS 可以按现行国家规范完成混凝土结构及构件设计，如梁、柱、支撑、墙的正截面设计与斜截面设计和验算，依据抗震要求自动实现抗震构造措施；可以完成钢结构构件的强度验算、整体稳定性验算、构件的长细比验算、宽厚比验算等一系列规范要求的验算项次；还能完成钢结构的优化设计。除此之外，ETABS 还具有自主研发的三维建模平台，可以在平面、立面和自定义视角图中进行建模，可以使用模板快速完成钢楼板、交错桁架、无梁楼盖、有梁楼盖、井字梁楼盖、双向板或肋板结构的建模工作，如图 6-44 所示。

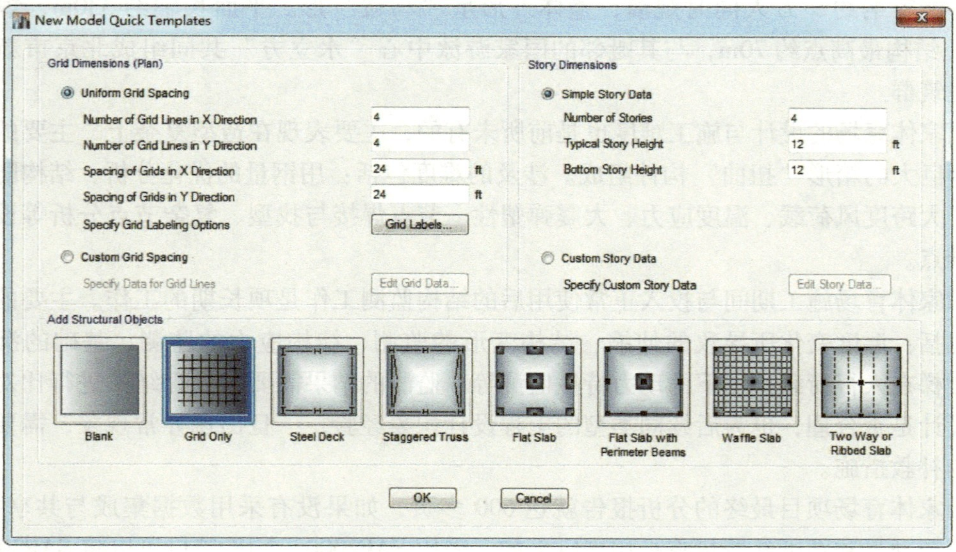

图 6-44　ETABS 模板选择对话框

常规的一栋框架-剪力墙结构在 ETABS 中的建模过程一般包括两个方面。首先是轴网的建立与应用，建筑结构沿着高度方向的平面布置通常是有规律的重复，层高变化也相对较少，除了底层或者底部几层裙房以及设备层之外，其余各层的层高可能都一样。除非建筑功能是商用店铺或者接待大厅，否则柱子或墙之间的间距变化均不会太大。一般情况下不需要逐根绘制网格线，可以通过指定 *X*、*Y* 两个方向的轴线间距和跨数，附加楼层高度信息之后，便可以快速建立轴网，轴网是结构模型建立的最有效的辅助线。其次是在网格线的基础上建立模型，比在无任何参考的情况下直接建立空间模型要方便得多。通过在平面图上选取网格线的交点，可以直接布置一根柱子，柱子的高度就是前面建立轴网时的楼层高度。也可以通过立面图或者轴测图，给视图中的某根柱子定位辅助线，赋予柱子截面从而生成柱子。构件可以通过逐一拾取的方式建立，也可以通过框选的方式批量建立。

墙构件可以通过在平面图上选取某一根线段的方式完成布置，也可以通过选取立面上、三维视图上的三个点或四个点完成墙体绘制。但是洞口的建模相对麻烦一些，一片开洞的剪力墙通常需要建立三片墙来完成建模，并且应分别给这些墙赋予属性，即是具有墙柱属性（pier）还是连梁属性（spandrel），并且需要注意这些墙柱的编号和归组。由于结构信息中有一项很重要的内容，就是具有连梁属性的墙构件在计算和分析中刚度是可以折减的，因此即使均是墙柱属性的构件，也应当区分位置，位于结构底部还是上部，其设计规则也是有区别的。比如，位于底部加强区的剪力墙，依据不同的抗震等级要求，设计时会做不同的内力调整。

ETABS 的荷载、材料、边界条件等信息查看和修改与 MIDAS 和 SAP2000 基本类同，不再详述。值得一提的是，ETABS 可以输出多种格式的模型文件，主要包括：①后缀名为 e2k 的文本格式模型文件，目前 ETABS 模型转入 YJK 就是通过读取 e2k 文本文件实现。②后缀名为 xls 的模型文件，通过 Microsoft Excel 或者 WPS 表格程序均能直接打开。③后缀名为 edb 的文件，为不可读的二进制文件，不能使用常用办公软件打开，需要通过 ETABS 才能打开进行查看；④后缀名为 dxf 或 dwg 的文件，能使用 AutoCAD 打开查看。⑤导出为 Revit 所能读取的 exr 文件。⑥导出为一些不太常用格式的文件，如 Access、XML、CIS/2、IFC，IGES 文件。⑦导出成钢结构详图中间文件和 SAFE 软件所能识别的格式。

1. YJK→ETABS 数据模型转换

将 YJK 模型转换成 ETABS 能识别的模型数据，其操作过程和原理与 YJK 转 MIDAS、YJK 转 SAP2000 基本类同，归纳流程如图 6-45 所示。

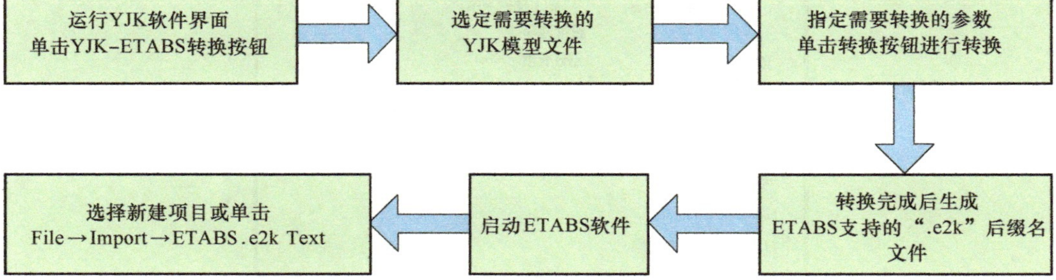

图 6-45　YJK 转 ETABS 模型操作流程

结构分析模型转换是否成功主要从以下两个方面体现：一是转换信息是否全面；二是转换信息是否准确。信息全面与否是指在 YJK 软件中建立的模型，转入 ETABS 中不会有太多的信息丢失，基本不需修改或者经过少量的人工修改后模型就可以用于计算和设计。转换信息准确是指两种类型的软件能描述成一致的内容，例如，构件尺寸应当完全一样。但不同软件不可能保证对所有问题的描述方式做到完全一致，因此，在模型转换时应该使两类软件所表达的核心要一致。

为了实现规范中不同的规定需求，YJK 软件用于结构计算与分析时，会同时存在多个模型，例如基本模型、连梁刚度折减模型、强制刚性楼板模型等，并且自动选用不同的模型信息进行计算和内容输出。连梁刚度折减模型是用于地震工况标准内力计算和分析的模型，考虑到地震作用时因既定的抗震设防目标允许作为第一道防线的连梁有一定程度的破坏，所以这种破坏通过刚度的折减进行模拟。这两类软件在处理刚度折减时，虽然采用的手法不一样（YJK 折减部分刚度元素，ETABS 折减材料弹性模量)，但最终都能到达规范要求的连梁刚度折减效果。

而涉及位移比、周期比等指标计算时，由于此类指标描述的是结构整体层面的性能，故可以通过强制刚性楼板假定计算，即将所有楼层高位置的节点通过面内无限刚假定连接，过滤掉影响全局判断的局部过大位移和振动。除此之外，均可选择基本模型，不同的模型与不同的结构数据配合使用。正如前面内容所述，基本模型一般与结构的静力荷载配合使用。即使是静力荷载，也会存在不同的布置方式，例如，是直接将荷载布置到楼、屋面之上，还是采用塑性绞线近似的方法将楼面荷载导入到周围梁、墙上。这两种不同的荷载处理方式，引起的楼板和梁本身的效应差异有时是非常明显的。

如图 6-46 所示为 YJK 转 ETABS 模型对话框，实例模型转入 ETABS 后的模型轴测图如图 6-47所示。

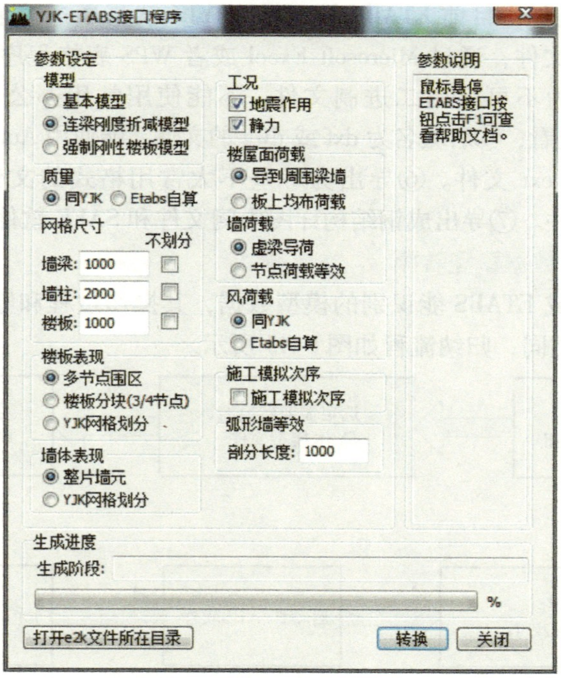

图 6-46　YJK 转 ETABS 模型对话框

2. ETABS→YJK 数据模型转换

ETABS 转 YJK 的具体技术细节与 MIDAS 转 YJK、SAP2000 转 YJK 基本相同。转换模型以上海市浦东新区黄浦江畔的上海中心大厦为例，演示 ETABS 到 YJK 模型的转换效果。

上海中心大厦设计高度为 632m，结构高度 580m，地下室 5 层，地面以上 127 层。大厦体型独特，沿全高设置了 8 个高度为两个楼层高的外伸钢桁架加强层，是一幢集商业、会议、办公、酒店、观光为一体的摩天大楼，与环球金融中心、东方明珠、金茂大厦一起组成上海市新的建筑天际线。

大厦巨大的设计和建设工程量，需要由多方准确高效地合作才能按期完成。其结构设计方案既有国外工程设计事务所的参与，又有国内设计院的参与。各个专业之间也需要协同，例如建筑、结构、机电、暖通、钢结构安装、幕墙安装等。大厦的设计难点众多，例如防火、抗风、收缩徐变、高速电梯、抗震性能、基础等。整个项目的成功设计与建造过程，也是 BIM 的实践与应用过程。

上海中心大厦模型在 ETABS 中建立，采用 ETABS→YJK 接口可以顺利地将梁、柱、斜撑、墙体、楼板、型钢、混凝土、荷载等全部转入 YJK 软件中，耗时也就数分钟，模型信息也非常准确，转入后计算的结构周期等均比较接近，如图 6-48 所示。

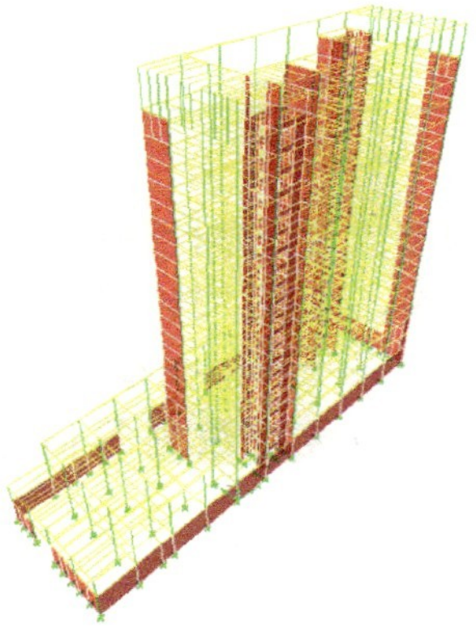

图 6-47　转入 ETABS 后的模型轴测图

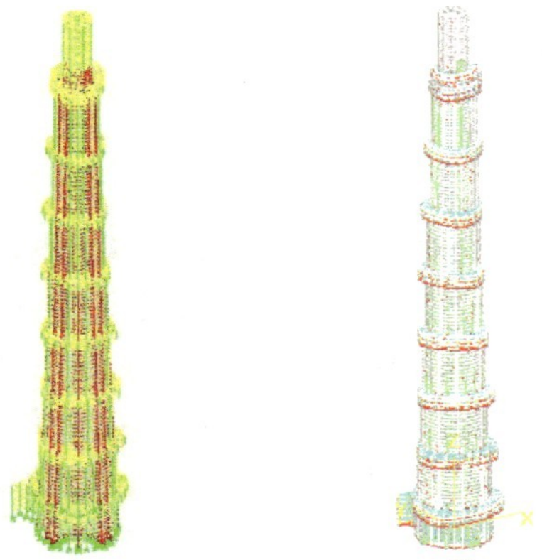

a)　　b)

图 6-48　上海中心大厦模型轴测图
a）ETABS 模型　b）YJK 模型

6.3.4 ABAQUS 模型转换

ABAQUS 产品源自美国，其研发始于 20 世纪 70 年代，是目前全球分析功能最强的通用有限元软件之一。该软件在非线性（材料、几何、接触耦合非线性）的碰撞分析、冲压成型、流固等多场耦合问题上的模拟能力处于世界领先地位。ABAQUS 提供了丰富的单元库，单元库包含了全部常规的结构分析单元，包括点质量单元、梁单元、面单元、实体单元，以及连接单元、接触单元等。其材料模型涵盖各向同性材料、正交异性材料等经典材料类型。由于包含了混凝土损伤模型以及比较便捷的用户自定义材料功能，目前 ABAQUS 在国内土木工程行业的应用非常广泛。ABAQUS 不仅具备隐式求解模块（standard），而且具备显式求解模块（explicit）。显式求解模块格式简洁，但局限于求解算法自身的不稳定性，在其推出后相当长的时间内均未能用于建筑结构分析。得益于近些年来计算机硬件的高速发展，引入并行技术后的显式算法已经能够用于建筑结构的弹塑性动力时程分析，并且得到国内专家认可。但 ABAQUS 的模型创建是最为复杂的工作之一，为了使工程师能够高效地将模型在 ABAQUS 中建立起来，YJK 也开发了相应的模型数据转换接口。

单击图 6-12 中 YJK 启动界面上的“ABAQUS 接口”按钮，在弹出的对话框中选择需要进行模型转换的 YJK 工程，软件开始准备转换数据，准备数据完成后弹出如图 6-49 所示的对话框。

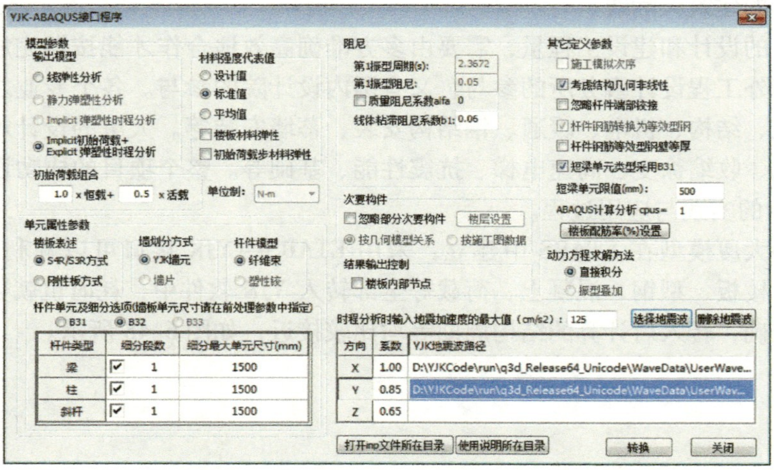

图 6-49　YJK 转 ABAQUS 模型对话框

首先对参数进行设置，输出模型可以选择线弹性分析模型或者弹塑性分析模型，选择线弹性分析模型可以进行线弹性动力特性与弹性时程分析求解。单击“转换”按钮即可完成 ABAQUS 模型文件的生成工作，单击“打开 inp 文件所在目录”可以查看所有文本格式的模型数据，包括边界约束、单元、荷载、材料、截面、地震波数据等信息，其中“AA. inp”文件为总控文件，如图 6-50 所示。

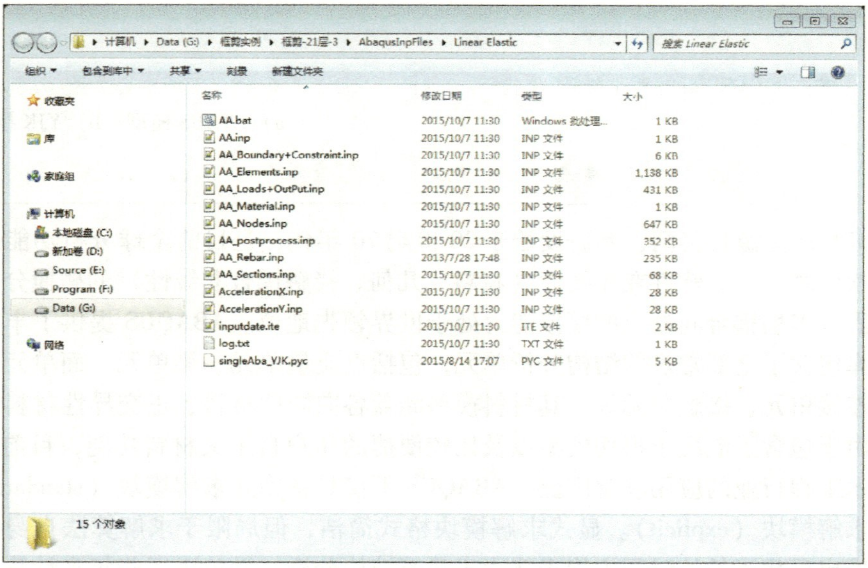

图 6-50　ABAQUS 结构模型信息记录的所有文件

打开 ABAQUS 交互图形平台后，单击“File”菜单，并依次单击“Import”→“Model”将弹出模型输入文件选择对话框，如图 6-51 和图 6-52 所示。

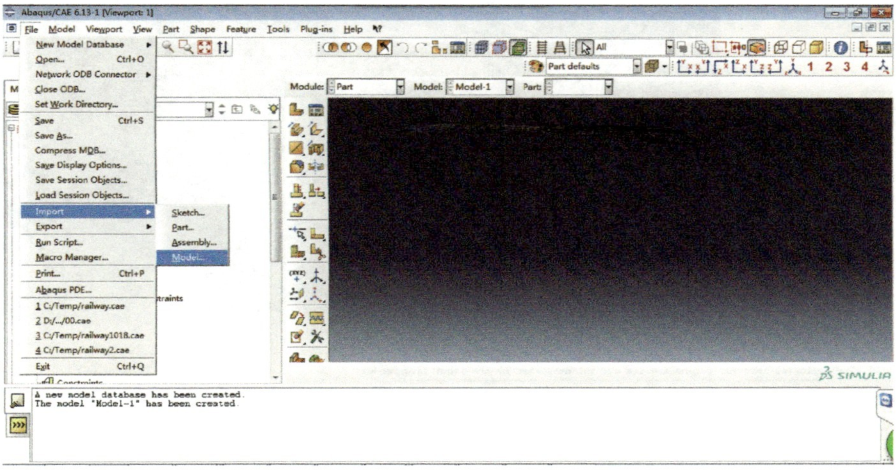

图 6-51　模型文件导入 ABAQUS 的操作步骤

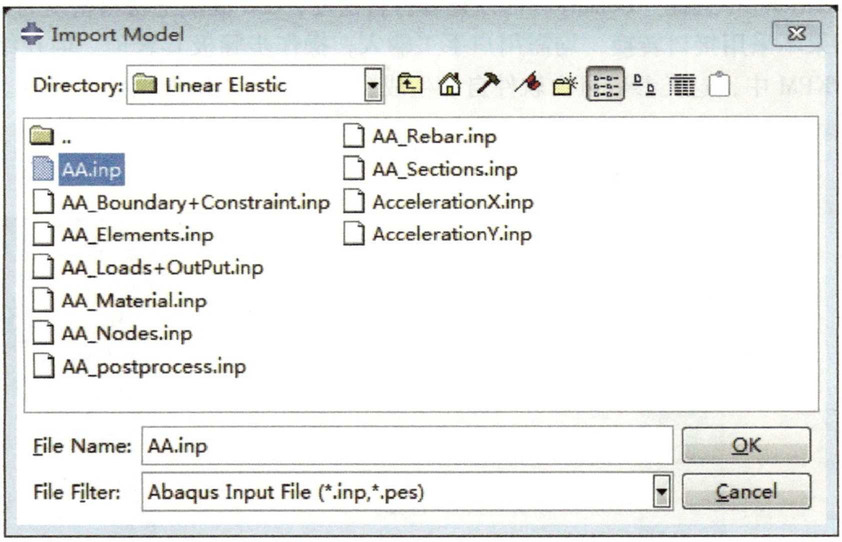

图 6-52　ABAQUS 模型数据文件

在弹出的对话框中默认过滤其他文件类型，只显示 ABAQUS/CAE Database 类型文件即“*.cae”文件，cae 格式文件为 ABAQUS 所支持的二进制文件。需要将文件过滤选项选择为“Abaqus Input File（*.inp，*.pes）”，选择模型转换目录下相应的 inp 文件后，即可将模型导入 ABAQUS 中进行查看。

实例导入后的模型轴测图如图 6-53 所示，通过左侧的目录树可以对模型荷载、材料等信息进行管理和查看。

通过目录树中“Materials”页，可以查看模型中的材料种类和材料特性，如图 6-54 所示。从图 6-54 中可以看出 C30 混凝土的弹性模量为 30000MPa，泊松比为 0.25。在

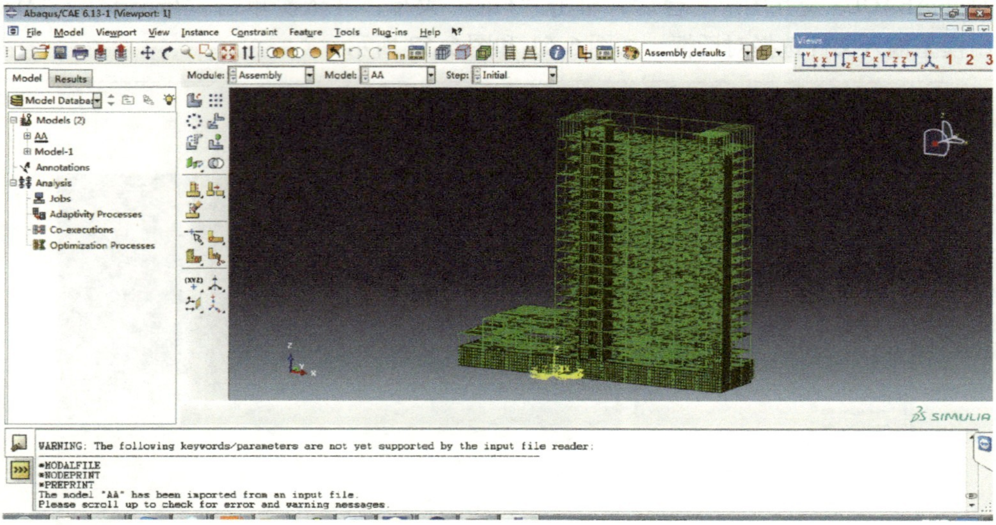

图 6-53　ABAQUS 模型轴测图

“Material Behaviors”中选择“Density”可以查看材料密度，C30 混凝土材料密度为 2500kg/m^3。这些参数如果不采用接口转换，均需用户手工输入，操作步骤极其繁琐。但在结构设计软件 YJK 和 PKPM 中，这类参数可由软件自动生成，用户也可以随时调整或修改。

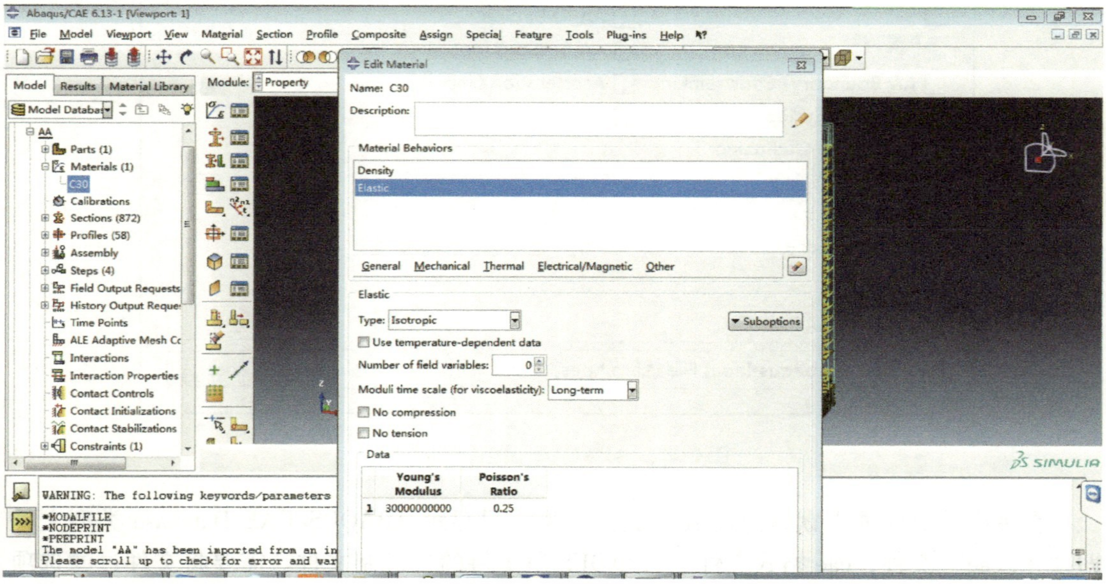

图 6-54　ABAQUS 中材料信息的查看

通过目录树中“Loads”页，可以查看施加于结构模型上的所有荷载，荷载分布的方向和大小如图 6-55 中箭头所示。

同样，通过目录树中“BCs”页，可以查看施加于结构模型的边界约束情况，此模型的边界约束位于结构的底部，如图 6-56 所示。材料、荷载、边界约束信息准备齐全之后，

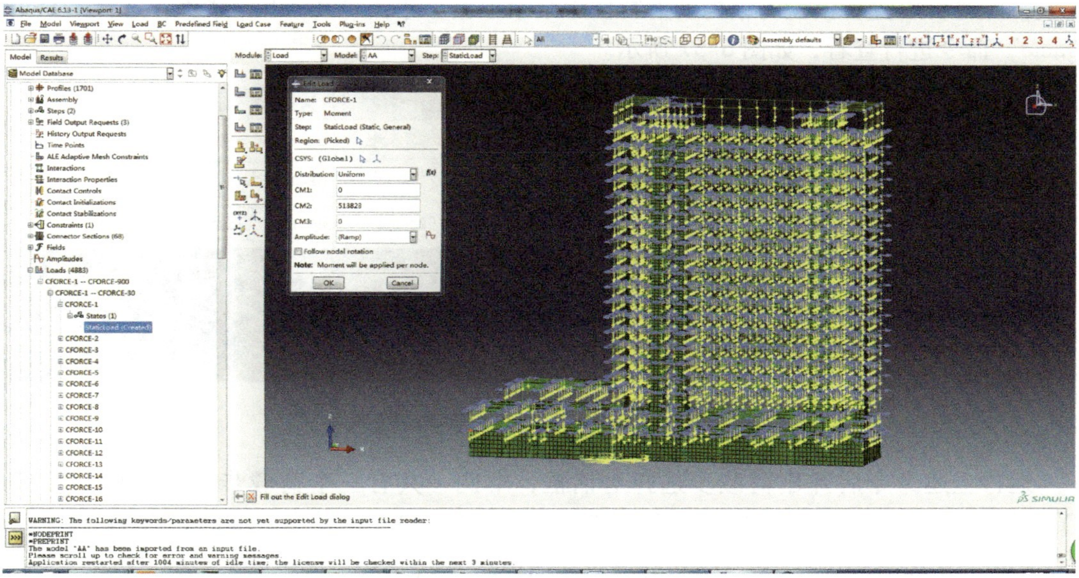

图 6-55　图形方式查看模型的荷载信息

即可以启动 ABAQUS 做静力和动力计算。单击相应的 bat 文件，即可调用 ABAQUS 进行求解。若进行线弹性分析，一般采用 ABAQUS 隐式计算模块（standard 分析模块）。

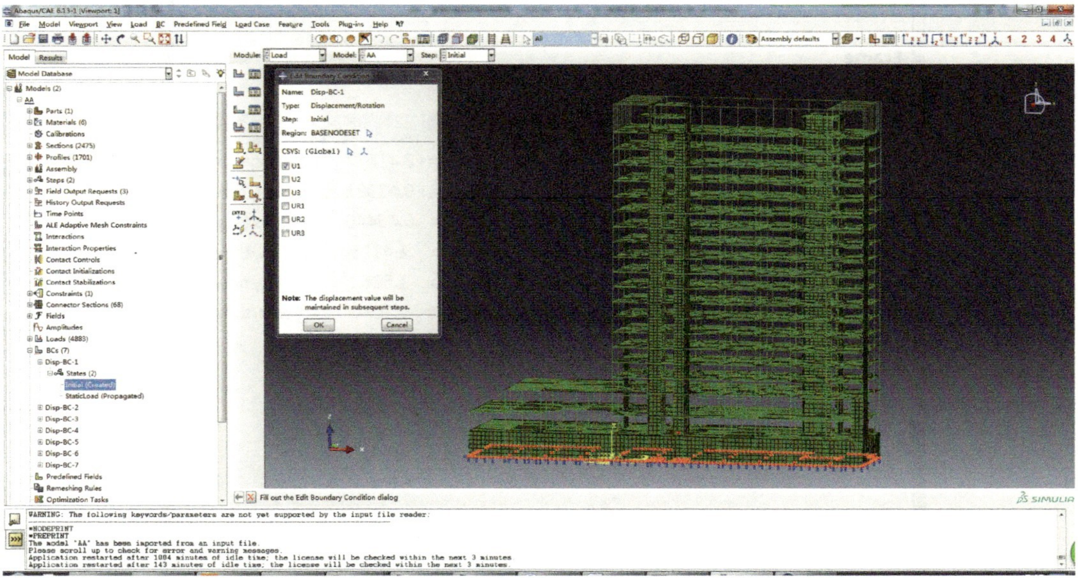

图 6-56　图形方式查看模型的约束信息

ABAQUS 首先运行 pre. exe，完成计算数据准备和前处理，接下来运行 standard. exe 开始真正的计算求解。运行 standard. exe 这一步需要的时间一般比较长，有时会造成求解一直停滞不前的假象。若不进行时程分析，普通的数十层高的民用住宅和公共建筑均能在数分钟和数十分钟内完成整个数据的准备和计算工作。计算完成后会在上述对话框提示成功完成，此时可以查看模型的结构动力特性等结果数据。单击“Result”菜单，选择“Step/Frame”命令进行查看，如图 6-57 所示。

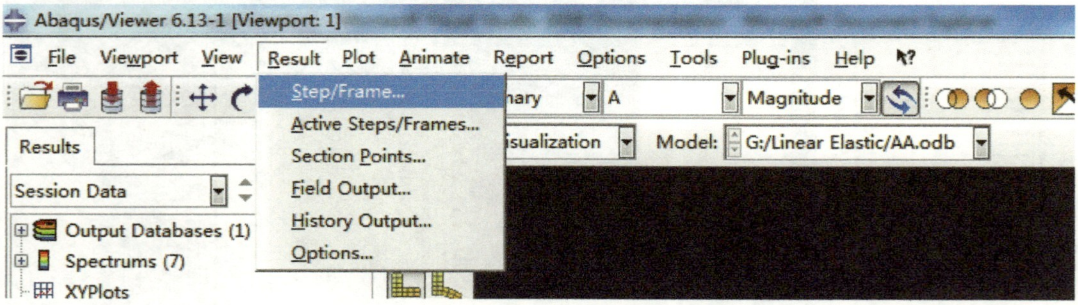

图 6-57　计算结果信息分布查看控制菜单

运行上述命令后弹出荷载步选择对话框，本例一共有三个荷载步，即“FREQUENCY”“StaticLoad”与“Accel”，三个荷载步管理着不同的结构信息，如图 6-58 所示。

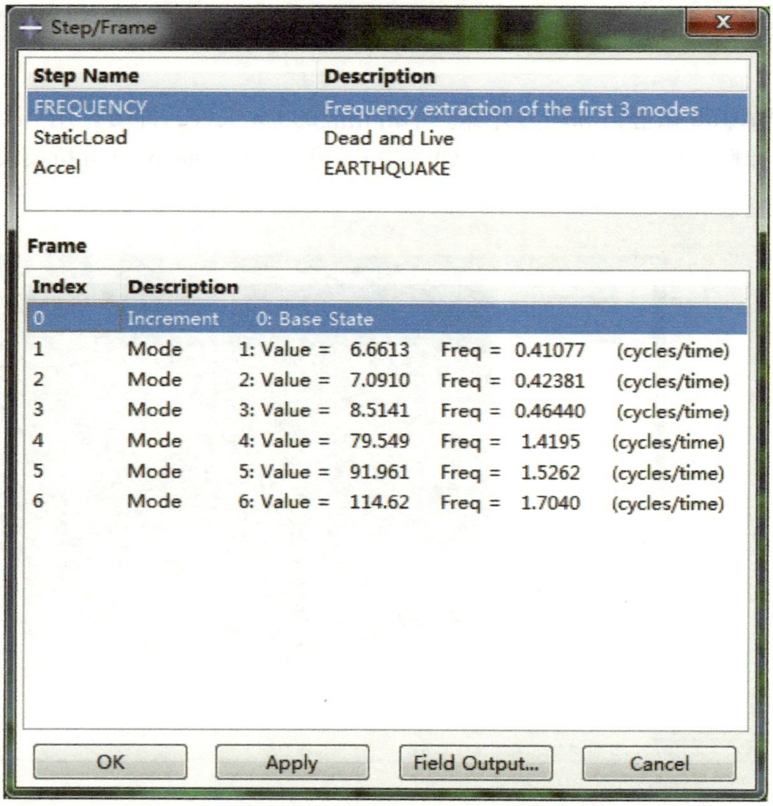

图 6-58　ABAQUS 计算振型信息查看

“FREQUENCY”荷载步记录了结构模态信息，包括周期、振型，如图 6-59、图 6-60、图 6-61所示。与前述各软件不同的是 ABAQUS 输出的模态信息为模态所对应的特征值以及频率。图 6-58 中“Value”为特征值，其值为 ω^2（ω 为模态的圆频率，等于 $2\pi/T$，T

为模态的周期值)。“Freq”为模态的频率值，模态频率值的倒数为模态的周期。

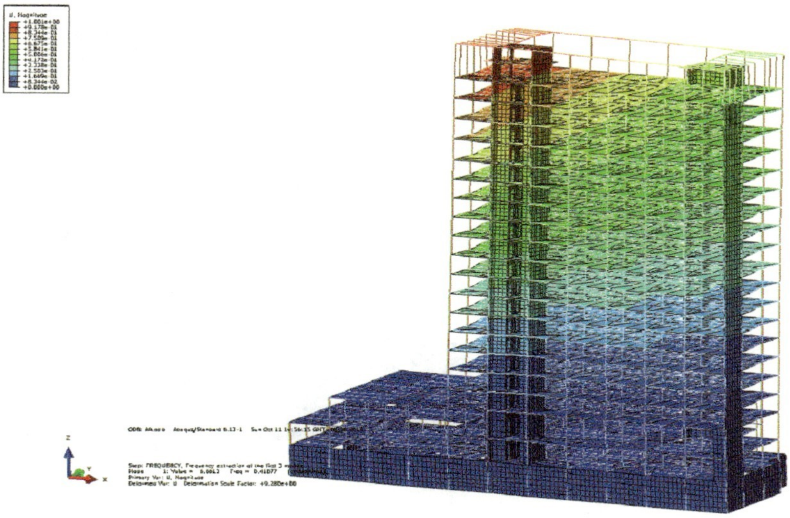

图 6-59　振型一显示图

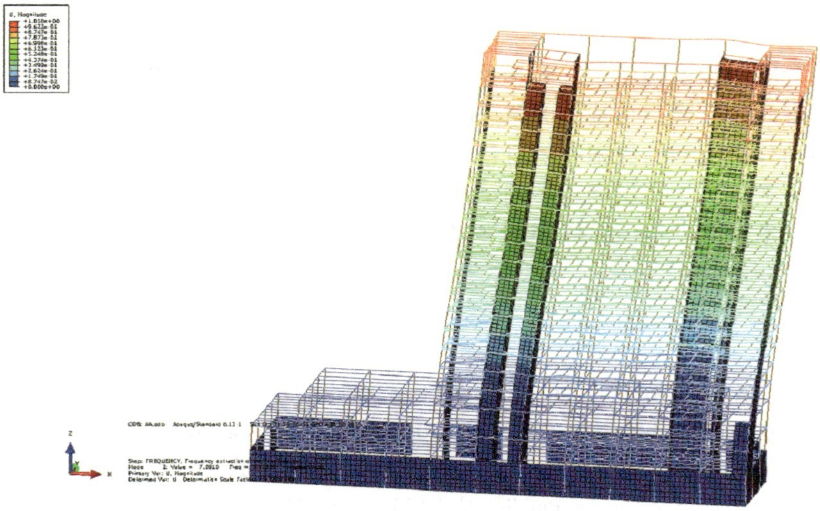

图 6-60　振型二显示图

“StaticLoad”荷载步记录的是一个组合荷载下的结构响应信息，荷载按“1.0 倍恒载 + 0.5 倍活载”方式组合。该组合值是建筑结构设计中非常重要的一个荷载组合概念，规范中称为重力荷载代表值，计算结构动力特性时所用的质量，一般由该荷载组合产生的质量计算。除此之外，在梁的配筋设计时也会用到重力荷载代表值下的内力。

“Accel”荷载步记录的是某条地震波作用下的结构动力时程分析结果信息。通过图形可以查看结构在某地震波下的动态变形情况，从而了解结构能否满足正常使用状态。通过查看节点的加速度时程，可以了解结构居住舒适度情况，通过绝对位移可以了解结构在地震过程中是否会与相邻建筑物碰撞。

图 6-61 振型三显示图

思 考 题

6-1 结合所学知识阐述“一种模型多种用途”的内涵是什么?

6-2 有限元分析模型与基于 BIM 的结构模型存在哪些差异?

6-3 结构分析模型的数据和信息包含哪些内容?

6-4 结合本章所学知识阐述不同结构分析模型相互转换的原理。

6-5 结合本章所学知识具体理解 BIM 的信息集成与互协作理念。

参 考 文 献

[1] MIDAS. 迈达斯软件 [EB/OL]. [2016-01-07]. http://cn. midasuser. com.

[2] YJK. YJK 建筑结构设计软件 [EB/OL]. [2016-03-21]. http://www. yjk. cn/.

[3] 筑信达官网. ETABS 和 SAP2000 结构分析软件 [EB/OL]. [2015-12-23]. http://www. cisec. cn/.

[4] 北京迈达斯技术有限公司. midas Building 从入门到精通 [M]. 北京: 中国建筑工业出版社, 2011: 37-198.

[5] 张建伟, 等. ABAQUS 6.12 有限元分析从入门到精通 [M]. 北京: 机械工业出版社, 2015: 81-292.

[6] 杨勇. ETABS 结构设计实例详解 [M]. 北京: 中国建筑工业出版社, 2015: 21-145.

[7] 范重, 等. 国家体育场鸟巢结构设计 [M]. 北京: 中国建筑工业出版社, 2011: 12-164.